“十二五”职业教育国家规划教材

经全国职业教育教材审定委员会审定

微型计算机原理及应用

（第三版）

主　编　何　超

副主编　刘丽军　于继武　张建伟　库　波

中国水利水电出版社
www.waterpub.com.cn

内 容 提 要

《微型计算机原理及应用（第三版）》是高等学校工科电类各专业，特别是计算机应用专业学生必修的一门专业基础课，目的在于让学生理论联系实际理解与掌握微型计算机的基本组成、工作原理、各类接口部件的功能，以及如何与系统连接构建微机系统等方面的知识，使学生具有微机应用系统软硬件开发的初步能力。

本书内容简而精。叙述启发式，逻辑线索简明、清晰、合理；物理概念清楚，深入浅出；语言生动流畅，通俗易懂；图表精选，说明性强。

本书适合高职高专计算机类专业、电子类和电气自动化类专业的学生使用，也可供与信息类相关的非计算机专业的本科生选用，还可供广大初、中等工程技术人员和对计算机硬件爱好的读者自学参考。

本书配有电子教案，读者可以从中国水利水电出版社网站以及万水书苑下载，网址为：http://www.waterpub.com.cn/softdown 或 http://www.wsbookshow.com/。

图书在版编目（CIP）数据

微型计算机原理及应用 / 何超主编. -- 3版. -- 北京 : 中国水利水电出版社, 2014.11
"十二五"职业教育国家规划教材
ISBN 978-7-5170-2587-0

Ⅰ. ①微… Ⅱ. ①何… Ⅲ. ①微型计算机－高等职业教育－教材 Ⅳ. ①TP36

中国版本图书馆CIP数据核字(2014)第229321号

策划编辑：祝智敏　责任编辑：宋俊娥　加工编辑：夏雪丽　封面设计：李　佳

书　　名	"十二五"职业教育国家规划教材 经全国职业教育教材审定委员会审定 微型计算机原理及应用（第三版）
作　　者	主　编　何　超 副主编　刘丽军　于继武　张建伟　库　波
出版发行	中国水利水电出版社 （北京市海淀区玉渊潭南路 1 号 D 座　100038） 网址：www.waterpub.com.cn E-mail：mchannel@263.net（万水） 　　　　sales@waterpub.com.cn 电话：（010）68367658（发行部）、82562819（万水）
经　　售	北京科水图书销售中心（零售） 电话：（010）88383994、63202643、68545874 全国各地新华书店和相关出版物销售网点
排　　版	北京万水电子信息有限公司
印　　刷	北京上元柏昌印刷有限公司
规　　格	184mm×240mm　16 开本　18.25 印张　400 千字
版　　次	2002 年 1 月第 1 版　2002 年 1 月第 1 次印刷 2014 年 11 月第 3 版　2014 年 11 月第 1 次印刷
印　　数	0001—3000 册
定　　价	36.00 元

第三版前言

从 2007 年本书第二版出版至今，已是七年。计算机的快速发展（如多核化、网络化）深刻地影响着人类社会的发展进程，信息时代的多姿多彩令人目不暇接。自动化、智能化、方便快捷的用品已遍及人们足迹所至，从嫦娥三号登月到儿童玩具、从科学研究到日常生活（如手机），无不渗透着计算机芯片的威能，人们已充分享受着计算机科技带来的巨大便利与无穷的乐趣。这一切无疑给本书第三版的编写带来巨大的压力和动力。

本书按照高职高专及应用型本科教学大纲的要求和教学特点进行编写，教材针对性强，启发性较好。在编写过程中我们坚持以应用为目的，采用"项目驱动"的形式编写，力求理论基础、实践环节与工程训练相结合。注重实践技能的培养和分析问题解决问题能力的培养；叙述启发式，逻辑线索简明、清晰、合理；物理概念清楚，深入浅出；语言生动流畅，通俗易懂；注重典型电路和芯片的介绍；删繁就简、突出重点、内容少而精；加强基本概念和基本分析方法的介绍；图表精选，说明性强。努力使教材反映计算机科技的最新成果，读者可以从每一章中看到这一点。

全书共 8 章，主要内容包括：概述、微处理器、微型计算机的寻址方式和指令系统、汇编语言初步、总线和主板、存储器、中断系统、微型计算机接口技术等。注重典型电路和芯片的介绍，注重实践技能的培养和分析问题解决问题能力的培养。

衷心感谢广大读者的支持，使本书得以进入"'十二五'职业教育国家规划教材"系列。本书坚持第二版的编写原则，努力奉献给读者一本求新求精、简明实用的好书。

本书第三版由何超担任主编，负责全面修订；刘丽军、于继武、张建伟、库波分别对大纲和书稿进行了审读，并对全书的修订工作提出了宝贵的意见和建议；参与本书编写工作的还有武华、刘洋等，在本书的案例编码及代码调试过程中做了大量工作，在此一并表示感谢。

编　者

2014 年 2 月

第二版前言

从第一版到现在，转瞬已是六年。感谢广大读者的支持，本书进入了“普通高等教育‘十一五’国家级规划教材”系列。短短六年，计算机技术的飞跃发展给我们带来莫大的喜悦，也给本书第二版的编写带来了巨大的困难。

微型机迅速普及和发展，几乎每隔几年就有一个重大变化，最近十年更是处于加速发展阶段。目前微型机的性能已达到或超过以前的大中型机，广泛应用于科学计算、数据处理、办公自动化、工程控制、辅助系统、仿真等诸多领域。

《微型计算机原理及应用》是高等学校工科电类各专业，特别是计算机应用专业学生必修的一门专业基础课，目的是让学生理论联系实际，理解与掌握微型计算机的基本组成、工作原理和各类接口部件的功能，以及如何与系统连接构建微机系统等方面的知识，使学生具有微机应用系统软硬件开发的初步能力。本书按照高职高专及应用型本科教学大纲的要求和教学特点进行编写。

为了给读者奉献一本高质量的教材，在编写中我们努力保持原书的优点并坚持以下几个原则：

- 努力追踪微机快速发展的历程，努力反映计算机科技的最新成果。读者可以从每一章中看到这一点。
- 以应用为目的，删繁就简，突出重点，内容少而精；加强基本概念和基本分析方法的介绍；密切结合计算机专业实际。
- 叙述启发式，逻辑线索简明、清晰、合理；物理概念清楚，深入浅出；语言生动流畅，通俗易懂；注重典型电路和芯片的介绍。
- 注重实践技能的培养和分析问题、解决问题能力的培养。
- 图表精选，说明性强。

本书共分为 8 章，主要内容如下：

第 1 章介绍计算机的分类及应用，微型计算机的基本组成，微型计算机中数的编码和字符的表示等内容。第 2 章介绍 CPU。由于计算机科技的飞跃发展，CPU 的结构和工作原理越来越复杂，为此，我们只有从最简单的最容易说明其工作原理的典型芯片 8086/8088 微处理器说起，然后叙述了 CPU 发展的辉煌的历程，讨论了 CPU 发展的潮流（诸如超标量流水线技术、指令分支预测技术、Pentium Pro 的乱序执行、RISC、SIMD 以及 MMX、SSE（SSE2）、双核、64 位新体系等新理论和新技术）和未来。第 3 章讨论微型计算机的寻址方式和指令系统。第 4 章讨论汇编语言初步。第 5 章讨论总线与主板，介绍主板结构的新变化和新技术。第 6 章讨论存储器，介绍 USB 2.0 和移动存储等新技术。第 7 章讨论中断技术，介绍 PCI 中断、串行中断等新技术。第 8 章讨论接口问题，从实践的角度介绍常用微机外部实用接口，讨论 USB 接口、IEEE 1394 串行接口、SCSI 接口、SATA 接口和 PCI 接口等新技术。

“微型计算机原理及应用”是一门实践性很强的课程。为了加强对学习的辅导，培养实践能力，本书配有《微型计算机原理实验与习题解答》一书。

本书适合高职高专和应用型本科计算机类专业、电子类和电气自动化类专业的学生使用，也可供与信息类相关的非计算机专业的本科生选用，还可供广大工程技术人员自学参考。

本书为任课教师配有电子教案，此教案用 PowerPoint 制作，可以任意修改。

本书第二版由何超教授任主编，徐昊任副主编。各章编写分工如下：第 1 章由钟建编写，第 2 章由何超编写，第 3 章由杨端甫编写，第 4 章由田桂丰编写，第 5 章由熊立梁编写，第 6 章由徐昊编写，第 7 章由许新华编写，第 8 章由陈智勇编写。

限于编者的水平，错误和不妥之处在所难免，敬请广大读者和专家批评指正。

编　者

2007 年 4 月

第一版前言

微型机是从小型机基础上发展起来的，它除了具有一般计算机的运算速度快、运算精度高、具有记忆和判断能力、内部操作自动进行等特点外还有它自己的特点：①体积小、重量轻、价格低廉；②简单灵活、可靠性高、使用环境要求不高；③功耗低。微型机的上述特点有力地推动了它们的迅速普及和发展，几乎每隔几年就有一个重大变化，最近十年更是处于加速发展阶段。目前微型机的性能已达到或超过以前的大中型机，广泛应用于科学计算、数据处理、办公自动化、过程控制、辅助系统、仿真等诸多领域。

因此，“微型计算机原理及应用”是高等学校工科电类各专业，特别是计算机应用专业学生必修的一门专业基础课，目的在于让学生从理论与实际结合上理解与掌握微型计算机的基本组成、工作原理、以及各类接口部件的功能，如何与系统连接构建微机系统等方面的知识，使学生具有微机应用系统软硬件开发的初步能力。本书按照教学大纲的要求和高职高专的教学特点进行编写。在编写中注意到：以应用为目的，将传统题材删繁就简，突出重点、内容少而精，加强基本概念和基本分析方法的介绍；密切结合计算机专业实际，努力追踪微机快速发展的历程；叙述启发式，逻辑线索简明、清晰、合理；物理概念清楚，深入浅出；语言生动流畅，通俗易懂；注重典型电路和芯片的介绍，以及实践技能的培养；图表精选，说明性强。

“微型计算机原理及应用”是一门实践性很强的课程。为了加强对学习的辅导和实践能力的培养，本书配有《微机原理实验与实训》一书，安排有相应的实验和实训。

本书适合高职高专计算机类专业、电子类和电气自动化类专业的学生使用，也可供与信息类相关的非计算机专业的本科生选用，还可供广大工程技术人员自学参考。

本书为任课教师配有电子教案，此教案用 PowerPoint 制作，可以任意修改。

本书由何超主编，冉全、吴宝荣、王明晶任副主编。各章编写分工如下：第 1 章由王明晶编写，第 2 章、第 3 章由冉全编写，第 4 章由侯亚非和吴宝荣编写，第 5 章由吴宝荣编写，第 6 章由苏颖编写。参加本书大纲讨论的教师还有白钟钢、舒望皎、郭福州、陈昌豪等。

本书在编写过程中得到了武汉科技大学、武汉广播电视大学、武汉化工学院、湖北工学院、湖北商业高等专科学校、山东省农业管理干部学院、山西煤炭专科学校、长春汽车工业高等专科学校、贵州电子信息职业技术学院、黄冈职业技术学院、昆明冶金高等专科学校的支持与关心，在此一并表示感谢。

限于编者的水平，错误和不妥之处在所难免，敬请广大读者和专家批评指正。

编　者

2001 年 8 月

目　　录

1 概述

本章学习目标

本章简要介绍计算机与微型计算机的基本知识，通过本章的学习，读者应该了解和掌握以下内容：

- 微机的分类和应用。
- 计算机和微型计算机的发展概况。
- 微型计算机的基本组成部分及其作用。
- 计算机中数的编码和字符表示。

1.1 计算机的分类及应用

1946年，世界上第一台计算机ENIAC（电子数字积分计算机）诞生在美国宾夕法尼亚大学。计算机是20世纪最重要的科技成果，它的出现在人类社会的各个领域引起了一场新的技术革命，其深远意义不亚于当年蒸汽机的诞生所迎来的第一次工业革命。

1.1.1 计算机的分类

计算机是一种能够预先存储程序，并按照程序自动地、高速地、精确地进行信息处理的电子设备。它处理的对象是信息，处理的结果也是信息。从某种意义上说，计算机扩展了人类大脑的功能，因此也常把计算机称为“电脑”。

计算机作为一种电子设备，主要的处理对象就是电信号。按照所处理的电信号的不同，计算机又可以分为模拟计算机与数字计算机。早期的计算机一般是模拟计算机，处理的电信号在时间上是连续的。现在的计算机大都是数字计算机，处理的电信号在时间上是离散的，如前面提到的 ENIAC 便是该类型的计算机。同模拟机相比，数字计算机在数据精度、存储量和逻辑判断能力上都强于模拟计算机。而模拟式计算机仍然应用于一些特殊目的的领域：例如机器人和回旋加速器的控制。其他的途径，像脉冲计算和量子计算，也是可能存在的；但是它们或者用于很特殊的目的或者仍然处于试验阶段。

按照不同的标准，计算机有多种分类方法。随着时间的推移和计算机技术的发展，分类标准也在逐渐变化中。通常计算机的分类主要有以下几种，如图 1-1 所示。

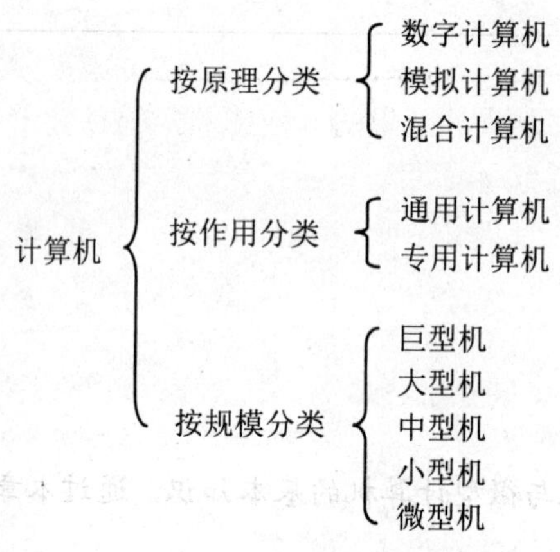

图 1-1　计算机分类示意图

1.1.2　计算机的应用范围

在信息时代，计算机作为最重要的工具之一，广泛地用在人们日常工作、学习和生活中。而对于大多数的普通用户，主要使用的还是微型计算机。归纳起来，计算机主要应用在以下几个方面。

1. 科学计算

计算机最初是为了提高计算效率而研制的，因此科学计算是计算机最早，也是最广泛的应用领域。科学计算是指利用计算机来完成科学研究和工程技术中提出的数学问题的计算。在现代科学技术工作中，如高能物理、工程设计、地震预测、气象预报、航天技术等领域，需要计算和处理的数据是庞大的，利用计算机的高速计算、大存储容量和连续运算的能力，可以解决人工难以计算，甚至无法解决的各种科学计算问题。

2. 数据处理

利用计算机进行数据处理获取信息是计算机应用领域的一个非常重要的方面。数据处理包括对信息的采集、分类、整理、查询、存档等大量工作。据统计，80%以上的计算机主要用于数据处理，这类工作量大、面宽，决定了计算机应用的主导方向。现在计算机处理的信息覆盖各行各业，如人口统计、企业管理、商务工作、图书管理、医疗管理等。

3. 过程控制

过程控制是计算机最重要的应用领域之一。过程控制是利用计算机及时采集检测数据，按最优值迅速地对控制对象进行自动调节或自动控制，使其处于最佳的工作状态。在工业生产中，如机械、冶金、石油、化工等行业都使用计算机来控制生产过程。采用计算机进行过程控制，能大大提高控制的自动化水平，降低人们的劳动强度，更可以提高控制精度和产品质量。

4. 辅助技术

计算机辅助系统是为了帮助人们改变传统的工作方式，采取新的技术和工作方法，进而减少劳动量，提高工作效率和质量的一种计算机系统。

（1）计算机辅助设计（Computer Aided Design，CAD），是利用计算机系统辅助设计人员进行工程或产品设计，以实现最佳设计效果的一种技术。CAD 技术广泛地应用在建筑、机械、汽车、模具等行业，以缩短产品设计周期，提高设计质量。

（2）计算机辅助制造（Computer Aided Manufacture，CAM），是利用计算机系统进行生产设备的管理、控制和操作的过程。现在多将 CAD 和 CAM 技术集成，实现设计生产自动化，这种技术被称为计算机集成制造系统（CIMS），它的实现将真正做到无人化工厂（或车间）。

（3）计算机辅助教育。传统的“黑板”模式已经不能满足现在教学对象和教学手段的要求了。计算机辅助教育就是把传统教育领域的各方面结合计算机技术产生的一种新型的教育技术。它的核心是计算机辅助教学（Computer Aided Instruction，CAI），通过 CAI，可以做到交互教育、个别指导和因人施教，克服传统教学方式上的单一、片面的缺点。

5. 人工智能

人工智能是探索人类的思维过程，研究将人类的脑力劳动延伸到某种物理装置上的原理和实现方法的一门技术。在定理证明、专家系统、语言翻译、机器人诸方面已有显著成效。其中应用较为广泛的是专家系统，可以代替专家在某一类专门问题上给出建议，如医疗专家系统，当病人叙说自己的病情后，可以给病人开具处方。

6. 仿真技术

计算机技术的飞速发展，使得仿真技术的应用领域不断扩大。所谓计算机仿真是指在实体尚不存在或者不易在实体上进行实验的情况下，先通过对考察对象进行建模，用数学方程式表达出其物理特性，然后编制计算机程序，并通过计算机运算出考察对象在系统参数以及内外环境条件改变的情况下，其主要参数如何变化，从而达到全面了解和掌握考察对象特性的目的。它具有经济、可靠、实用、安全、灵活、可多次重复使用的优点，已经成为对许多复杂系统（工程的、非工程的）进行分析、设计、试验、评估的必不可少的手段。

7. 网络应用

当今世界已进入计算机网络时代，网络把分散在不同地理位置上的计算机连接起来，组成了一个整体。计算机网络的建立，不仅解决了一个单位、一个地区、一个国家中计算机与计算机之间的通信问题，实现了各种软硬件资源的共享，也实现了国际间的文字、图像、视频和声音等各类数据的传输与处理。

综上所述，计算机的应用已经遍及生产、管理、科研、教育、生活等各个领域中，改变着人类的生活方式。随着计算机及其相关技术的进一步发展，计算机将具有更广阔的发展空间和应用前景。

1.2 计算机和微型计算机的发展概况

1.2.1 计算机的发展

从最初只有计算功能的计算机发展到现在具有自动化程度高、运算速度快、处理能力强、计算精度高和存储量大等特点的计算机，它的发展不仅速度快，而且影响深。一般地，根据计算机所采用的基本电子元件，它的发展可以分为以下几个阶段。

1. 电子管计算机（1946~1957 年）

电子管计算机是第一代计算机，主要用于军事研究和科学计算，它奠定了现代计算机的原型。我们可以从第一台计算机 ENIAC 中得出第一代计算机的主要特点。

ENIAC 是第一台采用电子管作为基本元件的计算机，由美国宾夕法尼亚大学莫奇利和埃克特领导的研究小组在 1946 年 2 月研制成功的，通常把它作为现代计算机的始祖，如图 1-2 所示。ENIAC 的问世具有划时代的意义，为计算机技术的发展奠定了坚实的基础。

图 1-2 第一台计算机 ENIAC

在第一代计算机时代，值得注意的还有程序存储思想的提出。

虽然 ENIAC 的运算速度在当时已经很快了，但仍然存在明显的缺陷：①它的存储容量太小，不能很好地处理数据量大的运算；②它的程序是用线路连接的方式实现的，不能存储。为了进行几分钟或几小时的数字计算，需要预先设置开关，连接线路，这样需花费很长的准备时间，浪费许多人力。

为了改正这些缺陷，美籍匈牙利数学家冯·诺依曼对 ENIAC 的设计进行了重大改进。通过研究最后得出了 EDVAC 方案。该方案提出了两个重要的思想：①采用二进制数制，便于计算机的物理实现，提高电子元件的速度；②“存储程序原理”，即计算机要能够真正的快速、通用，必须要有一个具有记忆功能的部件——存储器，预先把用指令表示的计算步骤即程序存入其中，真正的计算开始后，计算机可以自动到存储器中逐条取出指令，并完成规定操作，直至结束，而只要存入不同程序就可完成不同的运算。

“存储程序思想”是计算机发展史上的一座丰碑，它奠定了现代计算机发展的基本体系。一直以来，人们都认为这一思想是冯·诺依曼提出来的，但他在世时曾不只一次地说过：“现代计算机的思想来源于图灵”，且从未说过程序存储思想是他本人提出的。图灵是英国著名的数学家和科学家，1936 年，年仅 24 岁的图灵便提出了理想计算机——图灵机的理论。通用图灵机把程序和数据都以数码的形式存储在纸带上，是“存储程序”型的，通用图灵机实际上是现代通用数字计算机的数学模型。

2. 晶体管计算机（1958～1964年）

晶体管计算机是第二代计算机，这一代计算机的主要特点是：采用晶体管作为基本元件，以磁芯为主存储器，磁带和磁盘为辅助存储器。与第一代计算机相比，它的体积缩小了，功耗也降低了。它的运算速度可以达到每秒几十万次，具备了更复杂的算术逻辑单元和控制单元。第二代计算机已经开始用在数据处理、过程控制等领域里。

在晶体管计算机时代，软件也得到了快速的发展。已开始使用汇编语言、FORTRAN、COBOL等高级语言，并且出现了系统软件的雏形按批处理作业，有了监控程序。第二代计算机从结构上向通用型方向发展。

第二代计算机的主要产品是IBM公司的7000系列计算机。1960年左右，IBM公司推出了IBM 7094晶体管计算机，这台计算机第一次采用逻辑指令进行非数值运算。同一类产品还有DEC公司开发的PDP-1。

3. 集成电路计算机（1965～1970年）

集成电路计算机是第三代计算机，这一代计算机的主要特点是：采用集成电路作为基本电子器件，以半导体存储器为主存储器。集成电路把许多个晶体管采用特殊的制作工艺集成到一块面积只有几平方毫米的半导体芯片上，这样使得计算机在存储容量上大幅度提高，在体积、重量、功耗上却大幅度下降。它的运算速度达到了每秒几百万次。集成电路计算机已广泛应用于社会的各个领域。

第三代计算机的标志性产品是IBM公司在1965年推出的IBM System/360系列计算机，这一类型的计算机采用了新的体系结构，使得IBM公司以后的产品可以随着集成电路技术的更新而发展。同一时期的产品还有DEC公司开发的PDP-8商用小型机。

从多道程序分时并行操作，联机时对外设操作，实时控制并逐步完善操作系统。

4. 大规模、超大规模集成电路计算机（1971至今）

大规模、超大规模集成电路计算机是第四代计算机，这一代计算机的主要特点是：全面采用集成度非常高的大规模集成电路构造基本元件。由于集成度高，因此第四代计算机体积更小，成本更低，可靠性更高，运算速度也大幅度提高，达到了每秒几百万次到几亿次。

随着集成技术的发展，出现了微处理器，更开创了微型计算机时代。

摩尔定律是这一时期计算机领域中的一个著名定律。

摩尔定律是指：集成电路上能集成的晶体管数目每18个月就会翻一番，性能也会提升一倍。即半导体的性能与容量将以指数级增长，并且这种增长趋势将继续下去。如今，新的技术和新材料的出现使摩尔定律在不断延续着。

事实证明了这一定律的正确性，以微处理器的芯片为例。1971年Intel公司发布的第一个微处理器4004，包含了2300个晶体管；1978年，同属Intel公司的微处理器8088包含了2.9万个晶体管；到1999年，Intel公司开发的奔腾3处理器包含了950万个晶体管；2005年，Intel

第一款主流双核微处理器奔腾 D 处理器集成了 2.3 亿个晶体管。

从图 1-3 可以看出，30 多年来计算机微理器上集成的晶体管数量成番增加，基本上符合摩尔定律。

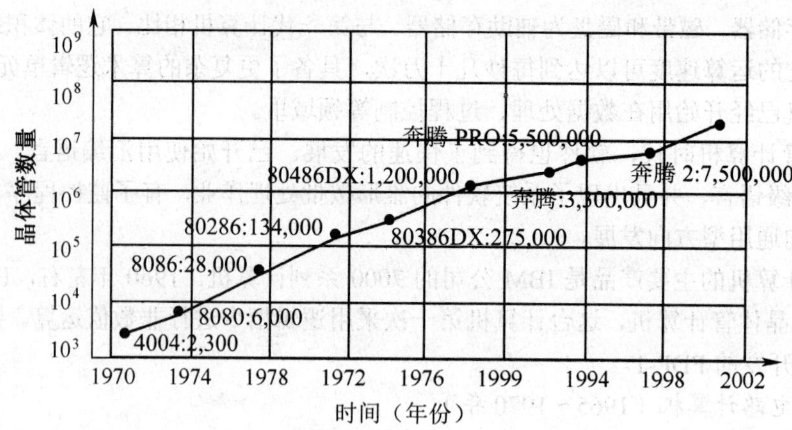

图 1-3　Intel 微处理器含晶体管数量的增长情况

计算机软件伴随着硬件的发展被迅猛开发，系统软件和应用软件多样化、完备化，已形成完善的多种操作系统（如 MS-DOS、Linux、Unix、Windows 等）并且日益优化。

多种高级语言的出现及其翻译及编译程序、用户服务程序、数据库管理系统日益强大。适用于不同领域的应用软件更是丰富多彩，为计算机的广泛应用提供了广阔的天地。

5. 新一代计算机的研制

未来的计算机将突破"冯·诺依曼型"的局限，向超高速、超小型、网络化、智能化等方向发展。在体系结构、软硬件技术方面，计算机将会产生一次量的乃至质的飞跃。新型的量子计算机、光子计算机、生物计算机、纳米计算机等将会在 21 世纪走进我们的生活，遍布各个领域。

1.2.2　微型计算机的发展

在计算机的发展过程中，20 世纪 70 年代出现了微型计算机。微型计算机的开发先驱是美国 Intel 公司的工程师霍夫，他提出了把全部计算机电路做在 4 个集成电路芯片上的设想，这 4 个芯片分别是：中央处理器芯片（即 CPU 芯片）、随机存储器芯片（即 RAM 芯片）、只读存储器芯片（即 ROM 芯片）和寄存器芯片。后来，人们把一片 4 位微处理器 Intel 4004、与一片 320 位的随机存取存储器、一片 256 字节的只读存储器和一片 10 位的寄存器，通过总线连接起来，组成了世界上第一台 4 位微型计算机——MCS-4。这台计算机的诞生标志着微型计算机时代的到来。

微型计算机的产生与发展，完全得益于微电子学及大规模、超大规模集成电路技术的发展。微电子技术把计算机的主要部件——中央处理器集成到了一块小的芯片上，这种芯片称为微处理器。正是由于微处理器的不断革新，微型机才能超常规发展。因此微型计算机的发展阶段，通常是按其微处理器的字长和功能来划分的。

（1）第一阶段（1971～1973 年）：4 位或低档 8 位微处理器和微型机。

（2）第二阶段（1974～1978 年）：中档 8 位微处理器和微型机。

（3）第三阶段（1978～1984 年）：16 位微处理器和微型机。

（4）第四阶段（1985～1992 年）：32 位微处理器和微型机。

（5）第五阶段（1993 年至今）：32/64 位微处理器和高档微型机及多核微机。

（详见本书 2.3 节）。

1.3 微型计算机的基本组成

20 世纪 70 年代计算机发展中最重大的事件莫过于微型计算机的诞生。微型计算机又可以细分为 PC 服务器、NT 工作站、台式电脑、膝上型电脑、笔记本型电脑、掌上型电脑、可穿戴式计算机以及问世不久的平板电脑等多种类型。习惯上将尺寸小于台式机的微型机统称为便携式计算机。

不管哪种类型，完整的微机系统都由硬件系统和软件系统组成（如图 1-4 所示）。硬件系统是指外在的物理设备，即可以看得见摸得着的具体部件，例如主机、显示器、键盘、鼠标等。软件系统是指计算机运行时所需的各种程序和文档的总称，分为系统软件和应用软件。硬件和软件是计算机系统中相互依存、不可分割的两部分，硬件的工作需要软件的指挥协调，软件的运行需要硬件的支持。

微型计算机系统	硬件系统	主板	主机	CPU	运算器
					控制器
					寄存器组
				存储器	
			芯片组	总线（含各类插槽）	
	外部设备				
	软件系统	系统软件	操作系统		
			程序设计语言及翻译或编译程序		
			面向用户服务程序		
			数据库管理系统		
		应用软件	数据库		
			字处理软件		
			各类图形软件		
			计算机辅助工作软件		
			其他应用软件		

图 1-4　微型计算机系统基本构架图

1.4 微型计算机中数的编码和字符的表示

数据、信息处理是计算机的一个重要应用。人们用各种方法来表示数据、反映信息，例如文字、图表、数字都可以用来记录信息，而不同的表示方法对计算机的结构和性能都会产生不同的影响。那么，计算机如何保存和处理数据，才能让计算机正确、高效地工作呢？这就是本节所要学习的知识。

1.4.1 进位计数制

1. 数制

人们用一组固定的符号和约定的规则计数，这套符号及规则称为进位计数制，简称数制。日常生活中，人们用六十进制计算时间，即 60 分钟为一个小时；用十二进制来计算年度，即 12 个月为一年。生活中通常以十进制来进行计算，计算机中一般采用二进制来表示数。这是因为计算机主要是由开关元件构成的，比如，电路接通记为“1”，电路断开记为“0”，或者反之。

通常在数制中，都涉及到 4 个概念：数位 i、数码 ai、基数 R 和位权（权）。

- 数码：一个数制中表示基本数值大小的不同数字符号。如八进制有 8 个数码：0、1、2、3、4、5、6、7。
- 基数：某种数制中所拥有基本数码的个数。如十进制的基数为 10，二进制的基数为 2。
- 数位：指数码在一个数中的位置。如十进制的个位、十位等。
- 位权：表示数码在该数位上的权重，用基数的幂表示：R^i。如十进制数 128，1 的位权是 100（10^2），2 的位权是 10（10^1），8 的位权是 1（10^0），所以十进制数中千位、百位、十位、个位上的权可表示为 10^3、10^2、10^1、10^0。

知道了这 4 个概念后，就可以用一组有序数码，或者以位权展开多项式的求和形式来表示一个数据。即 R 进制数

$$N_R = a_{n-1}R^{n-1} + a_{n-2}R^{n-2} + \cdots + a_1R + a_0 + a_{-1}R^{-1} + a_{-2}R^{-2} + \cdots + a_{-m}R^{-m}$$

$$= \sum_{i=n-1}^{-m} a_iR^i \quad \text{（m，n 均为正整数）}$$

例如：$520.919 = 5\times10^2+ 2\times10^1+0\times10^0+9\times10^{-1}+1\times10^{-2}+9\times10^{-3}$

2. 常用的进位计数制

（1）十进制（Decimal Notation）。

十进制数用 10 个数码（0、1、2、3、4、5、6、7、8、9）记数，基数为 10，权为 10^n（n 为数位，第 1 位、第 0 位、第 n–1 位等），运算规则为逢十进一（加法运算），借一当十（减法运算）。十进制数 X 一般简记为$(X)_{10}$或 XD。利用按权展开的原理，任何一个十进制数都可以用位权法表示。

例如：$(200)_{10} = 2\times10^2+0\times10^1+0\times10^0$

$(341.86)_{10} = 3\times10^2+4\times10^1+1\times10^0+8\times10^{-1}+6\times10^{-2}$

（2）二进制（Binary Notation）。

二进制数用两个数码（0、1）记数，基数为 2，权为 2^n（n 为数位），运算规则为逢二进一（加法运算），借一当二（减法运算）。二进制数 X 一般简记为$(X)_2$或 XB。利用按权展开的原理，任何一个二进制数都可以用位权法表示。

例如：$(1011)_2 = 1\times2^3+0\times2^2+1\times2^1+1\times2^0$

$(11001.01)_2 = 1\times2^4+1\times2^3+0\times2^2+0\times2^1+1\times2^0+0\times2^{-1}+1\times2^{-2}$

（3）八进制（Octal Notation）。

八进制数用 8 个数码（0、1、2、3、4、5、6、7）记数，基数为 8，权为 8^n（n 为数位），运算规则为逢八进一（加法运算），借一当八（减法运算）。八进制数 X 一般简记为$(X)_8$或 XO。利用按权展开的原理，任何一个八进制数都可以用位权法表示。

例如：$(57)_8 = 5\times8^1+7\times8^0$

$(115.23)_8 = 1\times8^2+1\times8^1+5\times8^0+2\times8^{-1}+3\times8^{-2}$

（4）十六进制（Hexadecimal Notation）。

十六进制数用 16 个数码（0、1、2、3、4、5、6、7、8、9、A、B、C、D、E、F）记数，基数为 16，权为 16^n（n 为数位），运算规则为逢十六进一（加法运算），借一当十六（减法运算）。十六进制数 X 一般简记为$(X)_{16}$或 XH。在 16 个数码中，A、B、C、D、E、F 分别对应十进制数中的 10、11、12、13、14、15。利用按权展开的原理，任何一个十六进制数都可以用位权法表示。

例如：$(8AC)_{16} = 8\times16^2+A\times16^1+C\times16^0$

$(6D.3E)_{16} = 6\times16^1+D\times16^0+3\times16^{-1}+E\times16^{-2}$

这四种进制间的等值对照关系如表 1-1 所示。

表 1-1 四种进制之间的等值对照关系

十进制	二进制	八进制	十六进制	十进制	二进制	八进制	十六进制
0	0000	0	0	8	1000	10	8
1	0001	1	1	9	1001	11	9
2	0010	2	2	10	1010	12	A
3	0011	3	3	11	1011	13	B
4	0100	4	4	12	1100	14	C
5	0101	5	5	13	1101	15	D
6	0110	6	6	14	1110	16	E
7	0111	7	7	15	1111	17	F

但在新一代计算机中，例如生物计算机（DNA 计算机），已开始考虑使用四进制数制。四进制是以 0、1、2、3 为基数，采用逢四进一的计算原则，它与其他数制之间的转换可以参考

八进制、十六进制的转换方法。据说，采用四进制最大的好处是能节省一半的运算单元，并能提高系统的整体运算速度。比如某台计算机需要 20 万个运算单元，在采用了四进制后，只需 10 万个运算单元就能得到相同的效果。

3. 计算机中数的单位

现在的计算机大多是二进制的计算机，存储二进制数据经常使用到以下几个单位。

（1）位。

计算机存储数据的最小单位，表示一个二进制位，简记为 bit。计算机中最直接、最基本的操作就是对二进制位的操作。位只能表示 0 或 1 两种状态，这样要表示的数据就会过于庞大，所以通常以 8 位二进制组成一个基本单位来处理数据。

（2）字节。

计算机中存储数据的最基本单位，是一个 8 位的二进制数。字节简称 B，即 1B=8bit。一般情况下，一个汉字国际码占用两个字节。

（3）字。

计算机中处理数据或信息的基本单位。一个字由若干字节组成，通常将组成一个字的位数叫做该字的字长。例如一个字由两个字节组成，则该字字长为 16 位。“字长”表示该类型计算机一次最基本的运算可以处理数据的长度，因此具有较长字长的计算机可以处理位数更多的信息，不同类型的计算机的字长是不同的，“字长”是计算机性能的一个重要指标，“字长”较长表示功能较强。

1.4.2 进制之间的转换

实际运算中常常涉及到不同进制之间的相互转换，它们之间的转换应遵循转换原则。

1. N（N=2、8、16）进制数转换成十进制数

将一个 N 进制数转换成十进制数比较容易。其转换规则为：依照按权展开法，将 N 进制数以多项式形式展开，然后对数位上的数进行求和运算。

例如：把二进制数$(1101.01)_2$、$(46.23)_8$、$(5B.6A)_{16}$分别转换成十进制数。可按以下方式展开为每个 N 进制数的数字乘以 N 的相应次幂，然后相加即可。

$$
\begin{aligned}
(1101.01)_2 &= 1\times2^3+1\times2^2+0\times2^1+1\times2^0+0\times2^{-1}+1\times2^{-2} \\
&= 1\times8+1\times4+0\times2+1\times1+0\times0.5+1\times0.25 \\
&= (13.25)_{10} \\
(46.23)_8 &= 4\times8^1+6\times8^0+2\times8^{-1}+3\times8^{-2} \\
&= 4\times8+6\times1+2\times0.125+3\times0.016 \\
&= (38.297)_{10} \\
(5B.6A)_{16} &= 5\times16^1+B\times16^0+6\times16^{-1}+A\times16^{-2} \\
&= 5\times16+B\times1+6\times0.0625+A\times0.004 \\
&= (91.415)_{10}
\end{aligned}
$$

2. 十进制数转换成 N 进制数

十进制数转换成 N 进制数较为复杂，一般需要将十进制数的整数部分与小数部分分开进行转换。

其转换规则为：将整数部分除 N 逆序取余，即将十进制整数部分除以 N，所得余数为 N 进制的低位，继续将商除以 N，所得的各次余数就是所对应的 N 进制的各位值，依此直至商为 0 为止；小数部分则要乘 N 顺序取整，即将十进制小数部分乘以 N，所得积的整数部分的值即是 N 进制小数的高位，继续对所得积的小数部分乘以 N，所得各次整数部分为 N 进制小数的各位值，依此直到积的小数部分为 0 或达到精度要求的位数为止。

例如：把十进制数$(197.85)_{10}$分别转换成二进制数、八进制数和十六进制数。对该数的整数和小数部分分别进行除以 N 和乘以 N 的运算。

（1）转换成二进制数。

整数部分：

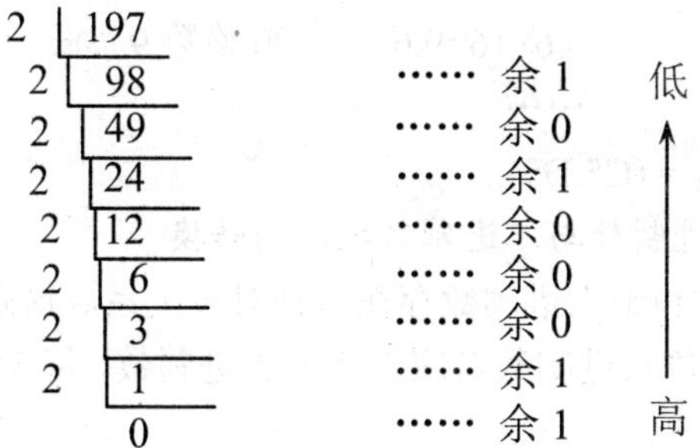

小数部分：

0.85×2=1.7　取整数 1　高

0.7×2=1.4　取整数 1　↓

0.4×2=0.8　取整数 0

0.8×2=1.6　取整数 1　低

……

组合可得，$(197.85)_{10}=(11000101.1101)_2$

注意：在小数部分的转换中，可能会出现小数部分转换过程无限的情况，此时，我们可按精度要求保留一定的小数位即可。

（2）转换成八进制数。

整数部分：

8 | 197

8 | 24　…… 余 5　低

8 | 3　…… 余 0　↑

0　…… 余 3　高

小数部分：

0.85×8=6.8	取整数 6	高
0.8×8=6.4	取整数 6	↓
0.4×8=3.2	取整数 3	低
……		

组合可得，$(197.85)_{10}=(305.663)_8$

（3）转换成十六进制数。

整数部分：

16	197		
16	12	…… 余 5	低
	0	…… 余 C	高

小数部分：

0.85×16=13.6	取整数 D	高
0.6×16=9.6	取整数 9	低
……		

组合可得，$(197.85)_{10}=(C5.D9)_{16}$

3. 八进制数、十六进制数与二进制数之间的转换

二进制数与八进制数和十六进制数存在一种对应关系，这是因为 $2^3=8$、$2^4=16$。所以它们之间的转换规则为：每 1 位八进制数对应于 3 位二进制数，每 1 位十六进制数对应于 4 位二进制数。

（1）二进制数与八进制数之间的转换。

方法：以小数点为界，整数部分向左、小数部分向右，3 位对 1 位相互转换，不够 3 位用 0 补齐，然后按顺序连接得出的数值。

例如：把$(10111011.10101)_2$转换成八进制数：

转换成八进制数	分组：	10	111	011.	101	01
	补 0：	**0**10	111	011.	101	01**0**
	转换：	2	7	3 .	5	2

得出，$(10111011.10101)_2=(273.52)_8$

又如：把$(265.31)_8$转换成二进制数：

转换成二进制数	分组：	2	6	5.	3	1
	转换：	010	110	101.	011	001

得出，$(265.31)_8=(10110101.011001)_2$

（2）二进制数与十六进制数之间的转换。

方法：以小数点为界，整数部分向左、小数部分向右，4 位对 1 位相互转换，不够 4 位用 0 补齐 4 位，然后按顺序连接得出的数值。

例如：把$(1011110110110.111001)_2$转换成十六进制数：

转换成八进制数　分组：<u>1</u>　<u>0111</u>　<u>1011</u>　<u>0110</u>.<u>1110</u>　<u>01</u>

补 0：<u>**000** 1</u>　<u>0111</u>　<u>1011</u>　<u>0110</u>.<u>1110</u>　<u>01 **00**</u>

转换：1　7　B　6 .　E　4

得出，$(1011110110110.111001)_2 = (17B6.E4)_{16}$

又如：把$(B91.97)_{16}$转换成二进制数：

转换成二进制数　分组：B　9　1 .　9　7

转换：<u>1011</u>　<u>1001</u>　<u>0001</u>. <u>1001</u>　<u>0111</u>

得出，$(B91.97)_{16} = (101110010001.10010111)_2$

如果需要完成八进制数与十六进制数之间的转换，可以先把八进制数转换成十进制数，再转换成十六进制数，或者把八进制数转换成二进制数，再转换成十六进制数。反之亦然。

1.4.3 无符号数和带符号数

在计算机中，大量的数据都是带“+”、“-”符号的数，即正数、负数。但是计算机不能识别“+”号和“-”号，那么计算机是如何区分无符号数和带符号数呢？

1. 机器数和真值数

一个数的二进制代码，称为真值数，如：正数+0101011 和负数-1001101。但是计算机只能用 0 和 1 来表示数据，怎样区分正数和负数呢？为此，把一个数的最高位定义为数的符号位，称为数符。数符值为“0”表示该数为正，数符值为“1”表示该数为负；而这个数的其他位称为数值位。如图 1-5 所示。

通常，把这种在计算机中使用且符号位被正负化了的数称为机器数。机器数的表示方法：用机器数的最高位代表符号（0 为正，1 为负），其数值位为真值数的绝对值。

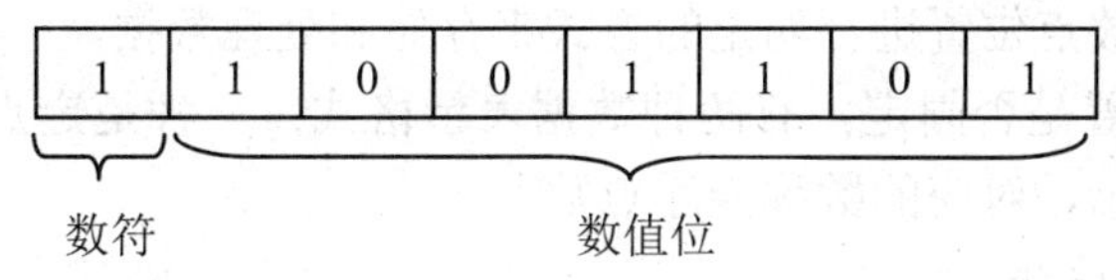

图 1-5　8 位二进制表示一个数

例如：若真值数分别为：−1001101　　+0101011

则机器数分别为：11001101　　00101011

2. 原码、补码和反码

在机器数中，符号位和数值位都由 0 和 1 表示，因此，在存储这些数据的时候必须考虑符号位的处理，这种处理方法就是符号位和数值位的编码方法。根据符号位和数值位的编码方式不同，机器数分为原码、补码和反码。

原码较为简单直观，其表示方法为：最高位为符号位，用 0 表示正数；1 表示负数，数值部分用二进制数的绝对值形式表示。原码的优点是简单，易于在机器数和真值数之间转换。但计算机对原码进行运算时，操作比较繁复，为此引出了反码和补码。

原码、补码和反码三者既有共同点，又各自具有不同的性质。对于三者之间的转换，正数和负数的方法是不一样的。

（1）正数。

若一个机器数是正数，则它的原码、补码和反码都是它本身，且符号位为0。

例如：假设某机器为8位机，即一个数据用8位（二进制）来表示，则：+29的原码为00011101，则它的原码、补码和反码都是它本身00011101，其中最高位是符号位，后7位是数值位。

（2）负数。

若一个机器数是负数，则它的原码是它本身，符号位为1；补码则是将它的原码除符号位以外，数值位各位取反（即0变为1，1变为0），最后在末位加1；反码则保持符号位不变，其余数值位的数逐位取反。

例如：–29的原码为10011101

–29的补码为11100011（首位不动，其余逐位取反，得到11100010；在末尾加1，得11100011）

–29的反码为 11100010

补码表示数据，可以避免符号判断的问题，简化加、减法的运算。在计算机中，有符号数一般是用补码形式表示的。引入补码的意义在于可把加减法都统一到加法上来，从而使运算器中根本无须设计减法器，简化了运算器的结构。

1.4.4 定点数与浮点数

显然，在计算机中，小数点位置的指出不像正负号那样可以使用二进制数来表示。一般采用在计算机中对小数点位置进行约定的方式来存储和处理数据。

根据小数点的位置是否固定，有两种数据表示格式：一种是定点表示，对应的数称为定点数；一种是浮点表示，对应的数称为浮点数。

1. 定点数的表示方法

所谓定点数，是指小数点位置固定不变的数。在数中，小数点可以固定在任意位置，根据固定位置不一样，又可以分为定点整数和定点小数，并且不需要用专门的“.”来表示小数点。

定点数x的格式如图1-6所示，符号位x_{n+1}在最左边位置，并用数字0和1分别代表正号和负号，其余位数（n、n–1、n–2、…、0位）表示有效数位，依次排在x_{n+1}的右边。

如果数x表示的是纯小数，则小数点位于x_{n+1}和x_n之间，即定点小数。当$x_{n+1}=0$，数值部分全取1时，x为最大正数；当$x_{n+1}=1$，数值部分全取1时，x为最小负数。如果数x表示为纯整数，则小数点位于最低位x_0的右边，即定点整数。

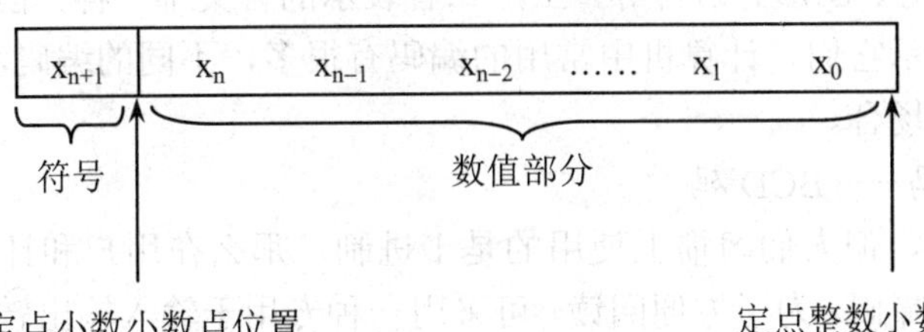

图 1-6 定点数表示形式

显而易见，计算机采用定点整数表示时，它只能表示整数。但在实际问题中，数不可能总是整数，并且定点数表示数的范围也十分有限，不能表示非常小或者非常大的数。为了能表示这一类的数据，就需要采用浮点数表示法。

2. 浮点数的表示方法

所谓浮点数，是指小数点的位置在数据中是固定不变的，或者说是“浮动”的。为了说明它是怎样浮动的，引入“阶码表示法”。对于任何一个二进制数 N 都可表示为：

$$N=2^{\pm E}\times(\pm S)$$

式中，指数 E 称为阶码，是一个二进制正整数，指明了小数点在数据中的位置，E 前的±称为阶符（E_f）；S 称为尾数，是一个二进制纯小数，S 前的±称为尾符（S_f）。如图 1-7 所示。

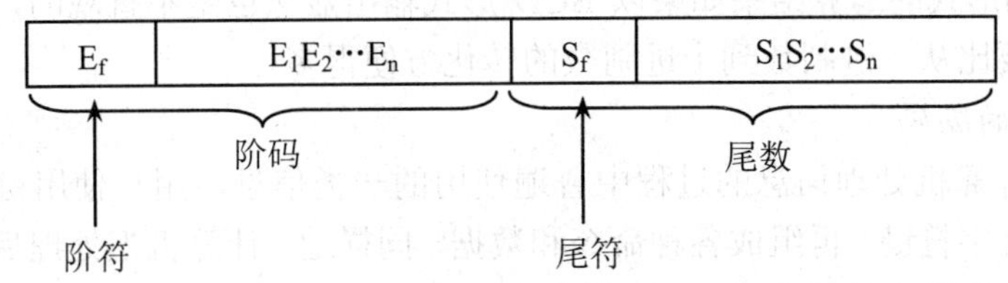

图 1-7 浮点数表示形式

例如：二进制数+101.1 和−10.11 的表示形式为：

$+101.1=2^{+11}\times(+0.1011)$，则 E=11，$E_f=0$，表示正指数，S=0.1011，$S_f=0$

$-10.11=2^{+10}\times(-0.1011)$，则 E=10，$E_f=0$，表示正指数，S=0.1011，$S_f=1$

比较两者可以看出：它们的有效数字（1011）是完全相同的，只是正负号和小数点位置不同。正负号的不同反映在尾符 S_f 上。因此，对于规格化的浮点数（尾数第一位不为 0，可保留尽量多的有效数字）而言，小数点的位置是随阶码的大小而浮动的。

根据计算机的使用条件，可以确定在计算机中究竟采用定点表示法还是浮点表示法。例如高档微机以上的计算机同时采用两种方法，而单片机多采用定点表示。

1.4.5 计算机中的编码

现代计算机使用的数据既有数值数据也有非数值数据。数值数据用来表示数量意义，非数值数据表示文字、符号、图形、语言等。虽然二者表示的含义不一样，但在计算机中都是用二进制形式的编码来表示它们。计算机中常用的编码有很多，不同的编码，其编码规则不同，具有不同的特性及应用场合。

1．十进制数的编码——BCD码

计算机采用二进制，但人们习惯上使用的是十进制，那么在用户和计算机的输入与输出时就会存在一定的逻辑障碍。为了方便阅读，可采用一种专用于输入输出转换的二～十进制编码，即BCD编码。

所谓BCD编码就是用4位二进制表示1位十进制数的编码方案。常用的8421BCD编码，它指4位二进制数从左到右每位对应的权重是8、4、2、1。

BCD码和十进制数之间的等值对照关系如表1-2所示。

表1-2　BCD码和十进制数之间的等值对照关系

十进制数	0	1	2	3	4	5	6	7	8	9
BCD码	0000	0001	0010	0011	0100	0101	0110	0111	1000	1001

从表可知，十进制数2918用BCD码可表示成0010 1001 0001 1000

在一般机器中都提供了BCD码的调整指令，可使BCD码直接按二进制运算规则运算，而得到的结果经过调整就是正确的BCD码形式。

一个BCD码形式的运算结果如果以BCD形式输出显然也是不直观的，但要将其转化成十进制形式输出要比从二进制数到十进制数的转化方便得多。

2．字符数据的编码

字符是利用计算机处理信息的过程中普遍使用的一类信息，用户使用键盘等输入设备向计算机内输入各种字符键，再组成各种命令和数据，同样地，计算机把处理后的结果也以字符形式输出到显示器等输出设备上。

（1）ASCII码。

ASCII（American Standard Code for Information Interchange）码是美国标准信息交换码。ASCII码规定8个二进制位的最高一位为0，用余下的7位来表示一个字符，总共可以表示128个字符。

这128个字符可以分为两大类：

1）可打印的字符。这类字符可以从键盘上输入，共95个，其中包括大小写各26个英文字母，0～9这10个字符，还有通用的运算符和标点符号+、–、*、>、\等等。

2）非打印字符。这类字符共33个，编码值为0～31和127。这类字符不对应任何一个可打印的实际字符，它们被用作控制码，控制计算机外部设备的工作特性等。

需要注意的是：ASCII码虽只是7位码，但由于存储器一般是以字节（8个二进制位为一个字节）为单位组织的，故一个字符在机内存储器中仍然用一字节来存储，空出的一位一般置为0，而在通信中一般作为奇偶校验位。

现在，人们经常使用扩展的 ASCII 码编码方案，它用 8 位二进制码表示一个字符，其中前 128 个字符正是标准 ASCII 码方案中的 128 个字符，只是其编码多出了一个最高位 0，由 7 位码变成了 8 位码，后 128 个字符是一些扩充的字符，即标准 ASCII 方案中没有的字符，包括一些制表符等，这些编码的最高位均是 1。目前，这种扩展的 ASCII 码方案有多种，它们的后 128 个扩充字符不完全相同。

（2）EBCDIC 码。

EBCDIC（Extended Binary Coded Decimal Interchange Code）码，是 IBM 公司创立的使用在大型计算机主机上的字符编码系统。与 ASCII 码不同的是，它采用 8 位来代表一个字符。如大写字母 A 在 ASCII 码中为 1000001，而在 EBCDIC 中则是 11000001。

3. 汉字的编码

在计算机系统中使用汉字，首先也必须解决将汉字输入到计算机中的问题，这样就要为汉字设计相应的输入编码方法。针对在汉字处理中的各个环节的不同要求，通常使用到下列编码方法。

（1）汉字交换码。

汉字交换码主要用做汉字信息交换。以国家标准局 1980 年颁布的《信息交换用汉字编码字符集·基本集》（代号为 GB2312-80）规定的汉字交换码作为国家标准汉字编码，简称国标码。它规定每个汉字由两个字节代码表示，实际上汉字的国标码通常用 4 位十六进制数表示。

（2）汉字机内码。

汉字机内码，即内码或汉字存储码。它统一了各种不同的汉字输入码在计算机内部的表示。机内码也是用两个字节表示，每个字节用到其中的 7 位。使用机内码可以避免 ASCII 码和国标码同时使用时产生的二义性问题。

（3）汉字输入码。

汉字输入码是为了使用键盘把字符输入到计算机而设计的一种编码。它们大致可以分为 4 种类型：

1）拼音码。以汉语拼音为基础的输入方法。它是目前很普遍的一种汉字输入方法，如双拼和简拼。

2）字形码。根据汉字形状进行编码的方法。把汉字的笔画进行拆分，再按照一定规律用键盘输入汉字到计算机内部。这种编码方法避免了因汉字同音字多而出现的输入速度慢的问题。现在常用的字形输入法有五笔字形、郑码和表形码等。

3）音形码。结合了拼音码和字形码优点的一种输入编码方案，如自然输入法。

4）数字码。以数字串进行编码的输入方案。它以一串数字来表示汉字，目前最常用的数字编码是国际区位码，但其记忆困难，多用来输入一些特殊符号。

（4）汉字输出码。

汉字输出码用于汉字的显示和打印，是汉字的输出形式，一般把汉字显示在一点阵中。通常汉字显示使用 16×16 点阵，打印则可以选择 24×24 点阵、32×32 点阵、64×64 点阵等。

本章小结

计算机作为一种工具已经被广泛应用在科学计算、数据处理等领域。

计算机的发展历史到今天可分为四代，目前已进入到超大规模集成电路阶段的后期，第五代计算机将在新材料或新技术上获得重大突破后诞生。微机的历史只有30多年，却发展迅速，微机发展阶段是以体系结构的重大变化来划分的。

一台正常工作的计算机是由硬件和软件两部分组成。

数的表示方法、编码形式和进位制是学习计算机的基础知识，这方面的内容还包括字符、汉字等非数字信息的表示方法，熟悉和掌握这些内容将为学习其他一切计算机软硬件知识打下基础。

习题一

1．计算机的发展历史为四代，是以什么划分的？微机发展经历了几个阶段？

2．微机系统由哪几部分组成？

3．将下列十进制数转化为二进制数和十六进制数。

（1）11011　　（2）919.128

4．写出下列十进制数的BCD码。

（1）83　　（2）6421

5．下列各数为十六进制表示的8位二进制数，若分别看作无符号数和补码表示的有符号数，其真值十进制数各是多少?

（1）3B　　（2）75　　（3）AD

6．下列各数为十六进制表示的8位二进制数，若分别被看作补码表示的数和ASCII码表示的字符，各是什么内容？

（1）6B　　（2）3D

2

微处理器

本章学习目标

本章着重介绍 8086/8088 的硬件结构和指令系统，它是 Intel 系列微处理器的基础。另外针对当前硬件发展日新月异的局面，详细介绍了主流 CPU 的发展历史。通过本章的学习，应该了解和掌握以下内容：

- 8086/8088CPU 的组成、引脚功能和工作模式。
- 时序基本概念。
- 微处理器的发展历程，主流 CPU 及其最新技术。

本章着重讨论计算机硬件系统中最重要的组成部分——中央处理器（CPU）。CPU 是微机的核心芯片，它的性能基本上反映了微机的性能和档次。在本章及以后的章节中，我们首先对 x86 体系较早的 CPU 芯片 8086/8088CPU 作比较透彻的了解，学习以 8086/8088CPU 为核心构成一个微机系统的相关知识。学好这些内容，可以为我们进一步学习更先进的硬件和软件知识打下坚实的基础。

2.1 微处理器概述

2.1.1 CPU 的基本概念和组成

CPU（Central Processing Unit）又叫中央处理器，是整个计算机系统的核心。负责整个系统指令的执行，对数据信息进行数学与逻辑运算和处理、数据的存储与传送以及对内对外输入与输出的控制，并实现本身运行过程的自动化。CPU 从存储器或高速缓冲存储器中提取（Fetch）指令，放入指令寄存器，并对指令解码（Decode），把指令分解成一系列的微操作，然后发出各种控制命令，执行（Execute）微操作系列，并将结果从寄存器或高速缓冲存储器写回（Writeback）存储器，从而完成一条指令的执行。

微处理器（Micro Processing Unit），即微型化的中央处理器。早期微处理器以 MPU 表示，以区别于大型主机的多芯片 CPU。但现在已经不加区分，都用 CPU 表示。现在的 MPU 用来特指一些嵌入式系统的中央处理单元。凡需要智能控制、大量信息处理的地方就会用到 CPU。

CPU 有通用 CPU 和嵌入式 CPU 之分，通用和嵌入式的分别，主要是根据应用模式的不同而划分的。通用 CPU 芯片的功能一般比较强，能运行复杂的操作系统和大型应用软件。嵌入式 CPU 在功能和性能上有很大的变化范围。随着集成度的提高，在嵌入式应用中，人们倾向于把 CPU、存储器和一些外围电路集成到一个芯片上，构成所谓的系统芯片（简称为 SOC），而把 SOC 上的那个 CPU 称为 CPU 芯核。本书讨论的 CPU 泛指所有通用微处理器。

1. 通用 CPU 的内核

从结构上说，任何 CPU 都包括运算器（算术逻辑运算单元 Arithmetic Logic Unit，ALU）、控制器（Control Unit，CU）和寄存器（Register）三个主要组成部分。运算器完成算术和逻辑运算；控制器对微机各部件发出相应的控制信息，使它们协调工作；寄存器用于存放少量的临时数据，使 CPU 不必经常访问位于 CPU 之外的储存大量数据的内存，以缩短 CPU 存取数据的时间，提高 CPU 处理数据的速度，也减少了指令的长度。随着微处理器性能的飞速提高，现在的 CPU 组成非常复杂，但从逻辑结构上来说仍有以上三个组成部分，从物理结构上很难把它们分割开来。不仅如此，其每一部分都得到极大的强化和扩充，比如为提高数据处理速度，弥补寄存器的不足，大量增加了原来中、大型机才有的高速缓存（Cache），且集成在 CPU 当中。

（1）运算器。

1）算术逻辑运算单元 ALU。ALU 主要完成对二进制数据的定点算术运算（加、减、乘、除）、逻辑运算（与、或、非、异或等）以及移位、循环等操作。在某些 CPU 中还有专门用于处理移位操作的移位器。通常所说的“CPU 是 XX 位的”就是指 ALU 所能处理的数据的位数。

由于加、减、乘、除四则运算都可以归结为加法运算与移位操作，所以，加法器是算术逻辑运算单元 ALU 的核心部件。

2）浮点运算单元 FPU（Floating Point Unit）。FPU 主要负责浮点运算和高精度整数运算。有些 FPU 还具有向量运算的功能，另外一些则有专门的向量处理单元。

（2）控制器。

运算器只能完成运算，而控制器用于控制整个 CPU 的工作。如产生取指令和执行指令所需要的控制信号，以便建立数据通路，控制、协调各种操作。这些操作控制信号，包括 CPU 的状态和应答信号、外界的请求信号、联络信号、定时控制信号等。

1）指令控制器。指令控制器是控制器中相当重要的部分，它要完成取指令、分析指令等操作，然后交给执行单元（ALU 或 FPU）来执行，同时还要形成下一条指令的地址。

2）时序控制器。计算机是模拟人的工作的，人要有序高效的工作，必须按时间精确地安排工作顺序。时序控制器的作用是为每条指令按时间顺序提供控制信号。时序控制器包括时钟发生器和倍频定义单元，其中时钟发生器由石英晶体振荡器发出非常稳定的脉冲信号，即CPU的主频；而倍频定义单元则定义了CPU主频是存储器频率（总线频率）的几倍。

3）总线控制器。总线控制器主要用于控制CPU与外界联系的内外部总线上的操作。

4）中断控制器。中断控制器用于控制各种各样CPU外部的中断请求（因为外部的请求与CPU当前正在运行的程序在时间上有冲突，如果接受外部的请求，必然中断CPU当前正在运行的程序，故名“中断请求”），并根据优先级的高低对中断请求进行排队，逐个交给CPU处理。

（3）内部寄存器组。

寄存器（Register）是CPU内部的高速存储单元。用来保存正在运算的数据和暂存中间结果，减少CPU与内存之间数据交换的次数，大大提高计算机的运算速度。有专用寄存器和通用寄存器之分。

以8086CPU为例，专用寄存器有累加器（Accumulator）和暂存器，4个16位段寄存器CS、DS、SS、ES，1个16位指令指针IP以及16位的标志寄存器FR（Flag Register）。通用寄存器有4个16位的寄存器AX、BX、CX、DX以及16位的堆栈指针SP，16位的基址指针BP和2个16位的变址寄存器SI、DI等。

在通用寄存器的设计上，与指令系统（见后述）有很大的关系。精简指令集RISC与复杂指令集CISC有着很大的不同。CISC的寄存器通常很少，主要是受到当时的硬件成本所限。如x86指令集只有8个通用寄存器。所以，CISC的CPU执行，大多数时间是在访问存储器中的数据，而不是寄存器中的数据，这就拖慢了整个系统的速度。而RISC系统往往具有非常多的通用寄存器，并采用了重叠寄存器窗口和寄存器堆等技术，使寄存器资源得到充分的利用。

针对x86指令集只支持8个通用寄存器的缺点，Intel和AMD的最新CPU都采用了一种叫做“寄存器重命名”的技术，这种技术使x86 CPU的寄存器可以突破8个的限制，达到32个甚至更多。不过，相对于RISC来说，这种技术的寄存器操作要多出一个时钟周期，用来对寄存器进行重命名。

2. CPU的外核

（1）解码器（Decode Unit）。

这是x86CPU特有的设备，它的作用是把长度不定的x86指令转换为长度固定的指令，并交由内核处理。解码分为硬件解码和微解码，对于简单的x86指令只需硬件解码即可，速度较快，而遇到复杂的x86指令则需要进行微解码，并把它分成若干条简单指令，速度较慢且很复杂。好在这些复杂指令很少用到。

（2）一级缓存和二级缓存（Cache）。

一级缓存和二级缓存是为了缓解较快的CPU与较慢的存储器之间的矛盾而产生的，一级缓存（L1）通常集成在CPU内核，而二级缓存（L2）则是以OnDie或OnBoard（组元）的方式以较快于存储器的速度运行。有的集成于 CPU 内部，其运行速度与其内核运行频率相同；有的在 CPU 外部，运行速度只有集成于内部芯片的一半。对于一些数据交换量大的工作，CPU 的 Cache 显得尤为重要。

3. 指令系统

关于 CPU，还要了解一下指令系统。指令系统指的是 CPU 所能够处理的全部指令的集合，是 CPU 的根本属性，因为它决定了 CPU 能够运行什么样的程序。通常说的 x86 指令集是美国 Intel 公司为其第一块 16 位 CPU（i8086）专门开发的，虽然随着 CPU 技术的发展，Intel 陆续研制出更新型的 i80386、i80486 直到 Pentium 系列，为了保证计算机能继续运行以往开发的各类应用程序以保护和继承丰富的软件资源（如 Windows 系列），Intel 公司所生产的所有 CPU 仍然沿用 x86 指令集。所谓 x86 兼容是指这些 CPU 能运行 8086/8088 指令系统编写的任何程序。虽然这个指令系统经过不停地扩展已经变得面目全非，各种兼容 CPU 也从“早期的名称到结构几乎雷同”到现在各方面都完全分道扬镳，但是，这种兼容性依然得到充分保证。换句话说，目前常见的 x86 兼容：Intel 的 PⅡ/Ⅲ、Celeron，AMD 的 K6、Athlon、Duron，VIA 的 MII、Cyrix Ⅲ等 CPU，即使它们采用完全不同的内核，也不影响除主板以外的硬件和几乎所有的软件的高度兼容。绝大多数微机，从台式机到笔记本，采用的都是与 Intel 公司 x86 系列兼容的 CPU。因此，计算机才能以前所未有的速度得到发展和普及。

但在 64 位 CPU 诞生以后分成了两家：Intel 采用全新的 64 位体系结构（IA-64）的指令集；而 AMD 仍然继续兼容 x86 指令集。

在编写指令集时，有三种不同的做法。分别是 CISC（Complex Instruction Set Computer，复杂指令系统指令集计算机）、RISC（Reduced Instruction Set Computer，精简指令系统指令集计算机）和 EPIC（Explicitly Parallel Instruction Computer，显式并行指令系统指令集计算机）。

所谓 CISC 是指将较复杂的指令译码，分成几个微指令去执行。其优点是指令多、开发程序容易，但是由于指令复杂，执行工作效率较低、处理数据速度较慢，目前 286/386/486/ Pentium 等家用微机，一般用 CISC 指令系统。

所谓 RISC 是指将复杂的指令集 CISC 精简，保留常用指令，再配合内部快速处理指令的电路，加快指令的译码与数据的处理。不过，必须经过编译程序的处理，才能发挥它的效率。中高档的服务器，如 PowerPC 处理器、SPARC 处理器、PA-RISC 处理器、MIPS 处理器、Alpha 处理器等均为 RISC CPU 的结构。

还有一种改进式的 CISC CPU，是指面向 RISC 的优点，部分改进 CISC 的结构，如 Intel 的 Pentium-Pro（P6）、Pentium Ⅱ，Cyrix 的 M1、M2，AMD 的 K5、K6 等。CPU 频率的高低、CPU 内部的结构以及指令处理的方式都关系着 CPU 处理指令的快慢，如 CPU 内部采用超标量流水线（Super Scalar Pipeline）指令的处理结构，内部高速缓存的容量、指令的译码，程序的编译、是复杂指令集（CISC）或是精简指令集（RISC）的处理，这些都关系着 CPU 的处理速度。

所谓 EPIC 是指用于 64 位体系结构（IA-64 和 x86-64）的指令集 EPIC，使 CPU 可以同时执行多达 20 个操作，其性能是配置 RISC CPU 的好几倍。

采用 EPIC 的有 AMD 公司推出的用于服务器中的皓龙（Opteron）处理器、Intel 的安腾处理器等。

4. CPU 的构架和封装方式

（1）CPU 的构架。

CPU 构架是按 CPU 的安装插座类型和规格确定的。目前常用的 CPU 按其安装插座规范可分为 Socket x 和 Slot x 两大构架。

以 Intel 处理器为例，Socket 构架的 CPU 中分为 Socket 370、Socket 423 和 Socket 478 三种，分别对应 Intel PIII/Celeron 处理器和 P4 处理器。Slot x 架构的 CPU 中可分为 Slot 1、Slot 2 两种，分别使用对应规格的 Slot 槽进行安装。其中 Slot 1 是早期 Intel PII、PIII 和 Celeron 处理器采取的构架方式，Slot 2 是尺寸较大的插槽，专门用于安装 PⅡ和 PIII序列中的工作组服务器上的 Xeon（至强）处理器。

（2）CPU 的封装方式。

所谓封装是指安装半导体集成电路芯片用的外壳，通过芯片上的接点用导线连接到封装外壳的引脚上，这些引脚又通过印刷电路板上的插槽与其他器件相连接。它起着安装、固定、密封、保护芯片及增强电热性能等方面的作用。

CPU 的封装方式取决于 CPU 安装形式，最早的是 DIP（双列直插式）封装。而 80286 封装是一种被称为 PGA（引脚网格阵列）的正方形包装。通常采用 Socket 插座安装的 CPU 使用 PGA（栅格阵列）的形式进行封装，而采用 Slot X 槽安装的 CPU 则全部采用 SEC（单边接插盒）的形式进行封装。

1）PGA（Pin Grid Array）引脚网格阵列封装。PGA 封装形式，是位于芯片下方的方阵形的插针。安装时，将芯片插入专门的 PGA 插座，和电路板相结合。PGA 封装具有插拔操作方便、可靠性高的优点，缺点是耗电量较大。随着 CPU 总线带宽的增加、功能的增强，CPU 的引脚数目也在不断地增多，同时对散热和各种电气特性的要求也更高，这就演化出了 SPGA（Staggered Pin-Grid Array，交错针栅阵列），PPGA（Plastic Pin-Grid Array，塑料针栅阵列）等封装方式。

最早的 PGA 封装适用于 Intel Pentium、Intel Pentium Pro 和 Cyrix/IBM 6x86 处理器；CPGA（Ceramic Pin Grid Arrax，陶瓷针形栅格阵列）封装，适用于 Intel Pentium MMX、AMD K6、AMD K6-2、AMD K6 Ⅲ、VIA Cyrix Ⅲ处理器；PPGA（Plastic Pin Grid Array，塑料针状矩阵）封装，适用于 Intel Celeron 处理器（Socket 370）；FC-PGA（Flip Chip Pin Grid Array，反转芯片针脚栅格阵列）封装，适用于 Coppermine 系列 Pentium Ⅲ、Celeron Ⅱ和 Pentium 4 处理器。

2）SEC（单边接触卡盒）封装。Pentium Ⅱ首次采用了最新的 Slot-1 接口标准。Slot X 架构的 CPU 不再用陶瓷封装，而是采用了一块带金属外壳的印刷电路板，封装在 SEC 卡盒（单边接触卡盒）中，与 BX 型号的主板相连。CPU 与插座接触由针脚改成“金手指”。Pentium Ⅱ的安装也因此要复杂一些（注意：若“金手指”脱落，是装运或使用不当造成的；若“金手指”有摩擦痕迹，说明是用过的）。该印刷电路板集成了处理器部件。SEC 卡的塑料封装外壳称为

SEC（Single Edge Contact Cartridge）单边接触卡盒。这种 SEC 卡设计是插到 Slot X（尺寸大约相当于一个 ISA 插槽那么大）插槽中。所有的 Slot X 主板都有一个由两个塑料支架组成的固定机构，SEC 卡可以从两个塑料支架之间插入 Slot X 槽中。

Intel Celeron 处理器（Slot 1）采用（SEPP）单边处理器封装；Intel 的 Pentium II 采用 SECC（Single Edge Contact Connector，单边接触连接）的封装；Intel 的 Pentium III采用 SECC2 封装。

2.1.2 CPU 主要技术参数

CPU 品质的高低直接决定了一个计算机系统的档次，而 CPU 的主要技术特性可以反映出 CPU 的大致性能。

1. 位、字节和字长

位（bit）：在数字电路和计算机技术中采用二进制，代码只有“0”和“1”，其中无论是“0”或是“1”在 CPU 中都占一“位”。

字节（byte）和字长：如前所述，在计算机技术中，通常把 CPU 能进行一次最基本的运算的二进制数的位数叫字长。它标志着计算精度和计算速率。字长越长，CPU 的数据处理能力越强。CPU 按照其处理信息的字长可以分为：8 位微处理器、16 位微处理器、32 位微处理器以及 64 位微处理器等。

由于常用的英文字符用 8 位二进制就可以表示，所以通常就将 8 位称为一个字节。8 位的 CPU 一次只能处理一个字节，而 32 位的 CPU 一次就能处理 4 个字节。同理，字长为 64 位的 CPU 一次可以处理 8 个字节。后面将会看到，CPU 的字长决定于其数据总线宽度。

2. CPU 外频与主频

每个计算机的主板上均有一个按固定频率产生时钟信号的装置，称为主时钟 CLK，主时钟的频率叫外频，是为 CPU 提供的基准时钟频率，即 CPU 与外部进行数据传输时使用的频率，也叫做系统总线频率。CPU 的内核实际运行频率被称为主频，主频的高低直接影响 CPU 的运算速度，即 CPU 每秒钟运算的次数。倍频技术的出现，可使 CPU 的内核实际运行频率比外频提高数倍，按倍频系数乘以外频而来。在 486 DX2 CPU 之前，CPU 的主频与外频相等。从 486 DX2 开始，基本上所有的 CPU 主频都等于“外频乘上倍频系数”了。在 CPU 内部，倍频不影响外围设备，CPU 可以作 1.5/2/3/3.5/4/4.5 倍频的提升，所以不同型号的 CPU 就有不同的频率，主板为了配合不同型号的 CPU，一般都可承受到（120～200）MHz 范围的频率，更新 CPU 时，只要主板的芯片组符合 CPU 的功能即可。

在 Pentium 时代，CPU 的外频一般是 60/66MHz，从 Pentium II 350 开始，CPU 外频提高到 100MHz。由于正常情况下 CPU 总线频率和内存总线频率相同，所以当 CPU 外频提高后，与内存之间的交换速度也相应得到了提高，对提高计算机整体的运行速度影响较大。我们知道 Pentium 可以在一个时钟周期内执行两条运算指令，假如外频为 100MHz，可以在 1 秒钟内执行 2 亿条指令；那么外频为 200MHz，每秒钟就能执行 4 亿条指令，因此 CPU 主频越高，计算机运行速度就越快。

主频并不是越高越好，如这样的例子：1GHz 安腾（Itanium）芯片能够表现得差不多跟 2.66GHz Xeon/Opteron 一样快，或是 1.5GHz Itanium 2 大约跟 4GHz Xeon/Opteron 一样快。为什么呢？因为 CPU 的运算速度还要看 CPU 的流水线等其他各方面的性能指标。比如，安腾的指令集是 EPIC 指令集，CISC 和 RISC 是比不了的。但是 EPIC 由于设计上的原因，价格非常贵。

3. 前端总线（FSB）频率

前端总线也就是 CPU 总线，一般主板上前端总线频率与内存总线频率相同。内存总线频率指主存的工作频率，也由主板提供，很多情况下等于外频。但现在一些主板提供内存异步技术，使内存工作频率和 CPU 外频不同，更先进的 CPU 如 Intel P4、AMD 的 K7 等更可以使 FSB 数倍于系统总线频率。近几年来，前端总线被认为是 CPU 和芯片组中北桥的连线。

4. 高速缓冲存储器（L1 和 L2 Cache）的容量和速率

CPU 的一级和二级高速缓存（Cache）的容量越大，运行速率越快，性能越好。

2.1.3 CPU 主流技术术语浅析

1. 流水线技术

流水线（pipeline）是 Intel 首次在 486 芯片中开始使用的。流水线的工作方式就像工业生产上的装配流水线。在 CPU 中由 5～6 个不同功能的电路单元组成一条指令处理流水线，然后将一条 x86 指令分成 5～6 步后再由这些电路单元分别同步执行，这样就能实现在一个 CPU 时钟周期完成一条指令，因此提高了 CPU 的运算速度。由于 486 CPU 只有一条流水线，通过流水线中取指令、译码、产生地址、执行指令和数据写回 5 个电路单元，分别同时执行那些已经分成 5 步的指令，在每个时钟周期中刚好完成一条指令。

2. 超流水线和超标量技术

既然无法大幅提高 ALU 的速度，有什么替代的方法呢？并行处理的方法又一次产生了强大的作用。超流水线是指某些 CPU 内部的流水线超过通常的 5～6 步以上，例如 Pentium Pro 的流水线就长达 14 步。将流水线设计的步（级）数越多，完成一条指令的速度越快，因此才能适应工作主频更高的 CPU。超标量（superscalar）是指在 CPU 中有一条以上的流水线，并且每时钟周期内可以完成一条以上的指令，这种设计就叫超标量技术。如在 Pentium 中设置了两条（在 Pentium Pro 中设置了三条）具有各自独立电路单元的超标量流水线，这样 CPU 在工作时就可以实现通过多条流水线在每一个时钟周期中同时执行多条指令的目的。

不过有一点需要注意，就是不要去管“超标量”之前的那个数字，比如“9 路超标量”，不同的厂商对于这个数字有着不同的定义，更多的这只是一种商业上的宣传手段。

3. 乱序执行技术

乱序执行（Out-of-Order Execution）是指 CPU 采用了允许将多条指令不按程序规定的顺序，分开发送给各相应电路单元处理的技术。比方说程序某一段有 7 条指令，此时 CPU 将根据各单元电路的空闲状态和各指令能否提前执行的具体情况分析后，将能提前执行的指令先行发送给相应的电路执行。当然，在执行完指令后还必须由相应电路再将运算结果重新按原来程序的指令顺序返回。这种将各条指令不按顺序而把它们拆散执行的运行方式就叫乱序执行技术。采用乱序执行技术的目的是为了使 CPU 各内部电路可以并行满负荷运转，以提高 CPU 运行程序的速度。

4. 动态执行技术

动态执行是目前 CPU 主要采用的先进技术之一。分支预测（Branch Prediction）和推测执行（Expeculation Execution）是 CPU 动态执行技术中的主要内容。采用分支预测和动态执行的主要目的是为了提高 CPU 的运算速度。分支预测简单地说是提前确定可能的程序分支方向，寻找执行指令的多条途径；推测执行是在分支预测基础上所进行的优化处理。

5. 指令特殊扩展技术

至今，对大多数计算机而言，一条指令只能执行一次计算。此类计算机采用的是“单指令单数据”（SISD）处理器。在介绍 CPU 性能中还经常提到“扩展指令”或“特殊扩展”，这都是指该 CPU 是否具有对 x86 指令集外的指令扩展执行能力而言。扩展指令中最早出现的是 Intel 公司自己的 MMX，其次是 AMD 公司的 3D Now!和 Pentium Ⅲ中的 SSE。MMX 技术是 Intel 发明的一项多媒体增强指令集专利技术，它的英文全称可以翻译为“多媒体扩展指令集”。MMX 是 Intel 公司在 1996 年第一次对自 1985 年就定型的 x86 指令集进行的扩展。为增强 Pentium CPU 对多媒体信息的处理，在处理 3D 图形、视频、音频、图形和通信应用方面而采取的新技术，为 CPU 增加了 57 条 MMX 指令；除了指令集中增加 MMX 指令外，还采用了单指令多数据（Single Instruction Multiple Data）技术，能够用一个指令并行处理多个数据，缩短了在处理视频、音频、图形和动画时，用于循环运算的时间。但只对整数运算进行了优化而没有加强浮点方面的运算能力。所以在 3D 图形日趋广泛，因特网 3D 网页应用日趋增多的情况下，MMX 已是“心有余而力不足了”。

SSE 是英语“因特网数据流单指令序列扩展/Internet Streaming SIMD Extensions”的缩写。它是由 Intel 公司首次应用于 Pentium Ⅲ中的。SSE 除保持原有的 MMX 指令外，又新增了 70 条指令，不但涵盖了原有 MMX 指令集中的所有功能，而且其中的单指令多数据浮点运算指令（SIMD）特别加强了浮点处理能力，一条指令可以处理多对数据，速度加快了许多。在需要密集的浮点运算的场合，Pentium Ⅲ有出色的表现。例如，3D 图像建模、渲染等。12 条增强的多媒体运算指令，可以加速普通 2D 图像的播放，即译码过程，对当时的 DVD 软解压的普及有很大帮助。8 条内存连续数据优先处理指令，8 条高速缓存控制指令，使 CPU 从高速缓存中更快地命中待处理指令，对那些多媒体方面复杂的运算进行优化。另外还专门针对目前因特网的日益发展，加强了 CPU 处理 3D 网页和其他音像信息的能力。注意：CPU 具有特殊扩展指令集后，还必须对应用程序进行相应优化才能发挥其作用。

Intel 公司称 SSE 对下述几个领域的影响特别明显：3D 几何运算及动画处理；图形处理（如 Photoshop）；视频编辑/压缩/解压（如由运动图片专家组 Moving Picture Experts Group 制订数字化运动视频压缩标准 MPEG 和 DVD）；语音识别以及声音压缩和合成等。

3D Now!是 AMD 公司开发的多媒体扩展指令集，共有 27 条指令，针对 MMX 指令集没有加强浮点处理能力的弱点，重点提高了 AMD 公司 K6 系列 CPU 对 3D 图形的处理能力，但由于指令有限，该指令集主要应用于 3D 游戏，而对其他商业图形应用处理支持不足。

6. 处理器的体系结构（IA）与微体系结构

处理机的体系结构指的是指令集、寄存器和程序员公用的内存驻留的数据结构，它们在处理器的发展进程中得到继承和增强。在 x86 系列的处理机中，典型的像 Intel 公司的 IA-32 体系结构（IA），是以 x86 指令集和寄存器为基础，通过一代代加强和扩充得到的，并具有向后兼容性。而 IA-64 体系结构，则是崭新的体系结构。AMD 公司的 x86-64 体系结构，却是 x86 系列的继承和发展。处理机的微体系结构指的是处理器在硅片上的具体逻辑电路实现。同一种指令集体系结构，例如 IA-32，可以有不同的微体系结构，并采用不同的流水线设计，不同的分支预测算法等。微体系结构的多样性使得同一种体系结构能够不断地推陈出新，并利用新出现的微体系结构技术来提高微处理器的性能，同时又保持代码的兼容性。

2.2 8086/8088 微处理器

8086 微处理器是 Intel 系列的 16 位微处理器，它是采用具有高速运算功能的 HMOS 工艺制造的集成电路，内部包含约 29000 个半导体管。

8086 有 16 根数据线和 20 根地址线。16 根数据线表明 8086 微处理器可以处理 16 位二进制数据；这些数据都要保存在存储器中。要寻找数据必须知道某数据在存储器中的地址。20 根地址线表明可用 20 位二进制数码编写地址，地址也要存储在存储器中。存储器以字节（8 位二进制数据）为单位组织存储，所以可寻址的地址空间达 2^{20}，即 1M 字节的数量级。8086 工作时，只需要一个 5V 电源，时钟频率为 5MHz。后来，Intel 公司推出的 8086-1 型微处理器时钟频率高达 10MHz。

几乎在推出 8086 微处理器的同时，Intel 公司还推出了一种准 16 位微处理器 8088。8088 时钟频率为 4.77MHz。推出 8088 的主要目的是为了与当时已有的一整套 Intel 外围设备接口芯片直接兼容。8088 的内部寄存器、内部运算部件以及内部操作都是按 16 位设计的，但对外的数据总线只有 8 条。这两种微处理器除了数据总线宽度不同外，其他方面几乎完全相同。8086/8088 的另一个突出特点是其多重处理的能力，它们都能极方便地和数值数据处理器（NPX）8087、输入输出 I/O 处理器（IOP）8089 或其他处理器组成多处理器系统，从而大幅度提高系统数据吞吐能力和数据处理能力。

2.2.1 8086 的编程结构

要掌握一个 CPU 的工作性能和使用方法，首先应该了解它的编程结构。所谓编程结构，就是指从程序员和使用者的角度看到的结构。当然，这种结构与 CPU 内部的物理结构和实际布局是有区别的。

如图 2-1 所示，从功能上，8086 分为两部分，即总线接口部件 BIU（Bus Interface Unit）和执行部件 EU（Execution Unit）。这两个单元在 CPU 内部担负着不同的任务。

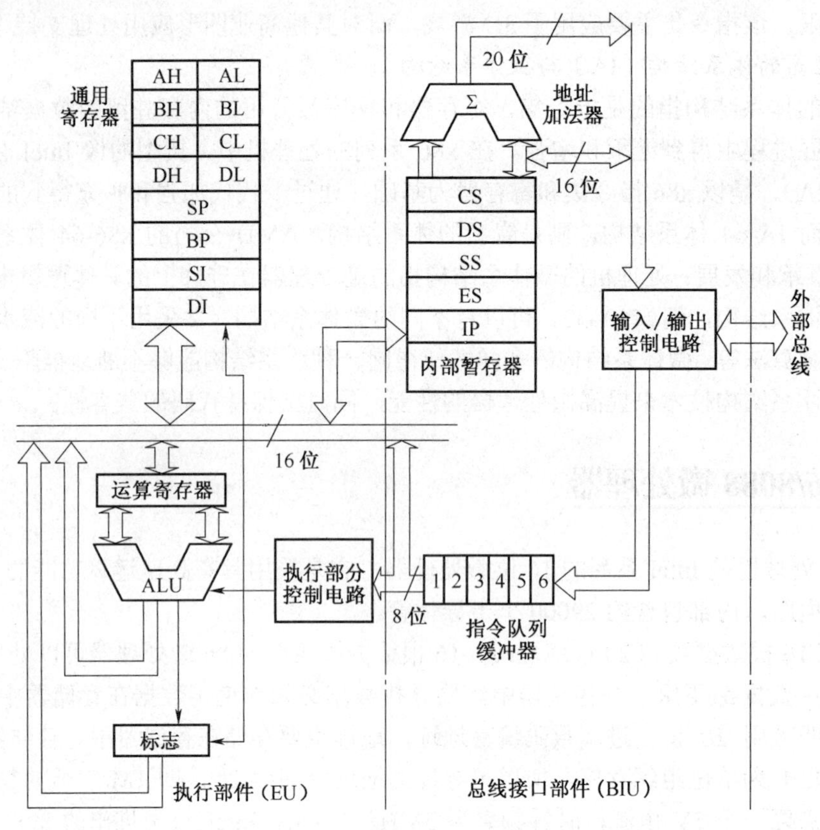

图 2-1　8086 的编程结构图

1. 总线接口部件（BIU）

总线接口部件的功能是负责与存储器、I/O 端口传送数据。CPU 执行指令时，总线接口部件要配合执行部件从指定的内存单元或者外设端口中取数据或指令，将数据先放入“指令队列”排队，当需要时，再由执行部件 EU 从中取出；或者把执行部件 EU 的操作结果传送到指定的内存单元或外设端口中。16 位的 ALU 总线和 8 位队列总线用于 EU 内部和 EU 与 BIU 之间的通信。EU 从指令队列取指令、执行指令，BIU 为指令队列补充指令，这两项工作是并行进行的。所以在大多数情况下，取指令的时间“消失了”，从而加快了程序的运行速度。这样，在一般情况下 CPU 执行完一条指令，就可以立即执行下一条指令，而无须等待该指令从内存中取出的过程，因为 BIU 已经提前完成了这个工作。

总线接口部件由下列各部分组成：

（1）4 个 16 位的段地址寄存器。

- CS——16 位的代码段寄存器。用来存放当前程序所在段的段基址。
- DS——16 位的数据段寄存器。用来存放当前程序所用数据段的段基址。
- ES——16 位的扩展段寄存器。用来存放辅助数据所在段的段基址。

- SS——16位的堆栈段寄存器。用来存放当前程序所用堆栈段的段基址。

（2）16位的指令指针寄存器IP。

用来存放下一条指令的偏移地址，IP在当前程序运行中能够进行自动加1的修正，使其指向下一条指令。

（3）20位的地址加法器。

用来形成20位的物理地址。

（4）6字节的指令队列缓冲器。

（5）总线控制部件。

用来产生并发出总线控制信号，实现对存储器、I/O端口的读写控制，并将内部总线与外部总线相连接。

2. 执行部件EU

执行部件的功能就是负责从指令队列取指令并执行。从编程结构图可见，执行部件由下列几个部分组成：

（1）算术逻辑单元ALU。

用来进行算术、逻辑运算，以及按照寻址方式计算寻址单元的偏移量。

（2）运算寄存器。

协助ALU完成运算，用来暂时存放参加运算的数据。（详见本书2.2.1节）。

（3）通用寄存器组。

包括4个通用寄存器，即AX（也称累加器）、BX、CX、DX，以及4个专用寄存器：

- 基址指针寄存器BP。存放数据段中某一单元的偏移地址；也可指示堆栈段中某一单元的偏移地址。
- 堆栈指针寄存器SP。存放堆栈栈顶偏移地址。
- 源变址寄存器SI。与数据段寄存器DS连用，确定数据段中某一存储单元的地址。
- 目的变址寄存器DI。与数据段寄存器DS连用，确定数据段中某一存储单元的地址。

（4）16位的标志寄存器FR。

用来存放控制标志和反映CPU运行的状态特征。

（5）EU控制电路。

由定时电路、控制电路和状态逻辑电路组合而成。它接受从BIU的指令队列中取出来的指令，经指令译码后，形成各种控制信号，完成对EU中各个部件的定时操作。EU中所有的寄存器和数据通道都是16位，可以实现内部数据的快速传送。

EU执行指令完成如下工作：进行全部算术逻辑运算，向BIU发出访问存储器或I/O端口的请求，并提供访问所需的有效地址，对各寄存器的管理等。

3. "流水线"结构的指令队列

总线接口部件BIU和执行部件EU并不是同步工作的，两者的动作管理遵循如下原则：每当EU从指令队列头部取出一条指令，后续指令会自动前移。EU用几个时钟周期去分析、执行指令。在这段时间内，每当8086的指令队列中有两个空字节时，BIU就会自动把指令取到指令队列中。当指令队列已满（6个字节），而且EU对BIU又无总线访问请求时，BIU便进入空闲状态。在执行转移、调用和返回指令时，指令队列中的原有内容已无用了，会被自动清除，BIU从新地址开始，重新填充指令队列。EU在分析、执行指令过程中，如需访问内存或I/O设备，EU就会向BIU申请总线周期；若BIU总线空闲，就会立即响应；若BIU此时正在取一条指令，EU就必须等待BIU取指令的操作完成以后，才会得到BIU响应。

在8086/8088中，EU和BIU这种并行的工作方式不仅有力地提高了工作效率，而且这也是它们的一大特点。EU和BIU之间是通过指令队列相互联系的。指令队列可以被看成一个缓冲存储区域，EU对其执行读操作，BIU对其执行写操作。

4. 通用寄存器的用法

通用寄存器包括AX，BX，CX，DX，主要用来保存算术或逻辑运算的操作数、中间运算结果。它们既可以作为一个16位的寄存器使用，也可以分别作为两个8位的寄存器使用，其中，高位字节的寄存器为AH，BH，CH，DH；低位字节的寄存器为AL，BL，CL，DL。

由于这些寄存器具有良好的通用性，使用十分灵活，因而称为通用寄存器。但在某些指令中规定了某些通用寄存器的特殊用途，这样可以缩短指令代码长度；或使这些寄存器的使用具有隐含的性质，以简化指令的书写形式（即在指令中不必写出使用的寄存器名称）。通用寄存器的特殊用途和隐含用法如表2-1所示。

表2-1　寄存器的特殊用途和隐含用法

寄存器	执行操作
AX	累加器，I/O指令中用作数据寄存器 整字乘法，整字除法，整字I/O。存放被乘数、乘积、被除数、商
AL	I/O指令中用作数据寄存器 字节乘法，字节除法，字节I/O。存放被乘数、乘积、被除数、商 查表，在十进制算术运算中用作累加器；在XLAT（换码）指令中用作累加器
AH	字节乘法，字节除法 在LAHF（标志寄存器传送）指令中用作目标寄存器
BX	用作间接寻址的地址寄存器和基地址寄存器 查表；在XLAT（换码）指令中用作基地址寄存器
CX	计数寄存器，在LOOP（循环）和串操作中充当计数器 字符串操作，循环
CL	在变量的移位和循环移位指令中用作移位次数计数器
DX	在乘法、除法指令中作为辅助累加器 在乘法、除法指令中存放乘积高位、被除数高位或余数 在间接寻址的I/O指令中作为地址寄存器
SP	在堆栈操作中用作堆栈指针
BP	在间接寻址中用作基址寄存器

续表

寄存器	执行操作
SI	在字符串操作中用作变址寄存器 在间接寻址中用作变址寄存器
DI	字符串操作

5. 标志寄存器

标志寄存器（Flag Register）共有16位，其中7位未用。标志寄存器内容如图2-2所示。

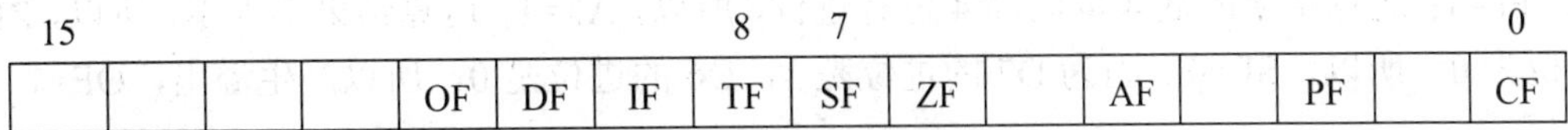

图2-2 标志寄存器结构图

这9个标志位按功能分为6个条件标志和3个控制标志。条件标志用于存放程序运行的状态信息，由硬件自动设定。控制标志由软件设定，用于中断、串操作等控制。

以下对各个标志位进行介绍。为清楚起见，只讨论置“1”的情况，其余置“0”。

（1）条件标志。

OF：溢出标志。反映带符号数运算结果是否超过机器所能表示的数值范围，对字节运算为−128～+127，对字运算为−32768～+32767。若超过上述范围称为“溢出”，OF置1；否则，置0。实际机器在进行处理时，判断最高位的进位（CF）与次高位的进位是否相同，若二者相同，则OF=0；否则，OF=1。

SF：符号标志。反映运算结果的符号。若结果为负数，即最高位为1时，SF置1；否则，置0。SF取值与运算结果最高位一致。

ZF：零标志。反映运算结果是否为零。若结果为零，ZF置1；否则，置0。

AF：半进位标志。反映一个8位量的低4位向高4位有无进位或借位。有则置1；否则，置0。用于BCD码算术运算指令。

PF：奇偶标志。反映操作结果的低8位中“1”的个数的奇偶性。若“1”的个数为偶数，PF置1；否则，置0。

CF：进位标志。反映算术运算后最高位出现进位或借位的情况。有则置1；否则，置0。移位和循环指令也会改变CF的值。

（2）控制标志。

DF：方向标志。进行字符串操作时，每执行一条串操作指令，对地址会进行一次自动调整，由DF决定地址是增还是减。若DF为1，则为减，否则为增。

IF：表示系统是否允许“外部可屏蔽中断”（其含义见后述“中断”内容）。若IF为1，表示允许；否则表示不允许。IF对非屏蔽中断和内部中断请求不起作用。该标志可由中断控制指令设置或清除。

TF：陷阱标志。TF 为 1 时，CPU 每执行完一条指令，便自动产生一个内部中断，可以利用它对程序进行逐条检查。程序调试过程中的“单步执行”就是利用这个标志。

【例 2-1】观察下面的运算，写出运算结果的状态标志。

$$
\begin{array}{r} 10001000 \\ +\ 10001100 \\ \hline \boxed{1}00010100 \end{array}
=
\begin{array}{r} 88H \\ +\ 8CH \\ \hline \boxed{1}\ 14H \end{array}
=
\begin{array}{r} -120 \\ +\ -116 \\ \hline -236 \end{array}
$$

方框中的 1 表示溢出。运算结果的标志位如下：

因为运算结果的最高位有进位，所以产生溢出，CF=1；运算结果的低 8 位有偶数个 1，所以，PF=1；运算结果的低 4 位向高 4 位有进位，所以，AF=1；运算结果不为零，所以，ZF=0；最高位为 0，所以，SF=0；因为 D7 的进位是 1，D6 的进位是 0，所以产生溢出，OF=1。

2.2.2 8086 的工作模式和引脚功能

从现在开始，将讨论微型计算机的硬件结构及其配置。为了简明起见，从最简单的 8086 CPU 芯片开始讨论，以后再讨论其他复杂的由 CPU 芯片构成的系统就容易了。其实，单片机的构成也是类似的。

为了尽可能适应各种各样的使用场合，在设计 8086 CPU 芯片时，使它们可以在两种模式下工作，即最小模式和最大模式。

所谓最小模式，就是在系统中只有 8086 一个 CPU，而所有的总线控制信号都由 8086 直接产生，因此系统中的总线控制电路被减到最少。

而最大模式是相对最小模式而言的，此时系统中可以有两个或多个微处理器，一个是主处理器 8086，如果有其他处理器的话，这些处理器称为协处理器，它们协助主处理器工作。常见的有 8087、8089 两种。

在下面的讨论中，采用约定：当芯片引脚代号上有一横线时，则表示在该引脚上加低电平时芯片有效工作；否则，表示高电平有效。如 M/$\overline{\text{IO}}$ 指明：M/$\overline{\text{IO}}$ 为高电平时，访问存储器有效，否则访问 I/O 端口有效。

1．最小工作模式

由图 2-3 可知，在 8086 的最小模式中，硬件连接上有如下几个特点：

（1）当 MN/$\overline{\text{MX}}$ 引脚接+5V 电压时，8086 工作在最小模式下。

（2）有一片 8284A，作为时钟发生器。用来产生系统所需要的时钟信号 CLK，同时对外部准备信号 READY 和系统复位信号 RESET 进行同步，其输出送向 8086 相应引脚。

（3）有三片 8282 或 74LS373 的地址锁存器，用来作为 20 位地址和 $\overline{\text{BHE}}$ 信号锁存，使得整个总线读写周期内地址信号始终有效（让其输出允许端 $\overline{\text{OE}}$ 直接接地），以支持 8086CPU 地址总线、数据总线分时复用的工作方式。

（4）当系统中所连接的存储器和外设比较多时，需要增强系统数据总线的驱动能力。这时，可选用两片 8286 或 74LS245 作为总线收发器，也称总线缓冲器。

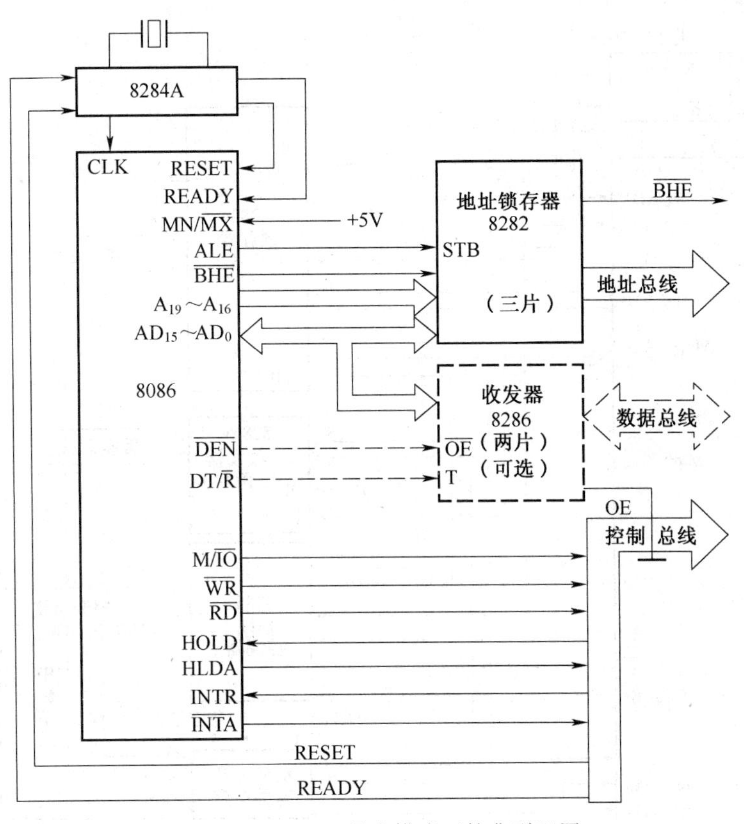

图 2-3 8086CPU 最小模式下的典型配置

最小方式适用于由单微处理器组成的小系统。在这种系统中，8086/8088 CPU 直接产生所有的总线控制信号，因而无须总线控制器。

2. 最大工作模式

将 MN/$\overline{MX}$ 引脚接地就构成 8086 CPU 的最大工作模式，如图 2-4 所示。对比图 2-3 和图 2-4 可知，最大模式配置和最小模式配置有很多相同的地方，二者之间一个主要的差别是：最大模式下多了 8288 总线控制器。这是因为在最大模式系统中有可能包含两个或多个处理器，这样就要解决主处理器和协处理器之间的协调工作问题和对总线的共享控制问题。8288 总线控制器将状态信息$\overline{S_0}$、$\overline{S_1}$ 和$\overline{S_2}$ 转换成 I/O 和存储器的数据传送控制信号，用于控制数据读写以及控制 8282 锁存器和 8286 收发器。当然，一个微处理器同样可采用最大模式以增强总线控制能力。

状态位$\overline{S_0}$、$\overline{S_1}$ 和$\overline{S_2}$ 规定处理机要执行的数据传送类型。8288 总线控制器根据这些状态信号产生 8282 需要的地址锁存信号、8286 收发器所需的数据允许信号和方向信号以及发给中断控制器的中断响应信号，以控制各种总线操作。此时就不再需要最小方式中由 CPU 提供的 M/$\overline{IO}$，DT/$\overline{R}$，$\overline{WR}$，$\overline{RD}$，INTA，ALE 和$\overline{DEN}$ 等控制信号。

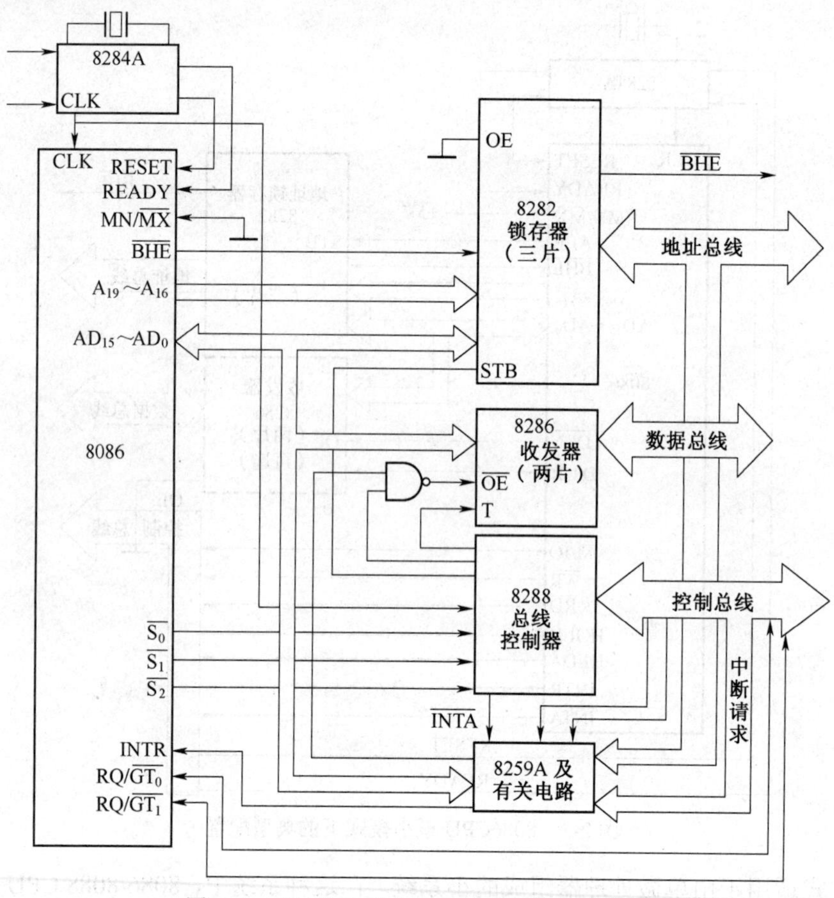

图 2-4　8086CPU 最大工作模式下的典型配置

$\overline{S_0}$、$\overline{S_1}$、$\overline{S_2}$ 和总线具体操作之间的对应关系如表 2-2 所示。

表 2-2　$\overline{S_0}$、$\overline{S_1}$、$\overline{S_2}$ 的组合和对应总线操作

$\overline{S_0}$	$\overline{S_1}$	$\overline{S_2}$	操作
0	0	0	发中断响应信号
0	0	1	读 I/O 端口
0	1	0	写 I/O 端口
0	1	1	暂停
1	0	0	取指令
1	0	1	读存储器
1	1	0	写存储器
1	1	1	无源状态

在最大模式系统中，一般还会有中断优先级管理部件（图中 8259 器件）。当然，在系统所含的设备较少时，该部件也可省去。而反过来，在最小模式系统中，如果所含的设备较多，也要加上中断优先级管理部件。

3. 8086 CPU 的引脚信号

8086 CPU 采用双列直插式的封装形式，具有 40 条引脚，如图 2-5 所示。它采用分时复用的地址/数据总线，所以有一部分引脚具有双重功能，即在不同时钟周期内，引脚的作用不同。这是我们要注意的。引脚 33 MN/$\overline{MX}$ 用于确定配置方式，前面已做介绍。

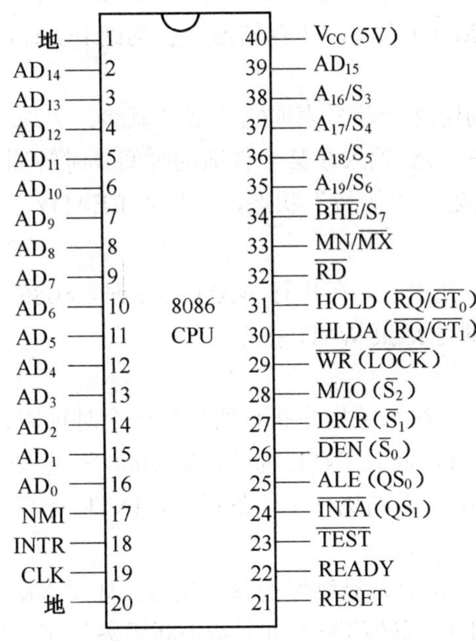

图 2-5 8086 的引脚信号（括号中为最大模式下的名称）

在实际使用中，8086 的一些引脚信号还可用来配合读/写操作，指明当前的数据总线所作的操作。8086 CPU 的引脚功能分别介绍如下。

首先介绍两种模式下意义相同的引脚信号：

（1）AD_0～AD_{15}（Address Data Bus）：双向/三态。

这 16 条线是多路转换的地址/数据总线的复用引脚。在一个总线周期的第一个时钟周期里，这些引脚表示地址的低 16 位。在其他的时钟周期，这些引脚都用作数据总线。当 8086 执行中断响应周期或者“保持响应”周期时，这些线处在高阻状态。有关总线周期的内容稍后提及。

（2）A_{16}/S_3～A_{19}/S_6（Address/Status）：地址/状态。

4 条地址/状态复用引脚，在一条指令执行的第一个时钟周期内用作地址线，其余时钟周期输出状态信息。

（3）$\overline{BHE}$/S_7（Bus High Enable/Status）：输出/三态。

在一条指令执行的第一个时钟周期用作高 8 位数据有效信号$\overline{BHE}$。在读、写以及中断响应的时序中，若$\overline{BHE}$为低电平，在数据总线的高 8 位上有数据传送。若$\overline{BHE}$为高电平，则禁止在数据总线的高 8 位 AD_8～AD_{15} 上的数据传送。该信号与 A_0 信号一起，产生存储器的选择逻辑信号。在其他的时钟周期，这条引脚用来输出 S_7 的信息，S_7 实际没有定义，$\overline{BHE}$/S_7 将维持其第一周期的输出电平。

（4）$\overline{RD}$：输出/三态。

当 CPU 从存储单元或输入/输出设备读出数据时，$\overline{RD}$ 信号为低。由 M/$\overline{IO}$ 引线指明所访问的是存储器还是 I/O 设备。M/$\overline{IO}$ 为高，读存储器，否则读 I/O 端口。

（5）READY：输入。

存储器或输入/输出设备利用这一信号表明它已准备就绪，可以完成数据传送操作。如果 READY 输入与时钟同步且 READY 输入在某个合适的时间（时钟周期 T3 之前）为低电平，则 8086 将插入 T_W 时钟周期而处于“等待”状态，一直到 READY 电平升高为止。

（6）$\overline{TEST}$：输入。

只有 8086 的 WAIT 指令才使用它，在执行 WAIT 指令时，8086 将停止操作，处于等待状态，直到$\overline{TEST}$输入电平变低时才结束 WAIT 指令。

（7）INTR：输入。

可屏蔽中断请求信号，CPU 在每条指令执行的最后一个时钟周期将采样这个信号。如果标志寄存器的允许中断位 IF 为 1，而且 INTR 为高，则 8086 将进入一个中断响应的时序，并且转移到相应的中断服务程序中，否则执行下一条指令。INTR 是高电平触发的输入信号。

（8）NMI：输入。

不可屏蔽中断请求信号，它是上升沿触发的输入信号。如果 NMI 从低电平变高，则 8086 将完成当前指令的执行，然后把控制转移到不可屏蔽中断服务程序。不可屏蔽中断服务程序的地址放在存储单元 00008H 起的 4 个字节中。对于这种中断，IF 标志位是不能禁止的。这就是“不可屏蔽”的含义。

（9）RESET：输入。

系统复位信号，由 8284 时钟发生器同步后送给 CPU，加电源时，RESET 高电平信号至少要持续 50μs。当 RESET 回到低电平时，CPU 复位完毕将处于以下状况：

- 标志寄存器置成 0000H，其结果为禁止中断和禁止单步方式。
- DS，SS，ES 和 IP 寄存器复位到 0000H。
- CS 寄存器置成 FFFFH，指令队列空。

所以复位信号消失后，程序从 CS×16+IP=FFFF0H 存储器单元开始执行，通常在该单元放置一条转移指令，转到引导程序入口。复位时，所有的三态输出总线变为高阻状态，ALE、HLDA、QS_0、QS_1 等引脚信号降为低电平，$\overline{RQ/GT_0}$、$\overline{RQ/GT_1}$ 等引脚信号上升为高电平。

以下信号在最大模式和最小模式下有不同意义（括号内为最大模式下意义，注意区分）。

（10）$\overline{DEN}$（$\overline{S_0}$）：输出/三态。

最小模式下，它的功能为$\overline{DEN}$。$\overline{DEN}$（Data Enable）用来控制 8286 总线缓冲器，即允许缓冲器工作；如果是最大模式，则该引脚用来和$\overline{S_1}$及$\overline{S_2}$一起提供状态信息，状态信息提供给总线控制器 8288。

（11）DT/$\overline{R}$（$\overline{S_1}$）：输出/三态。

最小模式下引脚功能为 DT/$\overline{R}$，控制 8286 总线缓冲器数据传送的方向。若 DT/$\overline{R}$ 为高，收发器就把数据放到系统总线上去，对于 CPU 来说是输出数据；若为低，收发器就把数据从系统总线上取回，对于 CPU 来说是读入数据。如果是最大模式，则该引脚功能为状态信息$\overline{S_1}$。由 8288 总线控制器产生$\overline{DEN}$和 DT/$\overline{R}$ 输出。

（12）M/$\overline{IO}$（$\overline{S_2}$）：输出/三态。最小模式下引脚功能为 M/$\overline{IO}$。在访问存储器或输入/输出设备时，若 M/$\overline{IO}$ 为高，则访问存储器；为低，则访问输入/输出设备。如果是最大模式，则该引脚功能为$\overline{S_2}$。

（13）ALE（QS_0）：输出。

最小模式下功能为 ALE。当有效的存储器地址出现在地址/数据总线上时，将输出一个 ALE 高电平脉冲用于地址锁存器的锁存信号。

最大模式下功能为 QS_0，用来和 QS_1 一起提供 8086 指令队列状态，在多处理器中使用。

- 当 QS_0=QS_1=0 时，对指令队列无操作。
- 当 QS_0=0，QS_1=1 时，从指令队列的第一个字节取走代码。
- 当 QS_0=1，QS_1=0 时，指令队列为空。
- 当 QS_0=1，QS_1=1 时，从指令队列取走前两个字节代码。

如前所述，指令队列是一个 6 字节的空间，它用来保持将要执行的指令代码。最大模式系统中，ALE 信号由 8288 总线控制器提供。

（14）INTA（QS_1）：输出/三态。

最小模式下引脚功能为 INTA。当 8086 执行一个中断响应时序时，INTA 输出为低，作为中断响应信号。

最大模式下引脚功能为 QS_1。此时 INTA 信号由 8288 总线控制器提供。

（15）HOLD（$\overline{RQ}/\overline{GT_0}$）：输入/双向。

最小模式下 HOLD（$\overline{RQ}/\overline{GT_0}$）的功能为 HOLD（保持）。外部逻辑把 HOLD 引线置为高电平时，8086 将在完成当前总线周期以后进入保持状态，让出总线。作为响应，8086 会在 HLDA 线上输出高电平。

最大模式时引脚的功能为$\overline{RQ}/\overline{GT_0}$，它是一条双向的请求/允许线。其他的总线主模块若要强迫 8086 进入保持状态，只要该引脚上加入一个低电平脉冲即可。而 8086 如要响应，则需通过$\overline{RQ}/\overline{GT_0}$输出一个低电平脉冲给正在请求的总线主模块，表示它正在进入保持状态。于是，

8086 将交出系统总线控制权并变成浮空状态。当新的总线主模块交出系统总线控制权时，将发出另一个低的 $\overline{RQ}/\overline{GT_0}$ 脉冲。于是 8086 重新取得总线控制权。

（16）HLDA（$\overline{RQ}/\overline{GT_1}$）：输出/双向。

最小模式下引脚功能为 HLDA，HLDA 是 HOLD 的响应信号。当 HLDA 信号升高时，8086 使系统总线浮空而让出总线。

最大模式下该引脚的功能为 $\overline{RQ}/\overline{GT_1}$。其功能和 $\overline{RQ}/\overline{GT_0}$ 是一样的，只不过 $\overline{RQ}/\overline{GT_1}$ 的优先权低于 $\overline{RQ}/\overline{GT_0}$。

（17）$\overline{WR}$（$\overline{LOCK}$）：输出/三态。

最小模式下，引脚功能为 $\overline{WR}$。在向存储器或 I/O 端口写数据时，发出低电平脉冲，其后沿用于写入数据。

最大模式下引脚功能为 $\overline{LOCK}$，低电平时，阻止 8086 在执行指令过程中失掉系统总线控制权。当 8086 执行 LOCK 前缀指令时，$\overline{LOCK}$ 信号输出为低。

除以上信号线外，8086CPU 还有电源和地线引脚、时钟输入端等。在此不作详细介绍。

2.2.3 8086 系统的存储器

1．8086 的存储体结构

计算机是按字节（Byte）为基本单位在存储器里存储数据的，一个字节有 8 位（bit）二进制数。存储器里字节的地址编号是从 0 开始的自然数列。因二进制数太长，为了便于讨论问题，习惯上把二进制数的编号转换成 16 进制数表示。

考虑到 16 位数占两个“字节”和人们的阅读习惯，与 8086CPU 对应的 1 兆字节存储空间可分为两个 512K 字节的地址存储体，其中由奇数地址的存储单元组成的称为高字节体（或奇体），和数据总线 D_{15}～D_8 相连，用 $\overline{BHE}$ 信号作为奇地址存储体选择信号，$\overline{BHE}$=0 选中奇地址存储体，$\overline{BHE}$=1 不能选中奇地址存储体；由偶数地址的存储单元组成的称为低字节体（或偶体），和数据总线 D_7～D_0 相连，利用 16 位数的最后一位 A_0 作为偶地址存储体选择信号，A_0=0 选中偶地址存储体，A_0=1 不能选中偶地址存储体。

8086 有 16 位的数据总线，在构成一个字时，可以是规则字也可以是不规则字。所谓规则字就是一个字的低字节存放在偶数地址单元，高字节存放在这个单元之后的奇数地址单元。反之，就是不规则字。规则字的高低字节同时传送。不规则字先传送低字节到奇地址存储体，再传送高字节到偶地址存储体。

在组成存储系统时，8086 总是使偶地址单元的数据通过 AD_0～AD_7 传送，而奇地址单元的数据通过 AD_8～AD_{15} 传送。

显然，并不是所有总线周期都存取总线高字节，只有存取规则字的高字节，或奇地址的字节，或不规则字的低 8 位时，才进行奇数字节即总线高字节传送。同样的道理，也不是所有总线周期都存取总线低字节。

这里的关键在于 $\overline{BHE}$ 和 A_0 这两个信号，它们用来配合读/写操作，指出当前的 16 位数据总线中哪几位有效，如表 2-3 所示。只需要 A_{19}～A_1 共 19 位地址线作为两个存储体内的单元寻址（如图 2-6 所示）。

表 2-3 BHE 和 A_0 的意义

操作	$\overline{BHE}$	A_0	使用的地址/数据复用线
传送偶地址的一个字节	1	0	AD_7～AD_0
传送奇地址的一个字节	0	1	AD_{15}～AD_8
存取规则字	0	0	AD_{15}～AD_0
存取不规则字	0	1	AD_{15}～AD_8（第一个总线周期，传送奇地址的一个字节）
	1	0	AD_7～AD_0（第二个总线周期，传送偶地址的一个字节）

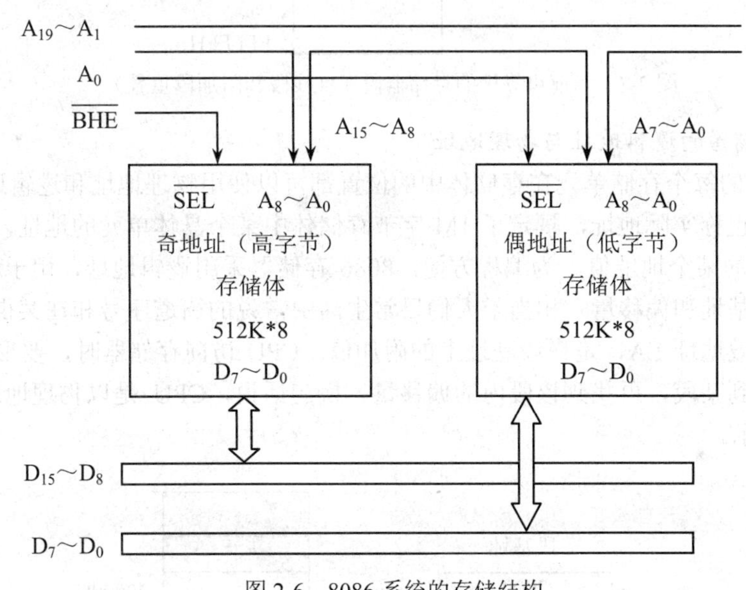

图 2-6 8086 系统的存储结构

表 2-3 中，除了不规则字的存取需两个总线周期外，其余操作均在一个总线周期内完成。除特殊情况外，8086 系统中的字存放总是低字节在低地址单元，高字节在高地址单元。

2. 8086 存储器的分段结构

8086 CPU 把 1MB 的存储器空间划分为任意的一些存储段，每一个存储段又分成许多存储单元。一个存储段是存储器中可独立寻址的一个逻辑单位，也称逻辑段，每个段的最大长度为 64KB。

8086 CPU 中有四个段寄存器：CS、DS、SS 和 ES，这四个段寄存器存放了 CPU 当前可以寻址的四个段的基值，也即可以从这四个段寄存器规定的逻辑段中存取指令代码和数据。一旦这四个段寄存器的内容被设定，就规定了 CPU 当前可寻址的段，如图 2-7 所示。

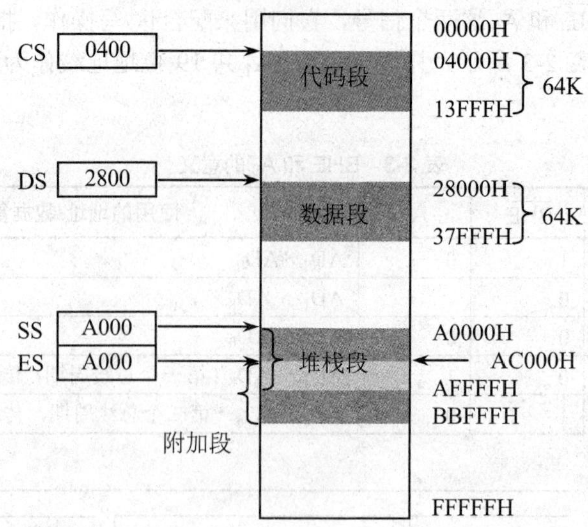

图 2-7　当前可寻址的存储器段（堆栈段和附加段重叠）

3. 8086 存储器的逻辑地址与物理地址

8086 系统中的每个存储单元在存储体中的位置都可以使用物理地址和逻辑地址来表示。

物理地址，也称实际地址，规定了 1M 字节存储体中某个具体单元的地址，它是 00000H 至 FFFFFH 之间的某个地址值。为编程方便，8086 存储器采用逻辑地址，用于程序中，它由两部分组成：段基址和偏移量。相当于人们日常生活中常说的街道序号和在某街上的门牌号。偏移量又称为有效地址 EA，是在段基址上的附加值。CPU 访问存储器时，要形成 20 位的物理地址，即先找到某段，再找到该段内的偏移量。换句话说，CPU 是以物理地址访问存储器的，如图 2-8 所示。

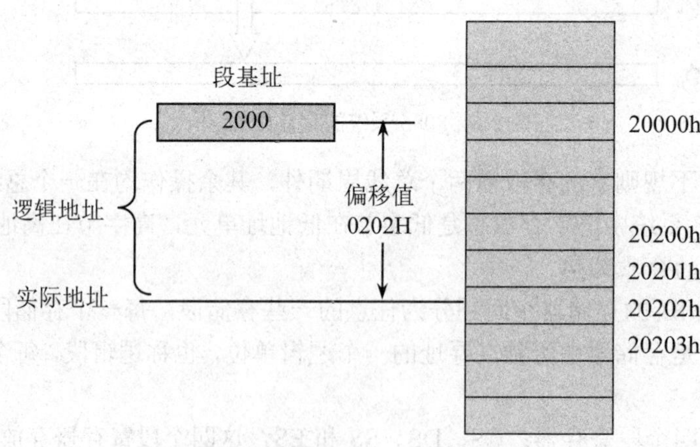

图 2-8　逻辑地址与物理地址的关系

4. 8086存储器20位物理地址的形成

在存储段划分时，段内地址是连续的，段与段之间是相互独立的。每个段的起始地址称为段的基址。8086系统中，地址线是20位，而存放地址的寄存器只有16位，故8086的研制者规定，段基址和偏移量都只能16位数。即每段的起始地址的低四位一定是0000，其尾数的0越多，该段就越大，“门牌号”就越多，即段基址必须是能被16整除的那些地址。由于段起始地址的低四位为0，所以可用20位地址中的高16位表示段的基址，存放在8086 CPU中的段基址寄存器中。段基址寄存器共4个：CS，DS，ES，SS。

当CPU访问存储器时，根据逻辑地址（由段基址和偏移值构成），在BIU的地址加法器中形成20位的物理地址，其方法是将段基址左移四位（相当于乘以16）再加上偏移量。

例如图2-7中，数据段的段基址是2800H，该段中某单元的偏移地址为7A5CH，则该单元的物理地址为 2800H×10H+7A5CH=2FA5CH。该段长度为64K，即从28000H到（28000H+FFFFH）=37FFFH。

2.2.4 8086的总线时序

在微机系统中，CPU是在时钟脉冲CLK的统一控制下，按节拍有序地执行指令序列。时钟脉冲的重复周期称为时钟周期，时钟周期又叫T状态，是CPU的时间基准，时序系统中的最小时间单位，由计算机主频决定。

执行一条指令的全过程，从取指令开始，经过分析指令、对操作数寻址，然后执行指令，保存操作结果，这个过程称为指令执行周期，简称指令周期。不同指令的指令周期不一定是等长的。

CPU 和外部交换信息总是通过总线进行的，在一个指令执行周期中，通过总线进行一次或多次对存储单元或I/O端口读或写的操作。完成一次读/写操作所需要的时间称为总线周期，又称机器周期。所有指令的第一个机器周期都是“取指”周期。这样一个指令周期又细分为若干个总线周期，而一个总线周期又由若干个时钟周期组成。

8086系统总线周期由四个时钟周期组成（T1～T4）。

若在完成一个总线周期后不发生任何总线操作，则填入空闲状态时钟周期（Ti），两个总线周期之间插入几个Ti与执行的指令有关。

若存储器或I/O端口在数据传送中不能以足够快的速度作出响应，会发出一个请求延长总线周期的信号到8086 CPU的READY引脚，8086收到该请求后，则在T3与T4间插入一个或若干个等待周期（Tw，也是时钟周期），加入Tw的个数与请求信号的持续时间长短有关。

8086CPU的总线周期主要有以下几种：

- 最小模式下的总线读写，包括存储器读写和I/O读写。
- 最大模式下的总线读写，包括存储器读写和I/O读写。
- 中断周期。
- 最小模式下的总线保持。
- 最大模式下的总线请求/允许。

最大模式与最小模式的总线读写周期操作在逻辑上基本相同，只是在最大模式下要同时考虑 CPU 发出的信号和总线控制器发出的信号。

有关中断周期的分析详见第 7 章“中断系统”相关内容。“总线保持和总线请求/允许”是当系统中有多个总线驱动模块时，CPU 以外的模块和 CPU 进行总线切换的过程。

下面就基本的读周期和写周期时序进行分析。

1. 读周期的时序

读周期的时序（见图 2-9，图中左列为 8086CPU 的引脚信号）。

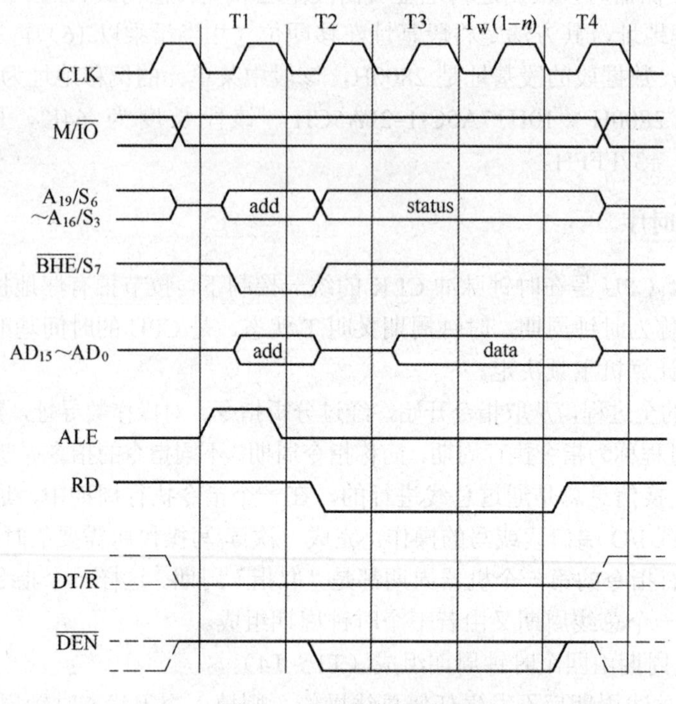

图 2-9　8086 读总线周期

一个基本的读周期一般包含如下几个状态：

- T1 状态：M/$\overline{IO}$ 信号有效，指出读内存还是 I/O。高电平为读内存，低电平为读 I/O。CPU 送出 20 位地址，高 4 位通过 A_{16}/S_3 ～A_{19}/S_6 低 16 位通过 AD_0～AD_{15}，需锁存。ALE 输出信号作为地址锁存信号；$\overline{BHE}$ 信号低电平有效，表示高 8 位数据总线上信息可用，同样要被锁存到地址锁存器中。
- T2 状态：地址信号消失，AD_{15}-AD_0 进入高阻状态为读入数据作准备。
- T3 状态：若存储器和外设速度足够快，此时 CPU 接收数据。
- Tw 状态：如果存储器和外设速度较慢，还要在 T3 之后插入一个或几个 Tw。Tw 不是必须的。

- T4 状态：一个总线周期结束，数据从总线上撤销，数据、地址总线均进入高阻状态，若是最大模式，$\overline{S2}$ $\overline{S1}$ $\overline{S0}$ 按照下一个总线周期的操作内容变化，准备进入下一个总线周期。

2. 写周期的时序

写周期（见图 2-10）同样包含 T1～T4 几个状态，和读周期很相似。注意有两个信号不同，一个是用 $\overline{WR}$ 取代 $\overline{RD}$ 信号，即写操作取代了读操作。另一个就是 DT/$\overline{R}$ 的作用，读周期中为低电平，控制数据从总线进入 CPU；写周期中为高电平，控制数据从 CPU 进入总线。

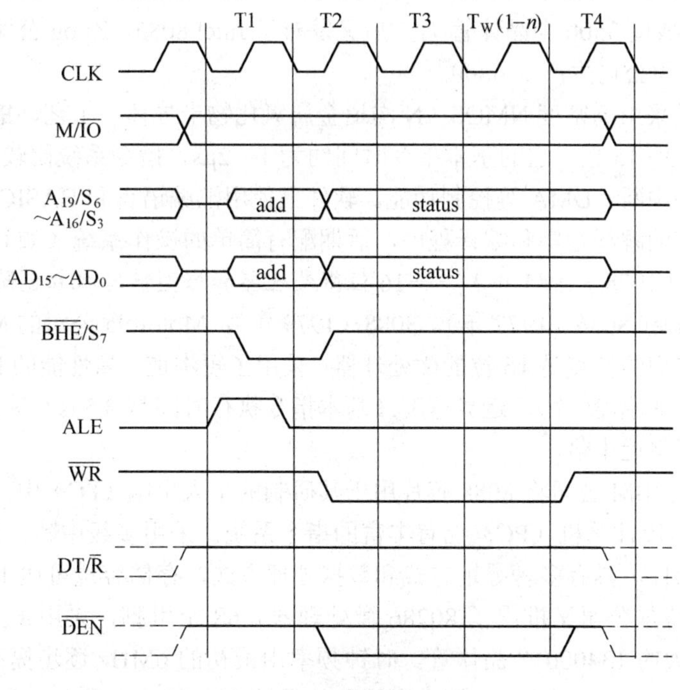

图 2-10 8086 写总线周期

2.3 辉煌的历程

微处理器走过了短暂的四十多年，人类也从工业社会跨入了信息社会，其中当然得益于微电子技术造就的各种微数字处理设备的迅猛发展，首要的就是通用微处理器——CPU 的飞速发展，并由此推动了微型计算机的飞速发展。

2.3.1 早期的 CPU

早期的 CPU 分三个阶段：

1. 第 1 阶段（1971～1973 年）——4 位和 8 位低档微处理器时代

1971 年 11 月 15 日，推出了世界上划时代的产品——第一款用于计算器的 4 位微处理器 4004 芯片，集成度为 2300 个晶体管/片。Intel 4004 可进行 4 位二进制的并行运算，速度 0.05 每秒百万条指令（MIPs，Million Instruction Per Second），只有 20 多条指令，功能有限，但毕竟开创了信息时代的脚步。

随后 Intel 公司又成功研制出 Intel 8008 芯片，运算功能是 4004 的两倍。

2. 第 2 阶段（1974～1978 年）——中高档 8 位微处理器阶段

1974 年，Intel 公司发布了由 8008 发展而来的，首款真正的通用微处理器Intel 8080，时钟频率为 2MHz，集成度 3500 个晶体管/片。后又发布了 Intel 8085，Zilog 公司生产了 8080 的增强型 Z80，摩托罗拉公司生产了 6800。

它们的特点是采用高密度 NMOS（N 沟道金属氧化物半导体）工艺，集成度提高约 4 倍，运算速度提高约 10～15 倍。它的基本指令时间约为 1～2μs，指令系统比较完善，具有典型的计算机体系结构和中断、DMA 等控制功能。软件上使用汇编语言和 BASIC、FORTRAN 等高级语言编程和相应的解释程序和编译程序，后期配有简单的操作系统（如 CP/M）。

3. 第 3 阶段（1978～1984 年）——16 位微处理器和微型计算机初创阶段

代表产品有 Intel 8086（1978 年）、8088（1979 年）；Motorola 公司的 MC 68000 和 Zilog 公司的 Z 8000。它们的特点是 16 位的微处理器，采用了短沟道、高性能的 HMOS 工艺，集成度（20000～70000 晶体管/片）、运算速度（基本指令执行时间是 0.5μs）等性能较之第二阶段的微处理器提高了将近十倍。

1981 年，美国 IBM 公司将 8088 芯片用于其研制的个人电脑（PC）中，PC 的概念才开始建立起来。第 3 阶段计算机（PC）已有丰富的指令系统，采用多级中断、段式存储机构，并配置了硬件乘除部件，具有多种寻址方式和数据处理方式，存储容量可达 1MB。

1982 年，英特尔公司又推出了 80286 微处理器，68 个引脚，采用正方形四列直插式封装 PGA，集成了大约 134000 个晶体管。时钟频率由最初的 6MHz 逐步提高到 25MHz。内、外部数据传输均为 16 位，使用 24 位内存储器的寻址，内存寻址能力为 16MB。80286 在四个方面有显著的改进：支持更大的内存；能够模拟内存空间；能同时运行多个任务；提高了处理速度。

从 80286 开始，CPU 的工作方式演变出两种：实模式和保护模式（见本书第 6 章）。

1982 年和 1984 年，IBM 公司先后推出了以 80286 处理器为核心组成的 16 位扩展型个人计算机 IBM PC/XT 和增强型个人计算机 IBM PC/AT，奠定了 x86 系统结构在 PC 市场的统治地位。这是微型机发展史上的一个重要里程碑。从此计算机才真正走进了人们的工作和生活之中，开创了全新的计算机时代。

当时在国内使用甚至见到过计算机的人很少，它在人们心中是一个神秘的东西。到 20 世纪 90 年代初，我国才开始普及计算机。

由于 IBM 公司采用技术开放的策略，使得个人计算机迅速推广，进而风靡世界。

2.3.2 32位CPU

第4阶段（1985～1992年）是32位微处理器和微型计算机发展阶段。

摩托罗拉的68000是最早推出的32位微处理器。

1985年10月17日，Intel划时代的产品——80386正式发布了。Intel给80386设计了三个技术要点：使用“类286”结构，开发80387微处理器增强浮点运算能力，开发高速缓存解决内存速度瓶颈。

由于32位微处理器的强大运算能力，PC的应用扩展到很多的领域，80386的32位CPU成了PC工业的标准。

1989年，80486芯片由Intel推出，是在80386基础上的飞跃。80486芯片内含125万个晶体管，使用1μm的制造工艺，其改进型 80486 DX2，80486 DX4采用时钟倍频技术，允许其内部单元以2倍或接近4倍于外部总线的速度运行，但仍以原有时钟速度与外界通信。486 DX2、486 DX4的名字便是由此而来，使其内部时钟频率逐步提高到33MHz、40MHz、50MHz、66MHz、100MHz等。为此，它的片内高速缓存扩大到16KB。

在Intel处理器中，80486 CPU第一次采用一级8KB的高速缓存，提供突发模式总线结构又加快了RAM和CPU之间的数据传输交换速度。486第一个真正采用流水线设计，首次采用了精简指令集（RISC）技术。80486也有DX和SX之分。

同期，其他一些微处理器生产厂商（如AMD、Cyrix等）也推出了80386/80486系列的芯片，属于授权生产，这里不再赘述。

Microsoft公司在1981年发布的MS DOS操作系统的基础上，于1992年发布了Windows 3.1操作系统，加上IBM PC的总线设计的公布，为微型机的大规模生产打下了基础。在硬件得到极大发展的同时，各种系统软件和应用软件得到进一步开发。推动了微型计算机的应用，使之逐步深入到社会各领域。

至此，微型计算机已经达到甚至超过当时超级小型计算机的功能，完全可以胜任多任务、多用户的作业。

2.3.3 Pentium系列

第5阶段（1993～2004年）是32位Pentium系列微处理器阶段。

1. 从Pentium到Pentium Ⅲ

Intel在1993年推出了全新一代的高性能处理器Pentium，还替它起了一个相当好听的中文名字：“奔腾”（它属于80X86系列，本应叫80586CPU，但数字不能注册），并提出了商标注册。Pentium系列的处理器使用微米级的半导体制造工艺，内部含有的半导体管数量高达310万个。因为芯片尺寸越小，功耗也越小；密度越高，性能就越强，工作频率也就越高。Pentium也是第一个超频最多的处理器。Pentium家族里面的频率有66/75/90/100/120/133/ 150/166/200。

Pentium的主要性能特点有：

- 超标量流水线（Superscalar），比相同频率的 80486CPU 性能提高了一倍。
- 重新设计了浮点部件 FPU，每个时钟周期能完成 1～2 个浮点操作，比 80486 快 3～5 倍。
- 所有的 Pentium CPU 都内置了 16KB 的一级缓存，分为两个独立的 8KB 指令 Cache 和 8KB 数据 Cache，指令和数据各使用一个 Cache，使指令预取和数据操作二者互不妨碍，Pentium 的性能得以大大超过 80486 微处理器。
- 采用了分支预测技术，从而大大提高了流水线执行的效率。
- 采用 64 位外部数据总线。
- Pentium 微处理器还有与 80x86 系列微处理器兼容、增强了错误检测与报告功能、采用精简指令集 RISC 技术等优点。
- 从频率 75 MHz 开始，CPU 的插座技术转换到 Socket 7，即零阻力插座（Zero Insert Force，ZIF）。只有拉起插座旁的一个杠杆，CPU 的引脚才能顺利插入插座，然后将杠杆压下，固定住 CPU。

当时流行的操作系统是 Windows 95。

1995 年 Intel 推出了专为服务器和工作站设计的 Pentium Pro（高能奔腾，686 级的 CPU），内部时钟频率为：133/66MHz（工程样品），150/60MHz、166/66MHz、180/60MHz、200/66MHz。Pentium Pro 的内部含有高达 550 万个半导体管，处理速度几乎是 100MHz 的 Pentium 的 2 倍。值得注意的是在 Pentium Pro 的封装中，还包括有片内一级高速缓存（分为 8KB 指令缓存和 8KB 数据缓存）和一个二级缓存 Cache（256KB 或 512KB 或 1MB）的，这样就使高速缓存能更容易地运行在与处理器相同的高速频率上。在 Pentium Pro 中设置了 3 条超标量流水线，在每一个时钟周期中同时执行 3 条指令。同时 Pentium Pro 又具有 14 级超级流水线结构，便于在流水线上并行执行。还有一个引人注目的地方，是它具有一项称为“乱序执行和推测执行，或称动态执行（Dynamic Exection）”的创新技术，这是继 Pentium 在超标量体系结构技术上实现突破之后的又一次飞跃。

为了提高电脑在多媒体、3D 图形方面的应用能力，许多新指令集应运而生，其中最著名的三种便是 Intel 的多媒体增强指令集（MMX，Multi Media eXtension）、单指令多数据扩展（SSE，Streaming SIMD Extensions）和 AMD 的 3D Now!。

SSE 指令与 3DNow!指令彼此互不兼容，但 SSE 包含了 3DNow!技术的绝大部分功能，只是实现的方法不同。SSE 兼容 MMX 指令，它可以通过 SIMD 和单时钟周期并行处理多个浮点数据来有效地提高浮点运算速度。目前业界接受比较广泛的还是 Intel 的 SSE 系列指令集，AMD 的 3DNow!指令集应用比较少。

1996 年底 Intel 又推出了 Pentium MMX（多能奔腾）。增加 4 种新的数据类型、8 个 64 位寄存器和 57 条多媒体增强指令集 MMX 专利技术。此外，将 CPU 芯片内的 L1 高速缓存由原来的 16KB 增加到 32KB（16KB 指令 Cache 和 16KB 数据 Cache），因此在运行含有 MMX 指令的程序时，MMX CPU 比普通 CPU 处理多媒体的能力提高了 60%左右。在运行频繁使用浮点运算单元的 3D 游戏或软件时，有出色的性能表现而且稳定。Pentium MMX 还包含了一个

Pentium Pro 采用过的分支预测单元，以及一个只有 IBM/Cyrix/6x86 处理器才具有的返回堆栈。即使在运行非 MMX 优化的程序时，也比同主频的 Pentium CPU 要快得多。

Pentium MMX 系列台式机的频率只有三种：166/200/233，Pentium MMX 系列便携机的频率有 6 种：133/150/166/200/233/266。

为了竞争，AMD 和 Cyrix 两家公司也推出了拥有 MMX 指令系统的 CPU——K6 和 6x86MX（注意：与 6x86 不同）。它们除了在浮点运算方面不及 Pentium MMX 外，其他性能均超过了 Pentium MMX，而且价格也比 Pentium MMX 便宜。

1997 年 5 月，Intel 又推出了影响力极大的 Pentium Ⅱ，Pentium Ⅱ加快了段寄存器写操作的速度，又增强了 PC 机在三维图形、图像和多媒体方面的可视化计算功能和交互功能。

Pentium Ⅱ处理器采用了双独立总线（DIB）结构，一条总线连接二级高速缓存，另一条负责主要内存。

在接口技术方面，为了击垮 Intel 的竞争对手，以及获得更大的内部总线带宽，Pentium Ⅱ首次采用了最新的 Slot-1 接口标准。

1998 年英特尔发布了 Pentium II Xeon（至强）处理器。取代之前所使用的 Pentium Pro 品牌，面向中高端企业级服务器、工作站市场。

1998 年，英特尔推出赛扬（Celeron）处理器，它是 Pentium Ⅱ的精简产品，它的二级缓存只有 Pentium II 的一半（也就是 128KB），目的在于兼有合理的效能和相对低廉的售价。

Celeron 具有比 Pentium Ⅱ更出色的超频特性。

Celeron 后来发展到 Pentium Ⅲ的精简版本，主频提升到 800MHz，外频也升级至 100MHz，其良好的超频性能，杰出的性价比，曾经红透 CPU 市场半边天。

1999 年 2 月 17 日，Intel 推出采用 P6 内核的最后一款处理器——Pentium Ⅲ处理器，虽然 Pentium Ⅲ相对于 Pentium Ⅱ没有飞跃性的提高，但是它采用更先进的结构和制造工艺使之能在更高的频率上运行，Pentium Ⅲ和其精简版的 Celeron CPU 占据主流地位近两年时间。

2. AMD 的竞争

1998 年 AMD 公开发布了 K6-2 处理器，AMD 第一次在浮点运算方面赶上了 Intel。为了应对挑战，AMD 又推出了第三代处理器——K6-3。

1999 年 6 月 23 日，AMD 公司推出了具有重大战略意义的 K7 微处理器，并将其正式命名为 Athlon（速龙），在主频和性能上超过 Intel。

Duron（毒龙）微处理器是 AMD 首款基于 Athlon 核心改进的低端微处理器，即低成本低功耗而又高性能。在浮点性能上，基于 K7 体系的 Duron 明显优于采用 P6 核心设计的 Intel 系列微处理器。

3. 全新的 32 位微体系结构——NetBurst 的奔腾 4

2000 年 11 月 21 日，Intel 推出了代号 Willamette 的处理器（全新的 Socket 423 插座），这就是 Pentium 4（注意：P4 实际上应该写作 Pentium Ⅳ），集成了 4200 万个晶体管，采用了全新设计的 32 位微体系结构——NetBurst，0.18μm 工艺，起步频率为 1.5GHz，相当于从旧金山到纽约只要 13 秒（当然，没有这么快的车）。

NetBurst 微体系结构是 Pentium 4 处理器的基石，它汇集了许多具有创新特点的新技术和能力，虽然有些是在前一代微体系结构上引入的，如“乱序推测执行”和“超标量执行”。

4. 创新的超线程技术（HT，Hyper-Threading）——第二代奔腾 4

Intel 之后又推出了 1.4GHz～2.0GHz 的第二代奔腾 P4（针脚更多的 socket 478 插座），如图 2-11 所示。内含创新的超线程技术。超线程技术就是利用特殊的硬件指令，把一个 CPU 芯片的两个不同部分（称为逻辑内核）模拟成两个物理芯片，同时执行多个程序而共同分享一颗 CPU 内的资源，理论上要像两颗 CPU 一样在同一时间执行两个线程。

图 2-11 Pentium 4 处理器及搭配的 RDRAM 内存条

虽然采用超线程技术能同时执行两个线程，但它并不像两个真正的 CPU 那样，每个 CPU 部分都具有独立的资源。当两个线程都同时需要某一个资源时，其中一个要暂时停止，并让出资源，直到这些资源闲置后才能继续，因此超线程的性能并不等于两颗 CPU 的性能。当运行单线程应用软件时，超线程技术甚至会降低系统性能，尤其在多线程操作系统运行单线程软件时容易出现此问题。

需要注意的是，含有超线程技术的 CPU 需要芯片组、软件支持，才能比较理想的发挥该项技术的优势。

P4 在设计上也有弱点，其每时钟周期所处理的指令（IPC）相对其他 CPU 来说比较少，但其运行频率特别高，因此，在给定时间内所处理的指令总数仍较高。其实，CPU 真实性能的唯一测量是执行给定应用程序所用的时间量。

当然，通过减少执行特定任务所用的指令数也能增加性能，单指令多数据（SIMD）就是用于实现这个目标的一种技术。1996 年，Intel 公司在采用 MMX 技术的 Pentium Ⅱ处理器上首次实现了 64 位的整数 SIMD 指令，其后在 Pentium Ⅲ处理器上引入 128 位的 SIMD 单精度浮点（SSE）指令。

Pentium 4 装备了新的高级浮点以及多媒体指令集（SSE2）：凭借 144 条新指令、128 位单指令多数据整数和双精度浮点数据操作，SSE2 的引入使 NetBurst 微体系结构扩充了 MMX 技术和 SSE 技术的单指令多数据处理能力。这些新指令提供了减少执行特定程序任务所需的指令总数的能力，最终对性能改善作出贡献。它们促进了广泛的应用，包括视频、语音、图像、图片处理、加密、财政、工程和科学应用。

而 Pentium 4 的简化版本 Pentium 4 Celeron 也采用了 Socket 478 架构，来应对低端市场。

随着 Intel Pentium 4 的出现，AMD 又推出了新一代的 Athlon CPU——Athlon XP（速龙 XP），通俗的叫法是 Athlon 4。

2004 年 7 月，AMD 推出了 Sempron（闪龙）处理器，首批上市采用 Socket A 接口，随后 AMD 推出了采用 Socket 754 接口的 Sempron 处理器。

2.4 64 位 CPU 和多核技术

第 6 阶段（2003～至今）是 64 位 CPU 和多核技术阶段。因 64 位 CPU 和多核技术的发展在时间上相互重叠，故放在同一阶段讨论。

2.4.1 64 位 CPU

Intel 2001 年推出的首款 64 位 Itanium（安腾）处理器以及后续产品 Itanium 2，二者仅用于工作站和服务器上，不涉及到一般用户。随后 AMD 发布了代号“大锤”的 x86-64 体系结构的处理器 K8。以后 AMD 方面支持 64 位技术的 CPU 有 Athlon（速龙）64 系列、Athlon FX 系列、Sempron（闪龙）系列和 Opteron（皓龙）系列。

当初主流 CPU 使用的 64 位技术主要有 AMD 公司的 x86-64 位体系结构技术、Intel 公司的 EM64T 技术和 IA-64 技术。其中 IA-64 是 Intel 独立开发的，不兼容传统的 32 位计算机。

AMD 公司与 Intel 公司的 IA-64 不同，类似十几年前 Intel 在 386 上做的那样，他们改编并延续 x86 指令集，扩展到 64 位支持，使 CPU 不仅能完整支持 32 位程序，还能兼容 64 位系统指令，发布了与 Intel 的 IA-64 完全不同的 64 位体系结构，并称之为 x86-64 体系结构。x86-64 可以提供一个既能运行 32 位程序又能运行 64 位程序的平台，而且是在同一个芯片上就可以完成所有功能。

这个解决方案的优势是十分显著的，可以从 AMD 提供的系统中直接得到 32 位的最佳解决方案，同时也能得到 64 位系统的兼容。两者被合并到一个内核，这就减轻了用户选择 64 位系统的困难。

现在讨论 Intel 的 IA-64 以及 EM64T 体系结构和 AMD 的 x86-64 体系结构技术各自的特点。

1. AMD 的 x86-64 体系结构特点

AMD 的 64 位技术包括了完整的 x86-64 结构体系，这个体系是通过对 x86 结构的扩展，增加 64 位指令集而得到的。使这款芯片在硬件上兼容原来的 32 位 x86 软件，并同时支持 x86-64 的扩展 64 位计算，使得这款芯片成为真正的 64 位 x86 芯片，具有 64 位的寻址能力。

x86-64 体系结构通过两个主要的特性来对原有的 x86 体系进行扩展：一个是被称为“长

模式（Long Mode）”的 64 位扩展，另一个就是扩充寄存器。

长模式是由两个子模式构成的：兼容模式（Compatibility Mode）和纯 64 位模式（64 bit Mode）。

表 2-4 显示的就是 x86-64 体系结构中的模式结构图，并标示了适用情况。

表 2-4　x86-64 架构中的模式结构图

选择模式		操作系统	程序是否需要重新编译	默认状态			
				地址位	操作位	扩展寄存器	GPR 宽度位
长模式	64 位模式	新的 64 位操作系统	是	64	32	是	64
	兼容模式		否	32	32	否	32
				16			
原始模式（Legacy Mode）		原先的操作系统	否	32	32	否	32
				16	16		

2. Intel 公司的 IA-64 体系结构的特点

相比 AMD 的 x86-64 体系结构，IA-64 显得清晰明了。它拥有完整的 64 位 CPU 的一切特性和功能，属于不折不扣的高端产品，能在它上面运行的程序只有纯 64 位操作系统和应用软件。当然，不支持 x86 的很大一批指令集，包括 Microsoft Windows 2000 、Windows Me 和 Windows XP 等操作系统。

在指令方面，IBM 等公司采用 RISC 技术，占据了高端的服务器、大型终端和大型计算机领域，而 Intel 采用了 CISC（后来包含了一定的 RISC 指令成分），占领了低端和 PC 市场。IA-64 决定将整个体系结构更偏向 RISC，也保留了不少 CISC 指令。

3. Intel 公司的 EM64T 技术

EM64T 技术全名是 Extended Memory 64 Technology，就是在 IA-32 指令集的基础上扩展的 64bit 内存技术，故命名为 IA32e。Intel 这种实现 64 位的方法其实和 AMD 的 x86-64 技术有异曲同工之妙。

在支持 EM64T 技术的处理器内，有一个称之为扩展功能激活寄存器（Extended Feature Enable Register，IA32_EFER）的部件，其中的 bit10 控制着 EM64T 是否激活。当 bit10 长模式有效（Long Mode Active，LMA）时，记 LMA=1，EM64T 便被激活，处理器会运行在 IA-32e 扩展模式下；当 bit10 被称作 IA-32 模式有效时，记 LMA=0，处理器运行在传统 IA-32 模式。

2.4.2　多核技术的发展

由于功耗和散热（高主频带来了处理器巨大的发热量）等多重问题，无法再依靠提升处理器时钟主频技术来改善产品性能，芯片制造厂商不约而同将目光瞄向了双核乃至多核架构。多核是计算机体系结构发展史上划时代的革命性里程碑，多核处理器实现了真正的并行，极大地提升了 CPU 的性能。毋庸置疑，多核已是计算机体系结构以及计算机行业不可逆转的发展潮流，对多核技术进行研究，无论是对硬件业还是软件业都带来了前所未有的挑战。

1. 双核与双芯（Dual Core Vs. Dual CPU）

“双核”的概念最早是由 IBM、HP（惠普）、Sun 等支持精简指令集 RISC 架构的高端服务器厂商在上世纪 90 年代末提出的，不过由于 RISC 架构的服务器价格高、应用面窄，没有引起广泛的注意。但提升处理器性能的需求日益迫切，因而 Intel 和 AMD 都瞄准了双内核处理器架构。

双内核的设计方式上 AMD 和 Intel 两家的思路不同。Intel 是将放在不同晶元（Die）上的两个完整的 CPU 封装在一起，连接到同一个前端总线上。但副作用是会引起处理器对前端总线带宽的竞争，影响提升系统的性能。AMD 从 Opteron（皓龙）处理器的设计时就考虑了将两个 CPU 内核做在同一个晶元（Die）上，通过直连微体系结构（也就是通过超传输技术让 CPU 内核直接跟外部 I/O 相连，不通过前端总线）连接起来，集成度更高。核心之间以芯片速度通信，以进一步降低处理器之间的延迟。并采用集成内存控制器技术，使得每个内核都有自己直通 I/O 的高速缓存这个“专用车道”，没有资源竞用的问题。两个 CPU 内核使用相同的系统请求接口（SRI）、HyperTransport（超传输超线程技术）技术和内存控制器，兼容 90nm 单内核处理器所使用的 940 引脚接口，使实现双核和多核更容易。

再从用户的角度来看，AMD 的方案能够使双核 CPU 的管脚、功耗等指标与单核 CPU 保持一致，从单核升级到双核，不需要更换电源、芯片组、散热系统和主板，只需要刷新 BIOS 软件即可，这对于主板厂商、计算机厂商和最终用户的投资保护是非常有利的。

从理论上说，AMD 的解决方案是真正的“双核”，而 Intel 的解决方案则是“双芯”。似乎应该说，AMD 的体系结构为实现双核和多核奠定了坚实的基础。但后来的事实并非如此，而是两种方案各有所长，竞争激烈。

2005 年 4 月 18 日，是计算机体系结构发展史上划时代的里程碑。Intel 公司推出了 Pentium D，标志着 CPU 双核时代的到来。随之，加载了超线程技术的双核 Pentium 至尊版处理器出台，将一块处理器芯片在逻辑上表现为 4 个处理器，可以同时执行 4 个线程，达到了十分高端的性能。

多核处理器全面提升了并行的效果，增强了多任务环境下的计算性能（如今的桌面操作系统几乎都是多任务的环境），特别是在数字娱乐、多媒体技术高度发展的今天，并行计算、并行处理的能力已经是衡量计算机性能的重要指标。

2006 年 1 月 9 日，Intel 发布了中文名字为酷睿（Core）的新款双核处理器。

Intel 酷睿 2 双核处理器又在 2006 年 7 月 27 日全球同步上市。酷睿 2 双核处理器在性能方面比酷睿 1 提高 40%，功耗反而降低 40%。2 个核心共享高达 4MB 的二级缓存，提高了两个核心的内部数据交换效率。

酷睿 2 是一个跨平台的构架体系，包括服务器版、桌面版、移动版三大领域。其中，服务器版的开发代号为 Woodcrest，桌面版的开发代号为 Conroe，移动版的开发代号为 Merom。

酷睿 2 处理器的 Core 微架构是 Intel 的以色列设计团队在 Yonah 微架构基础之上改进而来的新一代英特尔架构。

AMD 也随后推出了双核架构的皓龙（Opteron）处理器以及 64 位的速龙（Athlon）64×2 处理器。市场流行的有 Athlon64 ×2 3800+和 Athlon64 ×2 3600+。二者核心相同，都采用了 90nm 制造工艺，频率都是 2GHz，支持的 SSE 指令集也完全一样。二者一级缓存相同，只是 Athlon64 ×2 3600+的二级缓存减半，只有 256KB×2。

2. 多核 CPU 的发展现状

在酷睿 2 大获成功的基础上，Intel 基于 Core 2 系列优秀的运算核心，大刀阔斧的改良了 CPU 架构，从而诞生了全新的 Core i（i3、i5、i7）系列处理器。Core i 首次整合了内存控制器，抛弃了老迈的 FSB 启用高速的 QPI 总线、加入大容量共享式三级缓存。

2008 年 9 月 15 日，英特尔发布了首款搭载 3MB 二级高速缓存的六核处理器——至强 7400 系列（代号 Dunnington）。

2007 年以后至今，芯片制造厂商的多核技术大战如火如荼。Intel 的至强（Xeon）、酷睿（Core）系列，AMD 的弈龙、锐龙和速龙系列……；3 核、4 核、6 核、8 核、15 核……，接替层出。

据网络介绍，Intel 已展示了一款全可编程设计的 48 核（由 24 个双核模块组成）单芯片云计算处理器（SCC，Single-chip Cloud Computer）产品，可以处理最大 64GB 的内存容量。

Intel 又研制出了内含 80 内核的可编程处理器，其尺寸并不比一个指甲盖大多少，功耗仅 62 瓦，比大多数家用电器更低。该研究项目旨在为未来的个人电脑和服务器提供每秒运算一万亿次的浮点运算性能，足以与超级计算机匹敌。毫无疑问，这凝聚了 Intel 深厚的技术积淀、创新前瞻力及精湛的制程工艺。这证明，在可以预见的未来，摩尔定律定能继续驱动整个 IT 产业高速发展。

3. 多核技术带来的挑战

多核已是计算机体系结构以及计算机行业不可逆转的发展潮流，软件业的配合却相对滞后，这极大地影响了多核处理器性能的发挥。究其主要原因，是程序员遇到前所未有的技术问题：靠一个与硬件无关的自动化通用开发平台来联系程序员与多核处理器，显然是不现实的。毫无疑问，单核处理器下的应用程序也可以在多核处理器下运行，这是体系结构进步中对兼容性的要求。但反过来的问题却很难：由于多核处理器必须在多线程下并行运行，程序员必须打破以往的程序顺序执行的思维模式，使自己写出来的程序拥有更高的并行性，以适应多核处理器的优点。

因此，程序员必须为此付出代价，加强对并行处理和多线程编程的研究和学习，投入精力到软件业的多核时代。

如何控制内核间的通讯，如何提供多核系统对单线程程序的兼容性，如何在多核架构下实现并行操作、调度进程和线程、管理线程的同步、更加充分地发挥多核 CPU 性能，都是操作系统的设计人应该思考的问题。

针对处理器从单核向多核的转化，编译器应当承担起为多核结构优化线程性能的责任。多核系统下的调试是一个更为复杂的课题，如何在内核线程的不同状态下进行测试，如何监测内核间的通讯情况，如何发现内核线程执行时发生的冲突，如何控制内核与I/O的联系，都给调试带来了前所未有的难度。

总之，多核架构下的编译技术、调试技术、性能分析技术和优化技术的进步，是促使软件跟上硬件向多核过渡的关键手段。

2.4.3 CPU的型号标注法

通常情况下，计算机用户可以在CPU的表面看到编号，有的印在标贴上（普通封装），有的刻在金属外壳上。这里仅讨论桌面系统机型。

1. Intel的CPU型号标注法

老牌CPU只有Intel公司一家，CPU的型号标注比较简单，从8086～89486。表示是X86系列。

从“奔腾”系列开始，就有了两家：Intel公司和AMD公司。

Intel公司生产的CPU型号较多，型号标注比较复杂，但不外乎两大类：

（1）第一类型号标注法。

用主频标注，数字越大，规格越高，比如P4 1.5GHz、Celeron 2.4GHz等。

当性能有变化时（如用新核芯，或前端总线频率FSB提高，或支持超线程技术），但与已有型号的频率重叠的，则需要添加字母后缀以示区别。按英文字母顺序，越靠后，核芯越新，性能越好（但后缀A有例外，可能比无后缀的CPU性能差）。

（2）第二类型号标注法。

1）采用三位数字的方式标注，例如赛扬Celeron D 325等，部分型号还会加上一个后缀字母（一般是J，代表支持硬件防病毒技术EDB）。一般是第一位数字越大，表示核芯性能越高；第三位数字越大，表示支持的特性越少，但有特例。

3××系列就是Celeron D，分478引脚和775引脚两种，478引脚的CPU的标注型号为5的倍数，775引脚的CPU标注型号尾号为5的倍数再+1。比如说：Celeron D 325就是478引脚的CPU，因为325是5的倍数，而Celeron D 326就是775引脚的CPU，因为326就是325+1，Celeron D 325和Celeron D 326主频相同，同为2.53G MHz，唯一区别就是引脚。另外，Intel 775引脚的CPU全线支持64位，所以Celeron D 326还是一款64位的CPU。英特尔3××系列的产品特性为533MHz 前端系统总线，二级缓存235K，不支持超线程。

又如Celeron D 3x0 J /3x5 J，支持硬件防病毒技术EDB。

5××系列就是Pentium 4的普及版，Prescott核芯。除了最早的520和530（已停产），800MHz前端总线频率FSB，支持超线程技术的产品，但不支持64位技术。现在的5××系列都是533MHz前端系统总线，1M二级缓存，不支持超线程。因为引脚也分478引脚和775引脚，所以标注型号为5的倍数+1的，如506、511、516等，总线支持64位。否则只支持32位，如Pentium 4

5x5 系列。

又如 Pentium 4 5x0J 系列，支持硬件防病毒技术 EDB。

6××系列是 Pentium 4 的增强版，产品特性为 800MHz 前端系统总线，2M 二级缓存，支持超线程。6××的标注型号以 10 为步进，每增 10，主频增加 200MHz，如 630 是 3.0G 的，640 是 3.2G 的。

如 Pentium 4 6x0 系列相对 5x1 系列的区别只有两点：二级缓存增加到 2MB，支持节能省电技术 EIST。Pentium 4 6x2 相对 6x0 系列的唯一区别就是增加了对虚拟化技术 Intel VT 的支持。Pentium 4 6x1 系列与 6x0 系列的唯一区别仅仅在于采用了更先进的 65nm 制程的 Cedar Mill 核芯。

8××系列是 Pentium 4 的超强版，故改称 Pentium D 或简称 PD。其产品特性为 800MHz 前端系统总线（除了 PD 805 之外），内部集成两个物理核心，分别拥有一个 1M 二级缓存。8××的标注型号也是以 10 为步进，每增 10，主频增加 200MHz，如 820 是 2.8G 的，830 是 3.0G 的。

如 Pentium D 8x0 系列采用 Smithfield 核心、每核心 1MB 二级缓存、800MHz 的 FSB 的产品。Pentium D 8x5 系列与 8x0 系列的区别有两点，一是前端总线降低到 533MHz FSB，二是不支持节能省电技术 EIST。Pentium EE 8x0 系列与 Pentium D 8x0 系列的唯一区别仅仅只是增加了对超线程技术的支持。

9××系列是 Pentium D 的超强版，性能比 8××系列更强，拥有一个 2M 二级缓存和 800MHz 前端系统总线，不过价格较贵。

Pentium D 9x0 系列采用 Presler 核心、每核心 2MB 二级缓存、800MHz 的 FSB，其与 8x0 系列的区别有两点，一是采用了更先进的 65nm 制程的 Presler 核心，二是增加了对虚拟化技术 Intel VT 的支持。Pentium D 9x5 系列与 9x0 系列的唯一区别仅仅只是不支持虚拟化技术 Intel VT。Pentium EE 9x5 系列与 Pentium D 9x0 系列的区别只是增加了对超线程技术的支持以及将前端总线频率 FSB 提高到 1066MHz。

2）采用四位数字的方式标注，例如酷睿 Core Solo（单核）和 Core Duo（双核），酷睿 Core 2 Duo（双核）家族。

Core Duo 和 Core Solo 采用全新的命名规则，由一个前缀字母加四位数字组成，部分型号采用在数字后面增加字母后缀的形式（一般是 E，代表不支持虚拟化技术 Intel VT），例如 Core Duo T2300E 等。

在前缀字母后面的四位数字里，左起第一位数字代表产品的系列：其中用奇数来代表移动处理器，用偶数来代表桌面处理器，在前缀字母相同的情况下数字越大就表示产品系列的规格越高，例如 T7x00 系列的规格就要高于 T5x00 系列。有的产品左起第一位数字处理器的核心数量，其中 1 代表单核心的 Core Solo，2 代表双核心的 Core Duo；后面的三位数字则表示具体的产品型号，其中第二位数字代表产品的具体规格，在前缀字母相同的情况下数字越大就表示产品的规格越高；第三位数字目前定位很混乱，在以前这位数字主要用来代表前端总线频率，0 代表系列中的正常 FSB 频率，而 5 则代表比 0 要低一级的 FSB 频率。例如 Core Duo L2400

就是双核心的低电压版本，而 Core Solo T1350 就是单核心的正常电压版本并且 FSB 频率要比普通的 T 系列（667MHz FSB）低一级（533MHz FSB）。但是现在英特尔产品线编号似乎不再遵循这一规则，最后一位数字一般为 0。

前缀字母的 E、T、L、U 分别代表热设计功耗（TDP）表现。E 代表功耗超过 50W TDP 以上，针对桌面级计算机应用。T、L、U 开头的全是笔记本 CPU，T 代表介于 25W～49W 之间，普通移动 CPU 均为 T 系列。L 代表低电压版本处理器，TDP 表现介于 15W～24W 之前。U 则为超低电压版本处理器，其 TDP 将低于 14W。

前缀字母的 Q 代表四核处理器（Intel 于 2006 年 11 月发布，分为两大系列：酷睿 2 四核版 Core 2 Quad，以 Q 开头；酷睿 2 四核极品版 Core 2 Quad Extreme，以 QX 开头）。有以下规格：

Q9550：2.83GHz，12MB L2 高速缓存，1333MHz 前端总线。

Q9450：2.66GHz，12MB L2 高速缓存，1333MHz 前端总线。

Q9300：2.5GHz，6MB L2 高速缓存，1333MHz 前端总线。

QX97700 频率高达 3.20GHz，内建 12MB L2 高速缓存，1600MHz FSB。

2. AMD 的 CPU 的型号标注法

下面以 AMD 的 Sempron 2600+为例进行介绍。我们可以在其外壳的表面看到 CPU 编号，除了最为明显的 AMD Sempron 标志以外，就是标志下面的一组编号。这个编号共分为七部分，由此就可以深入了解该型号 CPU 所具备的各种特性。

（1）前 3 个字母：CPU 的类型。

- SDA 指闪龙（Sempron）系列。
- ADA 指速龙（Athlon）系列，ADA（X2）则指双核速龙（Athlon 64 X2）系列。

（2）连续 4 个数字：CPU 的 PR 标称值。

例如，AMD CPU 的“2600+”并不是说它的频率是 2.6GHz，而是表示 CPU 速度的档次，即 PR 标称值。CPU 的真实频率请查表 2-5 所示。

表 2-5 AMD 的新编号 CPU 性能

CPU 的类型代码	所属类型	PR 标称值	主频（MHz）
ADA	Athlon 64	2800+	1800
		3000+	1800，2000
		3200+	2000，2200
		3400+，3500+	2200
		3700+，3800+	2400
		4000+	2400
ADA（X2）	Athlon 64 X2	4200+，4400+	2200
		4600+，4800+	2400

续表

CPU 的类型代码	所属类型	PR 标称值	主频（MHz）
SDA	Sempron	2500	1400
		2600，2800	1600
		3000，3100，3200	1800
		3300，3400，3500	2000

（3）PR 标称值后第一个字母：表示引脚规格与封装，以便和主板匹配。

1）表示是 Socket 754 引脚规格与普通封装。

2）表示是 Socket 754 引脚规格与金属外壳封装。

3）表示是 Socket 940 引脚规格与金属外壳封装。

4）表示是 Socket 939 引脚规格与金属外壳封装。一般是 Athlon 64。

5）同 3）。

（4）引脚规格与封装后的一个英文字母：表示核心工作电压。

A-1.35～1.4V;C-1.55V; E-1.50V;I-1.40V;K-1.35V;M-1.30V;O-1.25V;Q-1.20V;S-1.15V。

（5）电压后的一个英文字母：表示极限温度。

A-不确定; I-63℃;K-65℃;M-67℃;O-69℃;Q-1.20V;P-70℃;X-95℃;Y-100℃。

（6）温度后的一位数字：表示二级缓存的容量。

- 2——二级缓存的容量为 128KB。
- 3——二级缓存的容量为 256KB。
- 4——二级缓存的容量为 512KB。
- 5——二级缓存的容量为 1MB。
- 6——二级缓存的容量为 2MB。

（7）最后两个字母：表示 CPU 的制程。制程越小，能耗和发热也越小。

A 或 LA，表示 0.13μm 工艺；B 或 C……或 LD，表示 90nm 工艺。

注意：在选择 CPU 时，千万不要只考虑主频，CPU 主频并不代表一切，比方说 630 的主频是 3.0 的，但它却没有 820（主频 2.8）贵。为什么呢？因为 630 是 Pentium 4 的增强版，而 820 是 Pentium 4 的超强版。

本章小结

CPU 是计算机系统的心脏，计算机特别是微机的快速发展过程，实质上就是 CPU 从低级向高级、从简单向复杂发展的过程。其设计、制造和处理技术的不断更新换代以及处理能力的不断增强，使微机系统的应用领域越来越广泛。

芯片尺寸越来越小，功耗也越来越小；密度越来越高，性能就越来越强，工作频率也就越高。现在芯片尺寸已在纳米级。

在微机系统中，CPU 时钟速度已由最初的 4.77MHz（Intel 8086）提高到现在的 GHz 级。但 CPU 的时钟速度只是处理器家族中芯片性能的相对指标，并不能完全代表微机系统的性能。

随着 CPU 时钟速度的提高和地址/数据总线宽度的增大，CPU 与内存及 I/O 设备的数据交换速率已成为影响微机系统性能的一个突出问题。新的通信、游戏及其他高级需求等应用程序要求具有视频、3D 图形、音频及虚拟现实等多媒体功能，不断对 CPU 提出了新的要求。

为此，设计制造商相继提出了高速缓存（Cache）的设计思想，采用了超标量、超流水线和分支预测等先进技术，将 MMX、SSE、SSE2 等指令集技术融入 CPU 中，从而进一步提高了 CPU 的性能。已经问世的 IA-64、x86-64 体系结构和双核及多核处理器，说明人们正从体系结构的革新中寻找新的途径，研制更高性能的 CPU。这将给我们带来崭新的计算机世界。龙芯 2 号的发布，表明我国已在计算机核心技术方面取得长足的进步，正迅速赶超世界先进水平。

我们必须对 x86 体系的基础芯片 8086/8088 CPU 作比较透彻的了解，包括它的硬件结构和工作原理。在以后的章节中，我们还将学习以 8086/8088 CPU 的指令系统和汇编语言初步，学习以 8086/8088 等型号的 CPU 为核心构成一个微机系统所需的其他知识。这将为我们以后学习单片机、嵌入式系统以及其他计算机控制知识，学习数据结构、操作系统等后续课程，学习更先进的计算机硬件和软件知识，学习以微电子技术为基础的高新科技知识，打下坚实基础。

习题二

一、选择题

1．1971 年，微处理器芯片（ ）的诞生，标志第一代微处理器问世。

A．Intel 3003　　B．Intel 3004

C．Intel 4003　　D．Intel 4004

2．中央处理器（CPU）主要是由（ ）组成的。

A．运算器　　B．运算器和控制器

C．控制器　　D．运算器、控制器和主存

3．在 CPU 中，用于指向指令后续地址的部件是（ ）。

A．程序计数器　　B．主存地址寄存器

C．状态条件寄存器　　D．指令译码器

4．在 CPU 中，用于暂存指令的部件是（ ）。

A．累加器寄存器　　B．指令寄存器

C．程序计数器　　D．数据缓冲寄存器

5．Intel Pentium CPU 是（ ）微处理器。

A．16 位　　B．准 16　　C．32 位　　D．64 位

6．（ ）不属于 8086 微处理器内的功能部件。

A．累加器　　B．算术逻辑部件

C．标志寄存器　　D．内存储器

7．8086 与 8088 的主要差别是：（ ）不同。

A．对外地址总线的位数及内部寄存器的数目

B．对外数据总线的位数及指令队列缓冲器的深度

C．内部数据路径宽度及存储器寻址空间范围

D．执行部件控制电路及地址加法器的结构

8．8086 微处理器片内结构主要分为（ ）两部分。

A．运算器部件和 I/O 接口部件　　B．控制器部件和寄存器部件

C．运算器部件和存储器部件　　D．执行部件和总线接口部件

9．在一个 8086 读总线周期中的 T1 状态内，处理器（ ）。

A．读入数据　　B．送出地址码

C．送出读命令信号 RD#　　D．采样 READY 信号是否有效

10．8086 微处理器的偏移地址是指（ ）。

A．芯片地址引线送出的 20 位地址码

B．段内某单元相对段首地址的差值

C．程序中对存储器地址的一种完全表示

D．芯片地址引线送出的 16 位地址码

11．8086 一个基本总线周期至少包括（ ）个时钟周期。

A．4　　B．3　　C．2　　D．6

12．8086 微处理器的引线 INTR 是（ ）。

A．内部复位命令输入线　　B．读内部状态的命令输入线

C．可屏蔽中断请求输入线　　D．非屏蔽中断请求输入线

13．一个 8086 的总线周期是（ ）。

A．处理器进行算术运算的定时单位

B．处理器进行复位操作的定时单位

C．处理器执行片外操作的定时单位

D．处理器执行内部操作的定时单位

14．80386 微处理器地址总线是（ ）位。

A．16　　B．24

C．32　　D．48

15．若某处理器具有 64GB 的寻址能力，则该处理器具有（ ）条地址线。

A．36　　B．64

C．20　　D．24

二、填空题

1. 控制器的功能一般包含：取指令、________、________、控制________和________的输入与结果输出、对________和某些请求的处理。

2. 运算器的基本功能有________、________、________等。

3. 取指周期中，主要按照________的内容访问主存，以读取指令。

4. 在CPU中，数据寄存器的作用是________、标志（程序状态字）寄存器的作用是________、程序计数器的作用是________、指令寄存器的作用是________。

5. 由于CPU内部的操作速度较快，而CPU访问一次主存所花的时间较长，所以机器周期通常由________来规定。

6. 一个________由若干个机器周期组成的，所有指令的第一个机器周期都是________周期。

7. 计算机执行一条指令的过程就是依次执行一个确定的________的过程。

8. 8086/8088 总线接口部件（Bus Interface Unit，BIU）主要由________、________、________、总线控制逻辑电路和指令队列等组成。

9. 8086/8088 执行部件（Execution Unit，EU）主要由________、________、________、运算器（ALU）和EU控制系统等组成。

10. 在具有地址变换机构的计算机（如 8086/8088 等）中有两种存储器地址，一种是允许在程序中编排的地址，称________；另一种是信息在存储器中实际存放的地址，称________。

11. 若 8086/8088 CPU 的工作方式引脚 MN/MX 接+5V 电源，则 8086/8088 CPU 工作在________；若 MN/MX 接地，则 8086/8088 CPU 工作在________。

12. 8086 CPU 在对存储器和 I/O 设备进行读写时，最小工作方式下的控制信号 M/IO、RD、WR 等是由________产生的，最大工作方式下的控制信号 IOR、IOW、MEMR、MEMW 等是由________根据 CPU 的状态信号________而产生的。

13. 8086/8088 CPU 在对存储器或 I/O 设备进行读写时，最小工作方式的读写控制信号 RD，WR 和最大工作方式的读写控制信号 IOR、IOW、MEMR、MEMW 都是在总线周期的________的时间内变为有效。

14. 8086 CPU 的高位数据允许 $\overline{BHE}$ 信号和 A_0 信号通常用来解决存储器和外设端口的读写操作。一般总线高位数据允许 $\overline{BHE}$ 信号接高 8 位 D_{15}～D_8 数据收发器的允许端，而 A_0 信号接低 8 位 D_7～D_0 数据收发器的允许端。当________时，可读写全字 D_{15}～D_0；当________时，高 8 位数据 D_{15}～D_8 在奇地址存储体进行读写；当________时，低 8 位数据 D_7～D_0 在偶地址存储体进行读写；当________时，不传送数据。

15. 在以 8086/8088 为 CPU 的计算机系统中，当其他的总线主设备要求使用总线时，向 8086/8088 CPU 发出一个________信号，CPU 就在当前________结束，输出________信号，同时，8086/8088 CPU 让出总线控制权给另一个总线主设备来控制总线。

16. 8086/8088 CPU 在最大工作方式时，RQ/GT0 和 RQ/GT1 两条信号线是为系统中引入多处理器应用而设计的，是总线请求和总线允许的________信号线。当某一总线主设备要使用总线时，它向 CPU 发出一个________，一般情况下，CPU 在当前总线周期结束与下一个总线周期 T1 之间，输出一个宽度为一个时钟周期的________给请求总线的设备，通知它可以控制、使用总线，同时 CPU 释放总线。当使用总线结束，再给出一个宽度为一个时钟周期的________信号给 CPU，这样，CPU 重新获得总线控制权。

17. 8086/8088 CPU 在最大工作方式时，两条 RQ/GT 控制线可以同时接两个协处理器（除 CPU 以外的两个总线主设备）且 RQ/GT_0 的优先权________RQ/GT_1。

18. 80286 CPU 是 8086 向上兼容的微处理器，有两种工作方式，即________和________。

19. 80386 CPU 是 8086、80286 向上兼容的高性能微处理器，有三种工作方式，即________、________和________。

20. 80386 DX 微处理器才是真正的 80386，其内部寄存器、内外数据总线和地址总线都是________位的；通常所说的 80386 就是指________。

21. 多媒体扩展技术 MMX 所具有的三大特点分别是________、________和________。

22. Pentium Ⅲ 芯片中新增了 70 条 SSE 指令，可分为________指令、________指令、________指令三类，这些指令能增强音频、视频和 3D 图形图像处理能力。

23. Pentium MMX（多能奔腾）微处理器指令系统的扩展是通过在奔腾处理器中增加________种新的数据类型、________个 64 位寄存器和________条新指令来实现的。

三、名词解释

1. 时钟周期　　2. 总线周期　　3. 指令周期　　4. 等待周期
5. 物理地址　　6. 超标量　　7. SEC　　8. SSE
9. 乱序执行　　10. 推测执行　　11. 动态分支预测

四、简答题

1. 中央处理器（CPU）必须具备的主要功能有哪些？

2. 8086 的指令预取队列为多少字节？在什么情况下进行预取？

3. 8086 由哪两大部分组成？简述它们的主要功能

4. 8086/8088 微处理器有哪些寄存器？

5. 8086/8088 CPU 的 20 位物理地址是怎样形成的？当 CS=2300H、IP=0110H 时，求它的物理地址。

6. RISC 是指什么？它的设计要点有哪些？Intel 公司在哪种微处理器中首先开始应用 RISC？

7. 简述微处理器内部 Cache 的发展变化情况。

8. 什么叫双独立总线结构？采用该结构有什么好处？

9. 什么叫乱序（超顺序）执行技术？它主要体现在哪些方面？采用该技术需要有什么硬

件支持？

10．深度指令流水线是指什么？采用该结构有什么好处？

11．3D Now!是哪方面的技术？由哪个公司首次提出？

12．简述 Pentium 微处理器的主要性能特点。

13．Pentium Pro（又称 P6，高能奔腾）处理器的主要特点是什么？

14．什么是 MMX？具有 MMX 的微处理器的特点是什么？

15．Pentium Ⅱ微处理器的主要特点是什么？

16．Pentium Ⅲ微处理器的主要特点是什么？

17．Pentium 4 有哪些主要特点？

18．什么是双核处理器？

3

微型计算机指令系统

本章学习目标

本章着重介绍 8086/8088 操作数的寻址方式和指令系统，它是了解 Intel 系列微处理器进行数据处理的基础。通过本章的学习，读者应该了解和掌握以下内容:

- 8086/8088 CPU 是如何访问数据的（即寻址方式）。
- 寄存器与存储器之间的关系。
- 微处理器进行数据处理常用的命令（指令）。

现在的微型计算机都是冯• 诺依曼结构型的，程序和数据事先放在计算机的存储器中。计算机的工作就是执行指令序列。完成一个任务的一组完整的指令序列，就是程序。计算机所能执行的各类指令的总和称为指令系统。每条指令通常由操作码和操作数两大部分组成。操作码规定操作性质，操作数则指定“操作数”或“操作数在存储器中的地址”。从指令中找到操作数的方法，就是操作数的寻址方式问题。

讨论 CPU 的指令系统和寻址方式，必须了解汇编语言知识。

下面介绍 8086/8088 的寻址方式和指令系统以及汇编语言程序设计的一些基础知识。

3.1 寻址方式

对于一条汇编语言指令来说，所要做的事情有两件:

第一，指出进行什么操作，这由指令操作码来表明。

第二，指出大多数指令涉及的操作数的来源和操作结果送到哪里去，也就是操作数的寻址方式问题。

除了操作数的寻址方式外，指令系统中还有两类指令，它们分别是“转移指令”和“调用指令”，用于指令转移，涉及到转移地址或者调用地址的提供方式，称为程序转移地址的寻址方式。

这样，8086/8088 的寻址方式可分为两种：操作数的寻址方式和程序转移地址的寻址方式。

由于数据存储的形式不同，其对应的寻址方式也有所不同，现就 8086/8088 CPU 常见的基本寻址方式分别加以介绍。

3.1.1 与数据有关的寻址方式

讨论操作数的寻址方式，只讨论源操作数或目的操作数之一，因为另一操作数只能是寄存器寻址。

1. 立即寻址（Immediate Addressing）

立即寻址又称为立即数寻址，其实并不需要进行寻址，因为已经在指令中指定了具体的操作数，称为立即数。

立即操作数可以是 8 位或 16 位，并且是指令的一部分。立即数总是紧跟在指令操作码之后并和操作码一起存放在内存的代码段中，因而立即数总是和操作码一起被放入 BIU 中的指令队列里，在指令执行时不需再由存储器取得数据。使用立即寻址的指令主要用来给寄存器赋初值。

汇编格式：n（n 为立即操作数）

功能：紧挨指令下一单元的内容为操作数 n。

【例 3-1】

```
MOV  AX，1234H  ；将立即数 1234H 值赋给寄存器 AX。
                 请注意：操作数 n 存放在紧挨指令操作码的下一单元
ADD  AX，5678H  ；将 AX 中的数据与立即数 5678H 进行相加，其结果又
                 赋给寄存器 AX
MOV  AX，'CB'   ；将 C 字符的 ASCII 码值“43H”送入 AH 寄存器中，
                 将 B 字符的 ASCII 码值“42H”送入 AL 寄存器中
```

立即寻址方式示意如图 3-1 所示。

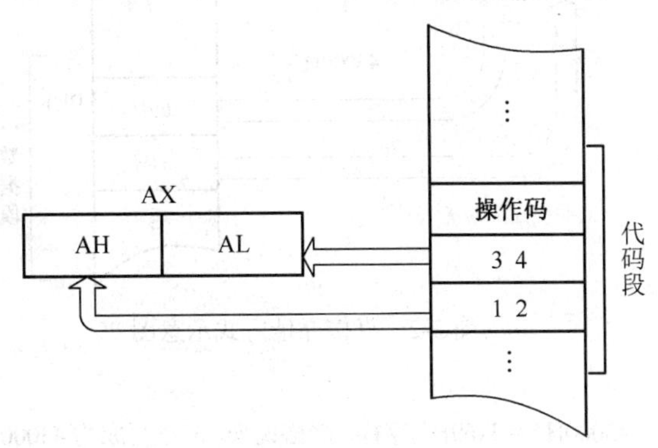

图 3-1 立即寻址方式示意图

2. 直接寻址（Direct Addressing）

与立即寻址不同，为了获取指令所指定操作的操作数，直接寻址必须访问操作数的物理地址[PA]，它是通过段首址左移四位加偏移地址[EA]得到的。

汇编格式：含有变量的地址表达式或段寄存器名：[EA]

功能：指令下一字单元的内容是操作数的偏移地址 EA。

操作数的有效地址 EA，如例 3-2 中 EA＝2000H，是指令的一部分，它与操作码一起存放在代码段中，但操作数一般是在数据段中。

【例 3-2】MOV AL，DS：[2000H]；将逻辑地址为 DS：2000 单元内的字节送入 AL。

若段基址 DS ＝ 4000H，则操作数的物理地址为段基址左移 4 位，即 40000H，再加上偏移地址[EA]。此指令的操作是：将数据段中物理地址为 42000H 单元的内容 56H 传至 AL 寄存器。

直接寻址方式的物理地址 PA＝（段基址）×10H+EA

【例 3-3】[注] 设 BUF 为数据段定义的变量，其偏移地址为 3000H，（DS）= 4000H，（43000H）=3469H，问执行指令 MOV AX，BUF 后的结果。

答：该指令中 BUF 提供的是参与指令操作的操作数的偏移地址（3000H），由于操作数的物理地址 ＝ 段基址（4000H）×10H（左移四位）+偏移地址（3000H），由此计算出的操作数的物理地址为 43000H，而该物理地址中的操作数为 3469H，也就是说这条指令的作用是：将物理地址为 43000H 中的数 3469H 赋给寄存器 AX。如图 3-2 所示。

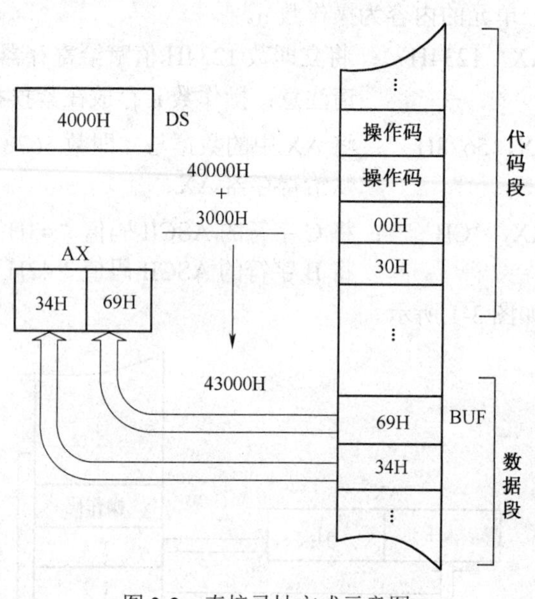

图 3-2 直接寻址方式示意图

注：例 3-3 题目中有“（43000H）= 3469H”字样，严格说来，应该写成“（43000H）= 69H，（43001H）= 34H”。本章中所有例题中的类似说法，都应该如此理解。

说明：

1）操作数的偏移地址与操作符一起存放在存储器代码段中。

2）操作数可存放在数据段中，也可存放在其他段中。

3）当用一个常量作为操作数的偏移地址时，为了防止与立即寻址相混淆，必须给常量加一对中括号，并在常量前指明相应的段寄存器名，如例 3-2 中的“DS:[2000H]”。

3. 寄存器寻址（Register Addressing）

参与指令所指定操作的操作数就存放在指定的寄存器中。

汇编格式：R（R 是寄存器名）

功能：寄存器 R 的内容就是操作数。

【例 3-4】MOV BX，0201H ；将立即数 0201H 放进 BX 寄存器中

MOV AX，BX ；将寄存器 BX 的内容送入 AX 中

这两条指令运行的结果是：先将立即数 0201H 放进 BX 寄存器中，再将寄存器 BX 的内容 0201H 送入寄存器 AX 中。第一条指令是立即寻址，第二条指令才是寄存器寻址。

说明：

1）在寄存器寻址方式中，操作数存放在指令规定的寄存器中，不需访问内存，工作效率高。

2）对于 16 位操作数，寄存器可以是 AX、BX、CX、DX、SI、DI、SP 或 BP；而对于 8 位操作数，寄存器可以是 AH、AL、BH、BL、CH、CL、DH 或 DL。

寄存器寻址方式示意如图 3-3 所示。

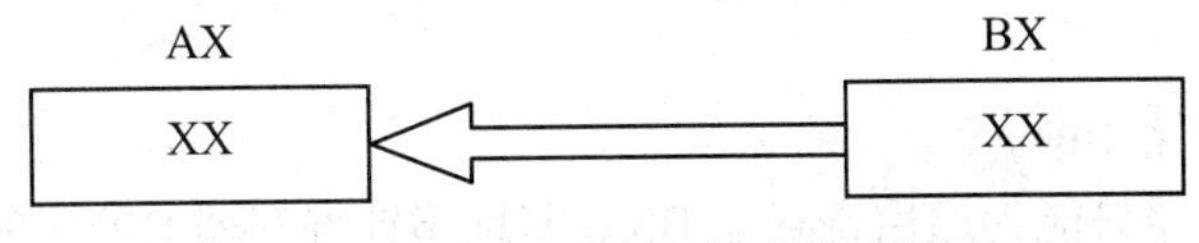

图 3-3 寄存器寻址方式示意图

4. 寄存器间接寻址（Register Indirect Addressing）

寄存器间接寻址与寄存器寻址的不同之处在于，指令指定的寄存器中的内容不是操作数，而是操作数的偏移地址，偏移地址加上左移 4 位之后的段基址得到操作数的物理地址，参与指令所指定的操作的操作数就在这个物理地址中。

汇编格式：[R]（R 是寄存器名）

功能：R 的内容为操作数的偏移地址 EA。

【例 3-5】设（DS）= 4000H，（SS）= 3000H，（BX）= 0100H，（BP）= 2000H，（40100H）= 3425H，（32000H）= 8765H。问执行指令

MOV AX，[BX]

MOV CX，[BP]

后的结果？

答：第一条指令中寄存器 BX 提供的是操作数的偏移地址（0100H），加上左移 4 位之后

的数据段的基址得到操作数的物理地址，即 PA=4000H×10H + 0100H = 40100H，然后从 40100H 物理地址中取出操作数 3425H 赋给寄存器 AX。寄存器间接寻址方式示意如图 3-4 所示。

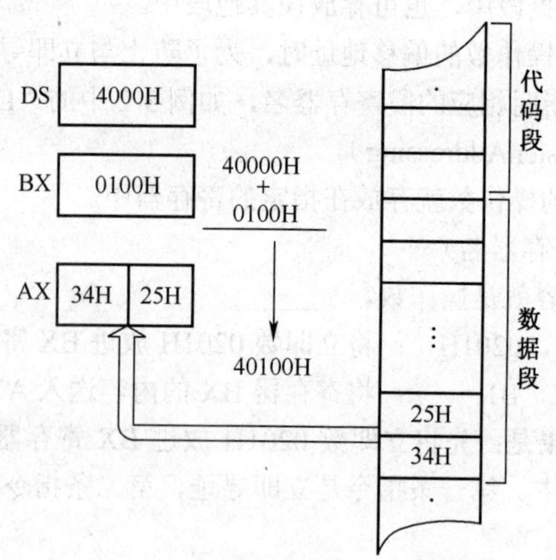

图 3-4　寄存器间接寻址方式示意图

第二条指令中寄存器 BP 提供的也是操作数的偏移地址（2000H），加上左移 4 位之后的堆栈段的基址得到操作数的物理地址，即 PA = 3000H×10H+2000H = 32000H，然后从 32000H 物理地址中取出操作数 8765H 赋给寄存器 CX。

说明：

1）操作数存放在存储器中。

2）指令指定的寄存器只能为通用寄存器 BX、基址指针寄存器 BP 或变址寄存器 SI、DI。

3）如果指令指定的寄存器为 BX、SI 和 DI，则操作数默认在数据段（DS）中；如果指令指定的寄存器为 BP，则操作数默认在堆栈段（SS）中。

4）寄存器间接寻址和寄存器寻址在汇编格式上相比较多了个中括号，它们的寻址方式截然不同，寄存器寻址不需访问内存，操作数就在指令指定的寄存器中，而寄存器间接寻址需要访问内存，操作数的偏移地址 EA 就是寄存器的内容。

请注意：2）、3）、4）也适用于以后所讲的各种寻址方式之中。

5. 直接变址寻址（Indexed Addressing）

直接变址寻址，或称寄存器相对寻址。与寄存器间接寻址的不同之处在于，指令指定的寄存器中的内容不是操作数，也不是偏移地址，操作数的偏移地址由指令指定的寄存器的内容加上指令指定的位移量之和求得。其他与寄存器间接寻址方式相同。

汇编格式：X[R]或[R+X]（其中 X 表示位移量，R 为寄存器名）

功能：寄存器 R 中的内容加位移量 X 作为操作数的偏移地址。

【例 3-6】设（SI）= 0100H，（BP）= 0200H，（DS）= 1000H，（SS）= 2000H，（10108）

= 1234H，（20206H）= 5432H。问执行指令

```
MOV  AX，8[SI]
ADD  6[BP]，AX
```

后的结果？

答：第一条指令中的 8[SI]也可以写成[SI+8]。说明由变址寄存器 SI 提供的 0100H 值加上位移量 8 才是操作数的偏移地址 EA=0100H+8H = 0108H，加上左移 4 位之后的数据段基址得到操作数的物理地址，其计算过程为 PA=1000H×10H+0108H = 10108H，然后在操作数的物理地址当中取出 1234H 操作数赋给寄存器 AX。直接变址寻址方式示意如图 3-5 所示。

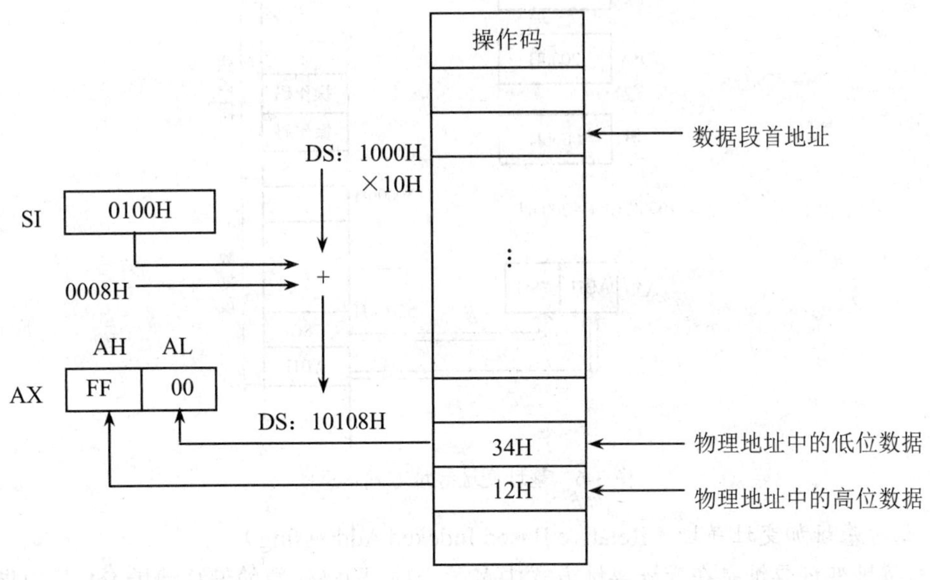

图 3-5　直接变址寻址方式示意图

第二条指令中基址寄存器 BP 提供的 0200H 值加上位移量 6 才是操作数的偏移地址：EA = 0200H + 6H = 0206H，加上左移 4 位之后的堆栈段基址得到操作数的物理地址，其计算过程 PA = 2000H ×10H + 0206H = 20206H，然后在操作数的物理地址中取出 5432H 与 AX 的内容 1234H 相加，结果再放到 20206H 内存单元中。

说明：

1）操作数在存储器中，位移量为 8 位或 16 位二进制补码表示的有符号数。

2）在变址寻址中，指令指定的寄存器一定要加[]括号。

6. 基址变址寻址（Based Indexed Addressing）

偏移地址 EA 为基址寄存器 BX（或基址指示器 BP）的内容与变址寄存器（DI 或 SI）的内容之和。

汇编格式：[BX+DI]（其中 BX 为基址寄存器，DI 为变址寄存器）

功能：寄存器 BX（或 BP）中的内容加寄存器 DI（或 SI）的内容作为操作数的偏移地址。

【例 3-7】MOV AX，[BX+SI]；BX 的内容 2000H 与 SI 的内容 0006H 之和作为操作数的有效地址。加上左移 4 位之后的数据段基址 50000H 得到操作数的物理地址，其计算过程为 PA=5000H×10H+ 2006H = 52006H，然后在操作数的物理地址当中取出操作数 AB78H 赋给寄存器 AX。传送数据段中的一个字。

基址变址寻址方式示意如图 3-6 所示。

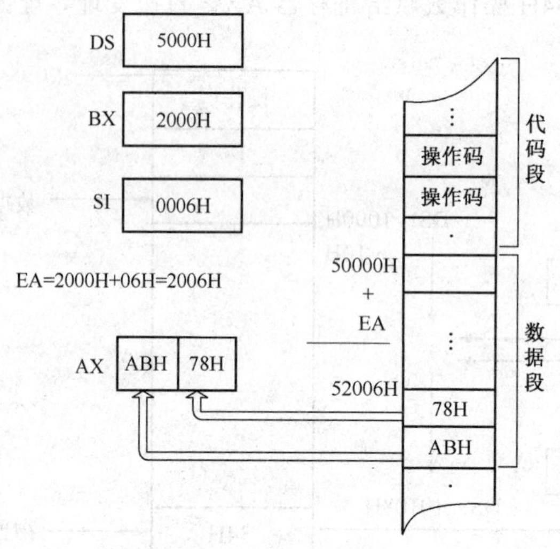

图 3-6　基址变址寻址方式示意图

7. 相对基址加变址寻址（Relative Based Indexed Addressing）

相对基址变址寻址是在变址寻址方式中多了一项，即操作数的偏移地址 EA 是由指令中的基址寄存器内容、变址寄存器内容、位移量三项相加组成的。

汇编格式：X[BX+DI]　或写成　[BX+DI+X]（BX（或 BP）为基址寄存器，DI（或 SI）为变址寄存器，X 为位移量）

功能：寄存器 BX（或 BP）中的内容加寄存器 DI（或 SI）的内容再加位移量 X 作为操作数的偏移地址。

【例 3-8】设（BX）= 0200H，（DI）= 0010H，（DS）= 4000H，（SS）= 3000H，（41444H）= AB50H，（30706H）= 1234H。（BP）= 0400H，（SI）= 0300H，问执行指令

MOV　AX，1234H[BX+DI]

ADD　6[BP+SI]，AX

后的结果？

答：第一条指令中的基址寄存器 BX 提供的 0200H 值加上变址寄存器 DI 提供的 0010H 值再加上位移量 1234H 才是操作数的偏移地址 EA = 0200H + 0010H + 1234H = 1444H，再将数据

段 DS 首地址左移 4 位，之后加上 EA，得到操作数的物理地址 PA = 4000H×10H + 1444H = 41444H，然后在 41444H 地址中读取相应操作数 AB50H 送到 AX 寄存器。相对基址加变址寻址方式示意如图 3-7 所示。

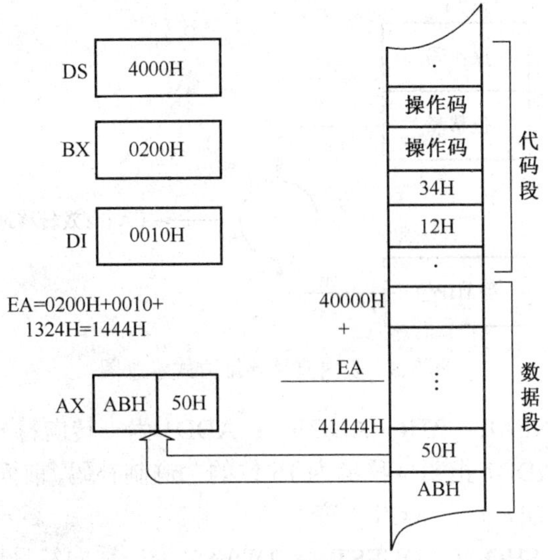

图 3-7　相对基址加变址寻址方式示意图

第二条指令中的基址寄存器 BP 提供的 0400H 值加上变址寄存器 SI 提供的 0300H 再加上位移量 6 才是操作数的偏移地址 EA = 0400H + 0300H + 6H = 0706H，偏移地址加上左移 4 位之后的堆栈段 SS 首地址得到操作数的物理地址 PA = 3000H×10H + 0706H = 30706H，然后在 30706 地址中读取相应操作数 1234H 参与指令所指定的操作。

说明：

1）操作数在存储器中，位移量为 8 位或 16 位二进制补码表示的有符号数。

2）该寻址方式的基址寄存器只能选择 BX 或 BP，变址寄存器只能用 SI 或 DI。

3）在该寻址方式中指令指定的基址寄存器和变址寄存器一定要用[]括号将两者包含在一起。

3.1.2　转移地址的寻址方式

通常指令是顺序执行的，但有时需要跳转到另一地方执行。指令跳转分为本代码段内跳转或跳到其他代码段（段间跳转）。本节讨论指令转移的转移地址寻址方式。

这种寻址方式用来确定转移指令（详见 3.2.6 节）及 CALL（详见 3.2.8 节）指令的转向地址。

1. 段内直接寻址

段内直接寻址方式也称为相对寻址方式，转移的目标地址是：相对于当前指令指针 IP 的一个 8 位或 16 位的位移量，再加上 IP 值之和，所以叫相对寻址。这种寻址方式适用于条件转移或无条件转移。但条件转移指令只能有 8 位的位移量。无条件转移的位移量可以是 8 位，也可以是 16 位。无条件转移的位移量是 8 位时，称为短转移。机器指令中的位移量由汇编或编译程序根据目标地址和转移指令的距离计算得出，汇编指令只需给出符号地址即可。如图 3-8 所示。

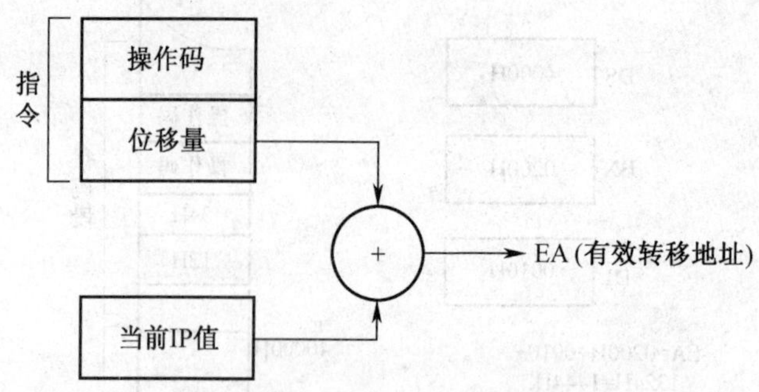

图 3-8　段内直接寻址方式示意图

【例 3-9】　JMP　NEAR　PTR　ADD1　；ADD1 为一转向符号地址，处于代码段内。

说明：这条指令中，ADD1 指明位移量为 16 位的二进制补码，前面必须加“NEAR　PTR”。

（IP）=（IP）+（ADD1）　（CS 不变）

【例 3-10】　JMP　SHORT　QUEST　；QUEST 为一转向符号地址，处于代码段内。

说明：这条指令中，QUEST 指明位移量为 8 位二进制补码，前面必须加“SHORT”。

（IP）=（IP）+（QUEST）　（CS 不变）

2. 段内间接寻址

这种方式也是在段内，其转移的目标地址的偏移量，是寄存器或存储单元的内容，即以寄存器或存储器单元内容来更新 IP 的内容，所以是绝对偏移量，注意和段内直接方式的相对偏移量的区别。若目标地址的偏移量为“存储单元”内容，则该存储单元本身可由上述与存储器操作数有关的任何寻址方式寻址，只是它里面的内容为新的 IP 值。

段内间接寻址方式示意如图 3-9 所示。这种方式不能用于条件转移指令。

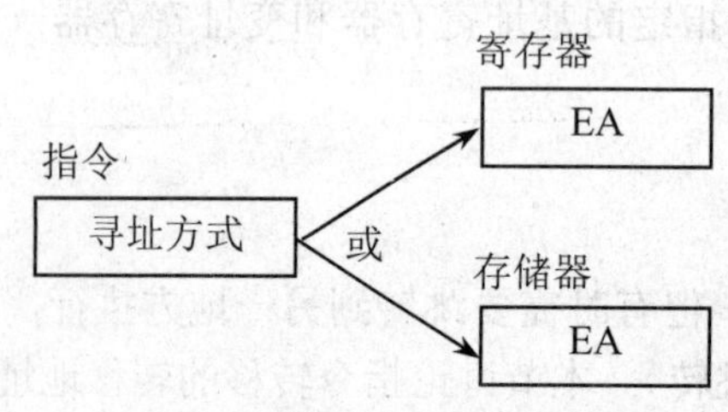

图 3-9　段内间接寻址方式示意图

【例 3-11】设（DS）=2000H，（BX）=1256H，（SI）=528FH，（BP）=0100H，（SS）=3000H，位移量=20A1H，（232F7H）=3280H，（264E5H）=2450H，（321A1）=3487H。问执行指令

JMP　BX

JMP TABLE [BX]

JMP WORD PTR [BP+TABLE]

后的结果？

答：第一条指令是将 BX 的内容作为新的 IP 值，送给 IP 寄存器。即

（IP）=（BX）（CS 不变）

第二条指令是将 BX 的内容加位移量 TABLE 的值作为新的 EA 值，送给 IP 寄存器。即

（IP）=（（DS）×10H+（BX）+位移量）=（20000+1256+20A1）=（232F7）=3280H

（CS 不变）

第三条指令是将寄存器 BP 内容加位移量 TABLE 的值作为堆栈段（请读者想一想，为什么是堆栈段？）中偏移量，该存储器字的内容作为新的 IP 值。即

（IP）=（（SS）×10H+（BP）+位移量）=（30000+0100+20A1）=（321A1）=3487H

（CS 不变）

其中 WORD PTR 为操作符，用以指出寻址方式所取得的转向地址是一个字的偏移地址，也就是说它是一种段内转移。

3. 段间直接寻址

这种方式用于段间转移，目标转向地址的段基值（CS）和偏移地址（IP）都是指令码的组成部分，用来更新当前 CS 和 IP 的内容。

段间直接寻址方式示意如图 3-10 所示。

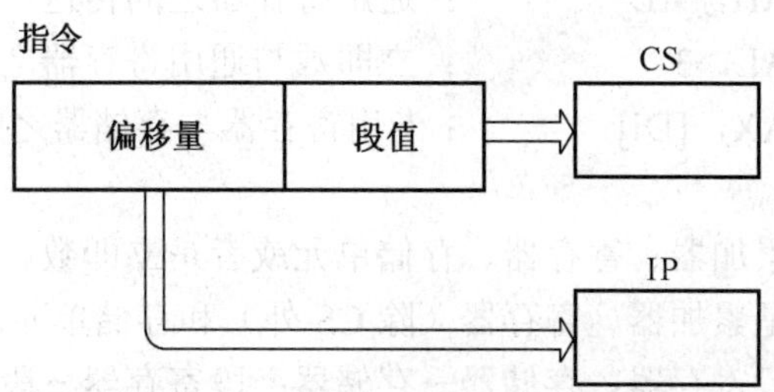

图 3-10 段间直接寻址方式示意图

【例 3-12】JMP FAR PTR NEXTADD ；NEXTADD 是另一段的符号地址。

（CS）和（IP）全都更新。

4. 段间间接寻址

这种方式同样用于段间转移，只不过当前 CS 和 IP 由存储器中连续的两个字更新，低位地址的字更新 IP，高位地址的字更新 CS，存放新 IP 和 CS 的存储单元地址由前述存储器操作数的寻址方式决定。

段间间接寻址方式示意如图 3-11 所示。

【例 3-13】JMP DWORD PTR [INTER+BX] ；取 DS 段中偏移为[INTER+BX]处的双字作为新的 CS 和 IP

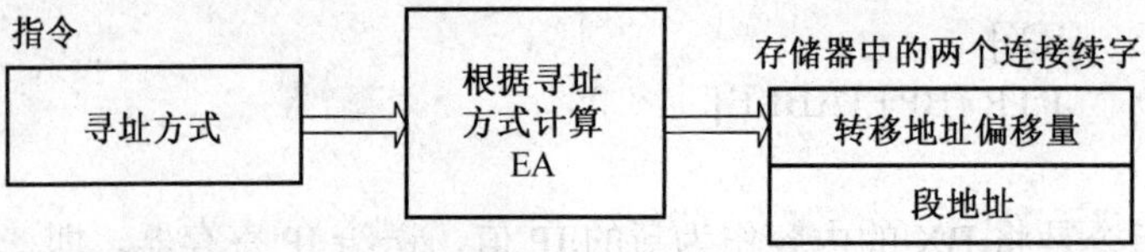

图 3-11　段间间接寻址方式示意图

3.2　8086/8088 处理器的指令系统

8086/8088 指令按功能分类可以分为：数据传送指令、算术运算指令、逻辑运算和移位指令、控制转移指令以及处理器控制指令，下面就对各类常用的指令作详细介绍。

3.2.1　数据传送指令

作用：它们在存储器和寄存器、寄存器和输入输出端口之间传送数据。

分类：数据传送指令又可以分为：传送指令、交换指令、地址传送指令、堆栈操作指令、标志传送指令、查表指令、输入输出指令。

1. 传送指令

格式：MOV DST，SRC（DST 为目的操作数，SRC 为源操作数）

功能：该指令把一个字节或一个字从 SRC 送到 DST。

【例 3-14】MOV　AH，AL　　；通用寄存器之间传送
　　　　　　MOV　AL，3　　；立即数与通用寄存器之间传送
　　　　　　MOV　AX，[DI]　；专用寄存器与存储器之间传送（寄存器间接寻址）

说明：

1）源操作数可以是累加器、寄存器、存储单元或者是立即数。

2）目的操作数可以是累加器、寄存器（除 CS 外）和存储单元。

3）禁止：立即数→段寄存器；存储器→存储器；段寄存器→段寄存器。

4）MOV 指令不改变 SRC；不影响标志位。

2. 交换指令

格式：XCHG OPRD1，OPRD2（OPRD 为操作数）

功能：该指令把 OPRD1 的内容与 OPRD2 的内容交换。

【例 3-15】XCHG　[SI+3]，AL　；存储器与寄存器之间交换数据
　　　　　　XCHG　DI，BX　　；寄存器之间交换数据

说明：OPRD1 和 OPRD2 可以是通用寄存器和存储单元，但不包括段寄存器，也不能同时为存储单元，不能包含立即数。

3. 地址传送指令

地址传送指令又有三条指令。

（1）LEA 装入有效地址指令。

格式：LEA REG，OPRD（REG 为寄存器，OPRD 为操作数）

功能：该指令把操作数 OPRD 的有效地址传送到 REG 寄存器中。

【例 3-16】 LEA AX，[BX+3] ；将操作数的有效地址送入寄存器 AX

LEA DX，BUFFER ；BUFFER 为变量名

说明：

1）OPRD 必须是一个存储器操作数。

2）REG 必须是一个 16 位通用寄存器。

（2）LDS 传送目标指针，把指针内容装入 DS 指令。

格式：LDS REG，OPRD（REG 为寄存器，OPRD 为操作数）

功能：该指令把操作数 OPRD 中包含的 32 位地址指针段基址送到数据段寄存器 DS，把偏移地址送到通用寄存器 REG。

【例 3-17】LDS DI，[BX]

LDS SI，FARPOINTER ；FARPOINTER 是一个双字变量

说明：

1）REG 表示除段寄存器之外的 16 位通用寄存器。

2）OPRD 表示双字的各种寻址方式的存储器操作数的段基址。

（3）LES 传送目标指针，把指针内容装入 ES 指令。

格式：LES REG，OPRD

功能：该指令把操作数 OPRD 中包含的 32 位地址指针的段基址送到附加段寄存器 ES，把偏移地址送到通用寄存器 REG。

说明：

1）REG 表示除段寄存器之外的 16 位操作数。

2）OPRD 表示双字的各种寻址方式的存储器操作数的段基址。

4. 堆栈操作指令

堆栈是只允许在一端进行数据插入和数据删除操作的线性表，它是一段 RAM，其中地址较大的为栈底，地址较小的为栈顶（进行数据插入和删除操作的一端）。堆栈的段值存放在段寄存器 SS 中，堆栈指针 SP 始终指向栈顶。栈的操作遵循先进后出的原则。

（1）PUSH 把字压入堆栈指令（PUSH 只对字操作）。

格式：PUSH SRC（SRC 为源操作数）

功能：该指令把源操作数 SRC 压入堆栈，堆栈指针 SP 随着压栈而减小。

【例 3-18】PUSH SI ；把寄存器 SI 的内容压入堆栈

PUSH DS ；把寄存器 DS 的内容压入堆栈

PUSH [SI] ；把由寄存器 SI 的内容指出地址的内存单元的内容压入堆栈

说明：数据进入堆栈的时候遵守“高高低低”原则，即高位数据放在高字节中，低位数

据放在低字节中。

（2）POP 把字弹出堆栈指令（POP 只对字操作）。

格式：POP DST（DST 为目的操作数）

功能：该指令从堆栈弹出一个字数据到目的操作数 DST，（SP）随着出栈而增大。

【例 3-19】POP [SI]

POP ES

POP SI

说明：DST 可以是通用寄存器以及段寄存器（除 CS），也可以是字存储单元。

5. 标志传送指令

8086/8088 CPU 中有专用于标志寄存器的指令。

（1）LAHF 标志位送 AH 指令。

格式：LAHF

功能：该指令把标志寄存器低 8 位（SF、ZF、AF、PF、CF）传送到寄存器 AH 的指定位（即 7、6、4、2、0）。

（2）SAHF 将 AH 送入标志寄存器指令。

格式：SAHF

功能：该指令把寄存器 AH 的指定位传送到标志寄存器的低 8 位（即该指令为 LAHF 逆操作）。

（3）PUSHF 标志寄存器进栈指令。

格式：PUSHF

功能：该指令把标志寄存器的内容压入堆栈。该指令不影响标志。

（4）POPF 标志寄存器出栈指令。

格式：POPF

功能：该指令把当前堆栈的一个字传给标志寄存器，同时 SP 加 2，该指令影响对应的标志位。

6. 输入输出端口传送指令

（1）IN I/O 端口输入指令。

格式：IN AL，端口地址或 IN AX，端口地址

功能：从 8 位端口读入一个字节到 AL 寄存器中，或从 16 位端口读入一个字到 AX 寄存器中。

（2）OUT I/O 端口输出指令。

格式：OUT 端口地址，AL 或 OUT 端口地址，AX

功能：将 AL 中的一个字节写到一个 8 位端口，或将 AX 中的一个字写到一个 16 位端口。

3.2.2 算术运算指令

算术运算指令完成对数值的加、减、乘、除等运算。

1. 加法指令

（1）ADD 加法指令。

格式：ADD DST，SRC（DST 为目的操作数，SCR 为源操作数）

功能：将 DST 内容与 SRC 内容相加，结果存入 DST 中，SRC 内容不变。

【例 3-20】执行如下指令：

```
MOV AX，1234H        ；类似于（AX）= 1234H
MOV BX，2211H        ；类似于（BX）= 2211H
ADD AX，BX           ；类似于（AX）=（AX）+（BX）
```

说明：

1）当 SRC 是立即数或寄存器操作数时，DST 可以是寄存器或存储器操作数。

2）当 SRC 是存储器操作数时，DST 只能是寄存器操作数。

3）段寄存器操作数不能为 SRC 和 DST。

4）该指令会影响 AF、OF、PF、SF、ZF 标志位。

（2）ADC 带进位加法指令。

格式：ADC　DST，SRC（DST 为目的操作数，SRC 为源操作数）

功能：将 DST 内容加上 SRC 内容再加上 CF 进位标志，并将结果送 DST 中。

【例 3-21】设 CF=0，则执行如下指令：

```
MOV   AX，4653H       ；类似于（AX）= 4653H
ADD   AX，0F0F0H      ；类似于（AX）=（AX）+ 0F0F0H （产生进位 CF = 1）
MOV   DX，0234H       ；类似于（DX）= 0234H
ADC   DX，0F01H       ；类似于（DX）=（DX）+0F01 +（CF）（求产生进位 CF = 0）
```

说明：

1）该指令主要用于多字节（或多字）加法运算中。

2）当 CF = 0 时可以用 ADD，当 CF = 1 时必须用 ADC。

3）该指令会影响 AF，OF，PF，SF，ZF 标志位。

（3）INC 加 1 指令。

格式：INC OPR

功能：将 OPR 的内容自加 1 之后，结果存入原地址。

【例 3-22】设（AX）= 011FFH，则执行指令：

```
INC   AX        ；类似于（AX）=（AX）+1
```

说明：

1）INC 指令是一个单操作数指令，即操作对象只有一个。

2）该指令中的操作数只能是寄存器或存储器操作数。

3）INC 指令不会影响 CF 标志位。

4）该指令常用做计数器和对地址指针进行调整。

2. 减法指令

（1）SUB 不带借位的减法指令。

格式：SUB DST，SRC

功能：将 DST 的内容减 SRC 的内容，结果存于 DST 中。

【例 3-23】设（DS）= 3000H，（SI）= 0050H，（30064）= 4336H，则执行指令：

```
MOV   AX，0136H            ；类似于（AX）= 0136H
SUB   [SI+14H]，AX         ；类似于 [SI+14] = [SI+14]−AX
```

分析：第一条指令的作用是将立即数 0136H 赋给 AX 寄存器。

第二条指令的作用是先求出操作数的偏移地址 EA = 0050H +14H = 0064H，再求出操作数的物理地址 PA = 3000H × 10H + 0064H = 30064H，然后将 30064H 地址中的 4336H 操作数减 AX 寄存器中的操作数 0136H，即 4336H−0136H = 4200H，最后将结果再存入 30064 物理地址当中。

说明：

1）在完成数据减法操作时，如果没有借位可以使用 SUB 指令。

2）DST 可以是寄存器或存储器，而 SRC 还可以是立即数。

3）该指令影响 AF、OF、PF、SF、ZF、CF 标志位。

（2）SBB 带借位减法指令。

格式：SBB　DST，SRC

功能：将 DST 的内容减 SRC 的内容再减 CF，结果存于 DST 中。

【例 3-24】设 CF=0，DSUB 为定义的双字变量，初值为 0，则执行指令：

```
MOV   AX，2F65H            ；类似于（AX）= 2F65H
SUB   AX，2F65H            ；类似于（AX）= 2F65H−3412H（需借位，产生 CF = 1）
MOV   DSUB，AX             ；将 AX 内容送到 DSUB 低位字中
MOV   BX，4275H            ；类似于（BX）= 4275H
SBB   BX，12A5H            ；类似于（BX）= 4275−12A5H−CF
MOV   DSUB+2，BX           ；将 BX 内容送到 DSUB 高位字中
```

说明：

1）SBB 指令主要用于双字减法操作。

2）DST 可以是寄存器或存储器，而 SRC 还可以是立即数。

3）该指令影响 AF，OF，PF，SF，ZF，CF 标志位。

（3）DEC 减 1 指令。

格式：DEC　OPR

功能：将 OPR 内容减 1，结果存入 OPR 中。

【例 3-25】设（CX）= 0A404H，则执行指令：

```
DEC   CX          ；类似于（CX）= 0A404H−1
```

说明：

1）OPR 可以是寄存器或存储器操作数。

2）该指令与前两个减法指令的不同在于它的操作不影响 CF 标志位。

3）该指令常用于对计数器和地址指针进行调整。

（4）NEG 求补码指令。

格式：NEG　OPR

功能：将 OPR 的内容每一位求反加 1，结果送 OPR 中。

【例 3-26】设（AL）= 0FFH，则执行指令：

NEG　AL　　　；类似于（AL）= 01H

说明：该指令影响 AF、OF、PF、SF、ZF、CF 标志位。

（5）CMP 比较指令。

格式：CMP　OPR1，OPR2

功能：将 OPR1 内容减 OPR2 内容，比较大小，结果不保存。

说明：

1）该指令执行之后，OPR1 与 OPR2 的内容均不改变。

2）CMP 指令用于比较两个操作数的大小，根据比较的结果标志位判断两个操作数的大小关系。

3）CMP 指令后面常跟条件转移指令，根据比较结果的不同产生不同的分支，具体实例见条件转移指令。

4）该指令影响 AF、OF、PF、SF、ZF、CF 标志位。

3. 乘法指令

（1）MUL 无符号数乘法指令。

格式：MUL　SRC

功能：如果是字节数据相乘，则将 SRC 的内容乘以 AL 寄存器的内容，得到字数据结果送 AX 寄存器；如果是字数据相乘，则将 SRC 的内容乘以 AX 寄存器的内容，得到双字数据结果，高位字送 DX 寄存器，低位字送 AX 寄存器。

【例 3-27】设（AL）= 0A2H，（BL）= 11H，则执行指令：

MUL　BL　　　；类似于（AX）= 0A2H×11H = 0AC2H

说明：

1）SRC 可以是寄存器操作数或存储器操作数，而不能是立即数和段寄存器。

2）该指令只对 CF、OF 标志位有影响，而对 AF、SF、ZF、PF 未定义。

（2）IMUL 有符号数乘法指令。

格式：IMUL　SRC

功能：与 MUL 指令运算过程相同，只是操作对象是带符号的二进制数。

【例 3-28】设（AL）= 0B4H，（BL）= 11H，则执行指令：

IMUL　BL　　　；类似于（AX）=（0B4H）×（11H）= FAF4H

分析：该指令是有符号指令，0B4H 用带符号十进制表示为-76D，11H 则为 17D，两数相乘之后，结果为-1292D，转换为十六进制为 FAF4H。

说明：

1）对于有符号数来讲，都是以补码形式存储数据的。

2）SRC 可以是寄存器操作数或存储器操作数，而不能是立即数和段寄存器。

3）该指令只对 CF、OF 标志位有影响，而对 AF、SF、ZF、PF 未定义。

4. 除法指令

（1）DIV 无符号数除法指令。

格式：DIV　SRC

功能：如果是字节除法就将 AX 寄存器的内容除以 SRC 的内容，商值送 AL，余数送 AH；如果是字除法就将 DX、AX 的内容除以 SRC 的内容，商值送 AX，余数送 DX。

【例 3-29】设（AX）= 0400H，（BX）= 0C8H，则执行指令：

DIV　BX　　　；类似于（AL）= 05H，（AH）= 18H

分析：AX 寄存器中的内容 0400H 是无符号十进制数 1024D，BX 寄存器中的 0C8H 是无符号十进制数 200D，将 AX 内容与 BX 内容相除之后，商值 5D 送 AL，余数 24D 送 AH。

说明：

1）该指令可以进行字节、字操作，还可以进行双字操作。

2）对于 AF、CF、OF、PF、SF、ZF 标志位均未定义。

（2）IDIV 有符号数除法指令。

格式：IDIV　SRC

功能：与 DIV 指令相同，只不过各种数据都是带符号的，特别是余数与被除数的符号应该相同。

说明：使用本指令时应记住所用的操作数一定是有符号的，其数据都是以补码的形式存储的。

（3）CBW 字节转换为字指令。

格式：CBW

功能：将 AL 中的符号位数据扩展至 AH，若 AL 中的符号位是 0，则（AH）= 00H；若是 1，则（AH）= FFH。

【例 3-30】设（AL）= A5H，则执行指令：

CBW

分析：由于 A5H 数据存储时，第八位为 1，所以扩展成字数据之后，（AX）= FFA5H。

（4）CWD 字转换为双字指令。

格式：CWD

功能：将 AX 中的符号位数据扩展至 DX，若 AX 中的符号位是 0，则（DX）= 0000H；

若是1，则（DX）= FFFFH，用法与CBW相同。

3.2.3 逻辑运算指令

逻辑运算指令完成对逻辑数据的运算。

1. AND 逻辑位与指令

格式：AND　DST，SRC

功能：将DST的内容与SRC的内容进行按位与运算，结果送DST。

【例3-31】设（AL）= 11111111B，要将AL中的第2位和第6位清零，则可执行指令：

AND　AL，10111011B

说明：

（1）该指令可以对数据的某些位进行清零。

（2）逻辑与的运算规则为：1 AND 1 = 1，1 AND 0 = 0，0 AND 0 = 0，0 AND 1 = 0，即运算的两边只要一边为0，则结果为0。

2. OR 逻辑位或指令

格式：OR　DST，SRC

功能：将DST的内容与SRC的内容进行按位或运算，结果送DST。

说明：

（1）该指令可以对数据进行置1操作。

（2）逻辑或的运算规则为：1 OR 1 = 1，1 OR 0 = 1，0 OR 0 = 0，0 OR 1 = 1，即运算的两边只要一边为1，结果即为1。

3. XOR 逻辑位异或指令

格式：XOR　DST，SRC

功能：将DST的内容与SRC的内容进行按位异或运算，结果送DST。

说明：按位异或运算的规则为：1 XOR 1 = 0，1 XOR 0 = 1，0 XOR 0 = 0，0 XOR 1 = 1，即运算的两边只要相同就为0，不同才为1。

4. NOT 逻辑位非指令

格式：NOT　DST

功能：将DST的内容逐位取反之后将结果送DST。

说明：位非运算的规则为：非1即0，非0即1。

5. TEST 测试指令

格式：TEST　DST，SRC

功能：将DST的内容与SRC的内容进行逐位与运算，结果不保存，只根据结果设置状态标志。

说明：

（1）该指令的作用可以检测数据某个位置上的状态。

（2）该指令后面一般接跳转指令。

3.2.4 移位指令

移位指令完成对数据的移位操作。

1. SHL 逻辑左移指令

格式：SHL　OPR，CNT

功能：将 OPR 的内容左移 CNT 指定的次数，最低位补入相应个数的 0，CF 的内容为最后移入位的值。

2. SAL 算术左移指令

格式：SAL　OPR，CNT

功能：与 SHL 相同。

SAL 算术左移指令示意如图 3-12 所示。

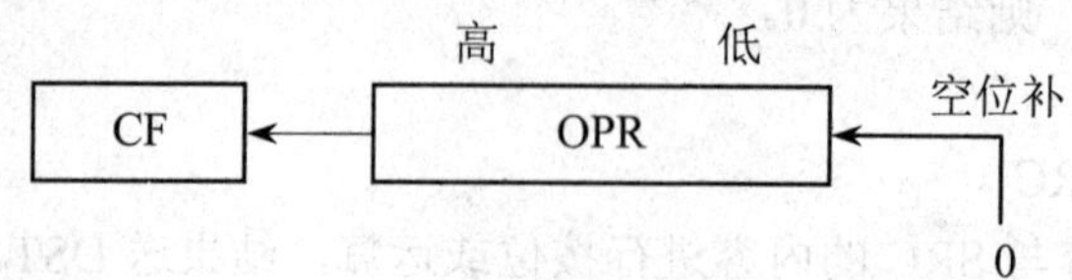

图 3-12　SAL 算术左移指令示意图

3. SAR 算术右移指令

格式：SAR　OPR，CNT

功能：将 OPR 的内容右移 CNT 指定的次数，左边空出的位上补最高位内容（以保证符号不变），CF 的内容为最后移入位的值。

SAR 算术右移指令如图 3-13 所示。

图 3-13　SAR 算术右移指令示意图

4. SHR 逻辑右移指令

格式：SHR　OPR，CNT

功能：与 SAR 基本相同，只是左边空出的位上补入相应个数的 0。

5. ROL 循环左移指令

格式：ROL　OPR，CNT

功能：将 OPR 内容的最高位与最低位连成一个环，移位时就在这个环中进行，左移次数由 CNT 决定，CF 的内容为最后移入位的值。

ROL 循环左移指令如图 3-14 所示。

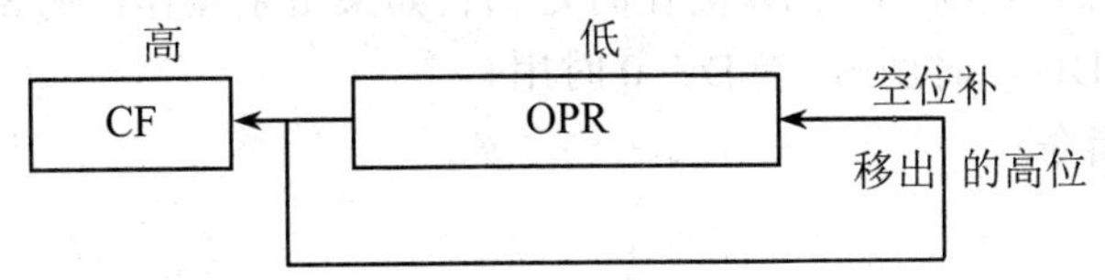

图 3-14　ROL 循环左移指令示意图

6. ROR 循环右移指令

格式：ROR　OPR，CNT

功能：与 ROL 基本相同，只是移位方向是向右。

7. RCL 带进位循环左移指令

格式：RCL　OPR，CNT

功能：将 OPR 的内容连同 CF 标志内容一起向左循环移位 CNT 次。

RCL 带进位循环左移指令如图 3-15 所示。

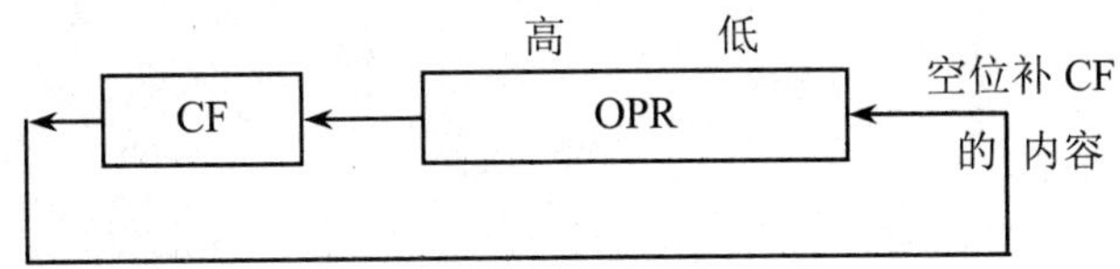

图 3-15　RCL 带进位循环左移指令示意图

8. RCR 带进位循环右移指令

格式：RCR　OPR，CNT

功能：与 RCL 基本相同，只是移位方向是向右。

3.2.5　串操作指令

串操作指令完成对字符串的各种操作，其寻址方式只用隐含寻址，源串固定使用 SI，目的串固定使用 DI。

1. MOVS 串传送指令

格式：

MOVS　DST，SRC

MOVSB（字节）

MOVSW（字）

功能：该指令可以把由 SI 指向的数据段中的一个字（或字节）送到由 DI 指向的附加段中的一个字（或字节）中去，同时根据方向标志及数据格式（字或字节）对 SI 和 DI 进行修改。

说明：

（1）如果是字节操作，则 SI 与 DI 变化时是±1；如果是字操作，则 SI 与 DI 变化时是±2。

（2）当方向标志 DF=1 时用-，当 DF=0 时用+。

2. STOS 存入串指令

格式：

STOS　DST

STOSB（字节）

STOSW（字）

功能：该指令把 AL 或 AX 的内容存入由 DI 指定的附加段的某单元中，并根据 DF 的值及数据类型修改 DI 的内容。

说明：

（1）如果是字节操作则先将 AL 的内容存入 DI 指定的附加段的某单元中，然后 DI 再自加/减 1；如果是字操作则将 AX 的内容存入[DI]，然后 DI 再自加/减 2。

（2）与 MOVS 指令第 2）点说明相同。

3. LODS 取串指令

格式：

LODS　SRC

LODSB

LODSW

功能：该指令把由 SI 指定的数据段中某单元的内容送到 AL 或 AX 中，并根据方向标志及数据类型修改 SI 的内容。

说明：

（1）如果是字节操作则先将由 SI 指定的单元内容送入 AL 中，然后 SI 再自加/减 1；如果是字操作则将[SI]送入 AX，然后 SI 再自加/减 2。

（2）与 MOVS 指令第二点说明相同。

4. CMPS 串比较指令

格式：

CMPS　SRC，DST

CMPSB

CMPSW

功能：指令把由 SI 指向的数据段中的一个字（或字节）与由 DI 指向的附加段中的一个字（或字节）相减，但不保存结果，只根据结果置条件码。

5. SCAS 串搜索指令

格式：

SCAS　DST

SCASB

SCASW

功能：该指令把 AL（或 AX）的内容与由 DI 指定的在附加段中的一个字节（或字）进行比较，但不保存结果，只根据结果置条件码。

6. REP 重复前缀指令

格式：REP strpri（strpri 可为 MOVS，LODS 或 STOS）

功能：用 CX 计重复次数，每重复一次减 1。当 CX = 0 时不执行 strpri 给定的指令，否则继续执行。

7. REPE/REPZ 重复前缀指令

格式：REPE（或 REPZ） strpri（strpri 可为 CMPS 或 SCAS）

功能：用 CX 计重复次数，每重复一次减 1。当 CX = 0 或 ZF = 0（即某次比较的结果两个操作数不等）时不执行 strpri 给定的指令，否则继续执行。

8. REPNE/REPNZ 重复前缀指令

格式：REPNE（或 REPNZ） strpri（strpri 可为 CMPS 或 SCAS）

功能：与 REPE/REPZ 相同，只是退出重复执行的条件为 CX = 0 或 ZF = 1。

3.2.6 控制转移指令

控制转移指令的作用为直接或根据条件是否满足，改变任务的执行顺序，跳转到指定的地址执行指令。

1. JMP 无条件跳转指令

（1）段内直接短转移。

格式：JMP SHORT OPR

功能：指令在同一代码段的范围之内进行转移，只需改变 IP 寄存器的内容，即用新的转移目标地址代替原有的 IP 的值就可达到转移的目的。

执行的操作：（IP）←（IP）+ 8 位位移量。

（2）段内直接近转移。

格式：JMP NEAR PTR OPR

功能：与前一种转移基本相同，只是位移量为 16 位。

（3）段内间接转移。

格式：JMP WORD PTR OPR

功能：跳转到由 OPR 的寻址方式确定的有效地址 EA 中，执行该地址中的相关指令。

执行的操作：（IP）←（EA）。

（4）段间直接转移。

格式：JMP FAR PTR OPR

执行的操作：（IP）←（OPR 的代码段内偏移地址）

（CS）←（OPR 所在代码段的段基址）

（5）段间间接转移。

格式：JMP DWORD PTR OPR

执行的操作：（IP）←（EA）

（CS）←（EA+2）

2. 条件转移指令

（1）根据单个条件标志的设置情况进行指令转移。

1）JZ（或 JE）结果为零（或相等）则转移。

格式：JE（或 JZ） 标号

测试条件：ZF = 1

2）JNZ（或 JNE）结果不为零（或不相等）则转移。

格式：JNZ（或 JNE） 标号

测试条件：ZF = 0

3）JS 结果为负则转移。

格式：JS 标号

测试条件：SF = 1

4）JNS 结果为正则转移。

格式：JNS 标号

测试条件：SF = 0

5）JO 溢出则转移。

格式：JO 标号

测试条件：OF = 1

6）JNO 不溢出则转移。

格式：JNO 标号

测试条件：OF = 0

7）JP（或 JPE）奇偶位为 1 则转移。

格式：JP 标号

测试条件：PF = 1

8）JNP（或 JPO）奇偶位为 0 则转移。

格式：JNP（或 JPO） 标号

测试条件：PF = 0

9）JB（或 JNAE，JC）低于，或者不高于或等于，或进位位为 1 则转移。

格式：JB（或 JNAE，JC） 标号

测试条件：CF = 1

10）JNB（或 JAE，JNC）不低于，或者高于或者等于，或进位位为 0 则转移。

格式：JNB（或 JAE，JNC）　标号

测试条件：CF = 0

（2）比较两个无符号数，并根据比较的结果转移。

1）JB（或 JNAE，JC）

在条件转移指令（1）9）中已述。

2）JNB（或 JAE，JNC）

在条件转移指令（1）10）中已述。

3）JBE（或 JNA）低于或等于，或不高于则转移。

格式：JBE（或 JNA）　标号

测试条件：CF 或 ZF = 1

4）JNBE（或 JA）不低于或等于，或者高于则转移。

格式：JNBE（或 JA）　标号

测试条件：CF 或 ZF = 0

（3）比较两个带符号数，并根据比较的结果转移。

1）JL（或 JNGE）小于，或者不大于或者等于则转移。

格式：JL（或 JNGE）　标号

测试条件：SF 异或 OF = 1

2）JNL（或 JGE）不小于，或者大于或者等于则转移。

格式：JNL（或 JGE）　标号

测试条件：SF 异或 OF = 0

3）JLE（或 JNG）小于或等于，或者不大于则转移。

格式：JLE（或 JNG）　标号

测试条件：（SF 异或 OF）或 ZF = 1

4）JNLE（或 JG）不小于或等于，或者大于则转移。

格式：JNLE（或 JG）　标号

测试条件：（SF 异或 OF）或 ZF = 0

（4）测试 CX 的值为 0 则转移指令。

JCXZ CX 寄存器的内容为 0 则转移。

格式：JCXZ　标号

测试条件：（CX）= 0

3.2.7　循环指令

循环指令的作用为：根据条件是否满足完成一串重复的操作。

1．LOOP 循环指令

格式：LOOP　标号

测试条件：（CX）不等于 0。

2. LOOPZ/LOOPE）循环指令

格式：LOOPZ（或 LOOPE）　标号

测试条件：（CX）不等于 0 且 ZF = 1

3. LOOPNZ/LOOPNE 循环指令

格式：LOOPNZ（或 LOOPNE）　标号

测试条件：（CX）不等于 0 且 ZF = 0

这三条指令的步骤是：

（1）让 CX 的内容减 1，即（CX）←（CX）–1；

（2）再检查是否满足测试条件，如满足则（IP）←（IP）+D8 的符号扩充。

3.2.8 过程调用和返回指令

过程调用和返回指令的作用为：调用子程序并将子程序加工之后的结果返回。

1. CALL 过程调用指令

格式：CALL　过程名

2. RET 结束返回指令

格式：RET

3.2.9 中断指令

中断指令的作用为：调用中断程序及中断程序执行完之后返回。

1. INT 中断调用指令

格式：INT　TYPE

或　INT

执行的操作：

（SP）←（SP）–2

((SP）+1,（SP)）←（PSW）　　；相应状态标志位入栈

（SP）←（SP）–2

((SP）+1,（SP)）←（CS）　　；代码段地址入栈

（SP）←（SP）–2

((SP）+1,（SP)）←（IP）　　；IP 中断地址入栈

（IP）←（TYPE*4）　　；每个中断向量占 4 个字节单元

（CS）←（TYPE*4+2）

2. INTO 结果溢出中断指令

执行的操作：若 OF = 1，则：

（SP）←（SP）–2

((SP)+1，(SP))←(PSW)
(SP)←(SP)–2
((SP)+1，(SP))←(CS)
(SP)←(SP)–2
((SP)+1，(SP))←(IP)

3. IRET 中断返回指令

格式：IRET

执行的操作：

(IP)←((SP)+1，(SP))
(SP)←(SP)+2
(CS)←((SP)+1，(SP))
(SP)←(SP)+2
(PSW)←((SP)+1，(SP))
(SP)←(SP)+2

3.2.10 处理机控制指令

1. 标志处理指令

(1) CLC 进位位置 0 指令，即 CF←0。

(2) CMC 进位位求反指令，即 CF←(CF 取反)。

(3) STC 进位位置 1 指令，即 CF←1。

(4) CLD 方向标志置 0 指令，即 DF←0。

(5) STD 方向标志置 1 指令，即 DF←1。

(6) CLI 中断标志置 0 指令，即 IF←0。

(7) STI 中断标志置 1 指令，即 IF←1。

2. 其他处理机控制指令

作用：这些指令可以控制处理机状态，它们都不影响条件码。

(1) NOP 空操作或无操作指令。

功能：该指令不执行任何操作，其机器码占有一个字节，在调试程序时往往用这条指令占有一定的存储单元，以便在正式运行时用其他指令取代。

(2) HLT 停机指令。

功能：该指令可使机器暂停工作，使处理机处于停机状态以便等待一次外部中断到来，中断结束后可继续执行下面的程序。

(3) WAIT 等待指令。

功能：该指令使处理机处于空转状态，它也可以用来等待外部中断的发生，但中断结束后仍返回 WAIT 指令继续执行。

（4）ESC 换码指令。

格式：ESC　mem　（mem 指出一个存储单元）

功能：ESC 指令把该存储单元的内容送到数据总线上去，当然，ESC 指令不允许使用立即数和寄存器寻址方式。这条指令在使用协处理机（Coprocessor）执行某些操作时，可从存储器取得指令或操作数。协处理机（如 8087）则是为了提高速度而选配的硬件。

（5）LOCK 封锁指令。

功能：该指令是一种前缀，它可与其他指令联合，用来维持总线的锁存信号直到与其联合的指令执行完为止。当 CPU 与其他处理机协同工作时，该指令可避免破坏有用信息。

3.3　32 位新增指令简介

1985 年 Intel 公司正式公布了 32 位微处理器 80386，其内外部数据线都是 32 位（80386 SX CPU 外部数据线为 16 位），地址线 32 根，CPU 内部寄存器扩展到 16 个，指令系统得到扩展，随后，Intel 80386、Intel 80486 以及 Pentinum 系列都继承了 80386 的 32 位指令系统，并在此基础上又新增了若干专用指令，有效地增强了 32 位微处理器的功能。

32 位微处理器中的 8 个通用寄存器分别是：EAX、EBX、ECX、EDX、ESI、EDI、ESP 和 EBP，是在 16 位的基础上扩展而成的。段寄存器在原有的 4 个基础上增加了 2 个附加数据段寄存器：FS 和 GS，其长度还是 16 位。扩展之后的 32 位标志寄存器，增加的标志主要用于 CPU 的控制，很少在应用程序中使用。

32 位新增指令有：

- 双精度左移指令 SHLD。
- 双精度右移指令 SHRD。
- 前向扫描 16/32 位操作指令 BSF。
- 后向扫描 16 位操作指令 BSR。
- 位操作指令 BT、BTC、BTR、BTS。
- 条件设置指令 SETX（X 为条件）。
- 字节交换指令 BSWAP。
- 交换加指令 XADD。
- 比较交换指令 CMPXCHG。
- 高速缓存无效指令 INVD。
- 回写及高速缓存无效指令 WBINVD。
- TLB 无效指令 INVLPG。
- 8 字节交换指令 CMPXCHG8B。
- 处理器特征识别指令 CPUID。
- 读时间标记计数器指令 RDTSC。

- 读模型专用寄存器指令 RDMSR。
- 写模型专用寄存器指令 WRMSR。
- 系统管理方式返回指令 RSM。

本章小结

所谓微型计算机指令系统就是指微型计算机中所有的机器指令的集合。指令系统是表征一台计算机性能的重要因素，它的格式与功能不仅直接影响到机器的硬件结构，而且也影响到系统软件。

计算机中的一条完整指令包括两个部分，①操作码字段部分，它指出了计算机所要执行的操作；②操作数字段部分，它指出了执行操作指令过程中所需要的操作数，而根据操作码字段的个数不同可以分为一地址、二地址或三地址指令。指令字的长度一般有：字节、字、双字 3 种形式，但在高档微型机中多采用 32 位长度的单字长形式。

寻址方式有指令寻址方式和数据寻址方式两种，立即寻址、直接寻址、寄存器寻址、寄存器间接寻址、变址寻址、基址加变址寻址是常用的数据寻址方式，而指令寻址方式有顺序寻址和跳跃寻址两种，指令计数器在 8086 系统中，由指令指针 IP 来跟踪。

不同的计算机具有不同的指令系统。一般情况下都包含数据传送类指令、算术运算类指令、逻辑运算类指令、程序控制类指令、输入/输出（I/O）类指令、字符串类指令和系统控制类指令。

习题三

一、选择题

1．对某个寄存器中操作数的寻址方式称为（　）寻址方式。

A．直接　　B．间接　　C．寄存器　　D．寄存器间接

2．设（AX）=1234H，（BX）=5678H，执行下列指令后，AL 的值应是（　）。

```
PUSH AX
PUSH BX
POP  AX
POP  BX
```

A．12H　　B．34H　　C．56H　　D．78H

3．已知 SP=2001H，[2001H]=34H，[2002H]=12H，经操作 POP BX 后，将 2002H、2001H 单元的内容弹到 BX，（SP）=（　）。

A．2001H　　B．2002H　　C．2003H　　D．2004H

4．下列指令错误的是（　）。

A．RCR　DX，CL　　B．RET

C．IN　AX，0268H　　D．OUT　80H，AL

5．若将 AL 中的值高 4 位取反，低 4 位保持不变，使用指令（　）。

A．AND　AL，F0H　　B．OR　AL，F0H

C．NOT　AL，F0H　　D．XOR　AL，F0H

6．BL 寄存器高 4 位保持不变，低 4 位置“1”的操作正确的是（　）。

A．AND BL，0FH　　B．OR　BL，0FH

C．NOT BL，0FH　　D．XOR BL，0FH

7．指令 ADD AX，[SI]中源操作数的寻址方式是（　）。

A．基址寻址　　B．基址和变址寻址

C．寄存器间接寻址　　D．寄存器间接寻址

8．指令 JMP B2

A2：ADD AX，BX

.

.

.　；距离超出 +127 字节，但仍在本段内

B2：SUB AX，BX

该指令属于（　）转移指令。

A．段内直接　　B．段内间接　　C．段间直接　　D．段间间接

9．逻辑移位指令 SHL 用于（　）。

A．带符号数乘 2　　B．带符号数除 2

C．无符号数乘 2　　D．无符号数除 2

10．指令 CLD 的作用是置（　）。

A．CF=0　　B．CF=1　　C．DF=0　　D．DF=1

11．计算机中指令的集合称为（　）。

A．汇编语言　　B．指令系统　　C．仿真语言　　D．操作系统

12．立即寻址的指令直接给出操作数，即指令机器码的最后（　）个字节就是操作数。

A．6　　B．4　　C．1～2　　D．3

13．若（AX）=1111H，问执行 CMP AX，AX 指令后，ZF 标志位的状态及 AX 的值分别为（　）。

A．1 和 1111H　　B．1 和 0000H　　C．0 和 0000H　　D．0 和 1111H

14．条件转移指令 JNC 的测试条件是（　）。

A．ZF=1　　B．CF=0　　C．ZF=0　　D．CF=1

15．变址寻址方式中，操作数的有效地址等于（　）。

A．基址寄存器内容加上偏移量　　B．堆栈指示器内容加上偏移量
C．变址寄存器内容加上偏移量　　D．程序计数器内容加上偏移量

16．设（AX）=1000H，（BX）=2000H，则在执行指令“SUB AX，BX”后，标志位 CF 和 ZF 的值分别为（　）。

A．0，0　　B．0，1　　C．1，0　　D．1，1

17．利用 JAE 指令实现转移的条件是（　）。

A．CF=0 且 ZF=0　　B．CF=0 或 ZF=1
C．CF=1 且 ZF=0　　D．CF=1 或 ZF=1

18．指令 JMP DWORD PTR[SI]属于（　）转移指令。

A．段内直接　　B．段内间接　　C．段间直接　　D．段间间接

二、填空题

1．直接变址寻址方式操作数的偏移地址由________和________之和产生。
2．段内转移指令将改变________的值。
3．段间转移指令将改变________及________的值。
4．指令 CLC 的作用是________。
5．设（AH）=13H，执行指令 SHL AH，1 后，（AH）=________。
6．一般来说，指令由________和________两部分组成。
7．逻辑运算指令包括________、________、________和________等操作。
8．指令 MOV　AX，[BX+SI+6]源操作数的寻址方式为________。
9．执行指令 XOR AX，AX 后，标志位 ZF 的值为________。
10．若（AX）=2000H，则执行指令 CMP AX，2000H 后，（AX）=________，ZF=________

三、改错题

1．在寄存器寻址方式中，指定寄存器中存放的是操作数地址。
2．用某个寄存器中操作数的寻址方式称为寄存器间接寻址。
3．转移类指令能改变指令执行顺序，因此，执行这类指令时，PC 和 SP 的值都将发生变化。
4．指令的寻址方式有顺序和跳跃两种方式，操作数的寻址方式也有这两种。

四、分析与计算题

1．指出源操作数的寻址方式，并指出下列各条指令执行之后，AX 寄存器的内容。设有关寄存器和存储单元的内容为：（DS）=2000H，（BX）=0100H，（SI）=0002H，（20100H）=12H，（20101H）=34H，（20102H）=56H，（20103H）=78H，（21200H）=2AH，（21201H）=4CH，（21202H）=0B7H，（21203H）=65H：

MOV　AX，1200H

MOV　AX，BX
MOV　AX，DS：[1200H]
MOV　AX，[BX]
MOV　AX，1100H[BX]
MOV　AX，[BX][SI]
MOV　AX，1100H[BX][SI]

2．下列指令错误的是：

MOV　DS，0200H
MOV　AH，BX
MOV　BP，AL
MOV　AX，[SI][DI]
OUT　310H，AL
MOV　[BX]，[SI]
MOV　CS，AX
PUSH　CX

3．试用以下三种方式写出交换寄存器 SI 和 DI 的内容：

（1）用数据交换指令实现。

（2）不用数据交换指令，仅使用数据传送指令实现。

（3）用栈操作指令实现。

4．试分析下面程序段完成什么功能。

MOV　CL，4
SHR　AX，CL
MOV　BL，DL
SHR　DX，CL
SHL　BL，CL
OR　AH，BL

5．根据操作数所在的位置，指出其寻址方式。

（1）操作数在寄存器中，是什么寻址方式？

（2）操作数地址在寄存器中，是什么寻址方式？

（3）操作数在指令中，是什么寻址方式？

（4）操作数地址在指令中，是什么寻址方式？

（5）操作数地址为某一寄存器中的内容与偏移量之和，是什么寻址方式？

4

汇编语言及汇编程序设计

本章学习目标

本章主要介绍 80x86 汇编语言和汇编程序的概念，介绍汇编语言的基本表达、伪指令语句及其应用和汇编语言源程序的书写规则，通过对本章的学习，读者应该了解和掌握以下内容：

- 理解汇编语言和汇编程序的概念。
- 掌握汇编语言源程序的书写规则、语句的基本格式、程序的分段结构。
- 熟悉汇编语言的基本表达、伪指令语句及其应用。
- 熟悉汇编语言程序的上机运行、调试过程，掌握基本操作技能。
- 掌握汇编语言程序设计的基本步骤。

4.1　汇编语言概述

4.1.1　汇编语言

1．机器语言

CPU 能直接识别和执行的指令称为机器指令，机器指令在表现形式上为二进制代码。机器指令与 CPU 有密切的关系，通常不同种类的 CPU 对应的机器指令也不同。机器语言是用二进制编码的机器指令的集合及一组使用机器指令的规则。用机器语言描述的程序称为目的程序或目标程序，机器语言是 CPU 能直接识别的唯一语言，但机器语言不能用人们熟悉的形式来描述计算机需要执行的任务，且编写程序十分麻烦，容易出错，调试也困难。

例如，用机器指令编写的两数相加的程序片段，用十六进制表示如下：

```
A0  00  20
02  06  01  20
A2  02  20
```

几乎没有人能直接看出该程序片段的功能，可见程序员也难以掌握机器语言。

2. 汇编语言

汇编语言是一种面向 CPU 指令系统的程序设计语言，它采用指令助记符来表示操作码和操作数，用符号地址表示操作数地址，因而易记、易读、易修改，给编程带来很大方便。实际上，汇编语言就是机器语言程序的符号表示。利用汇编语言，上式两数相加的程序片段可以用下面的汇编语言表示：

```
MOV    AX，DATA1
ADD    AX，DATA2
MOV    DATA3，AX
```

3. 汇编程序

由于 CPU 能直接识别的语言是机器语言，所以用汇编语言编写的源程序必须翻译成为用机器语言表示的目标程序后才能由 CPU 执行。把汇编语言源程序翻译成目标程序的过程称为汇编，完成汇编任务的程序叫做汇编程序，汇编过程如图 4-1 所示。

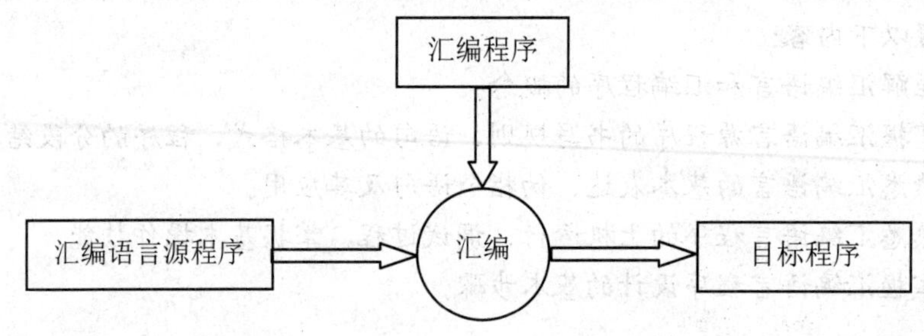

图 4-1　汇编过程示意图

常用的汇编程序（汇编编译器）有 Microsoft 公司的 MASM 系列和 Borland 公司的 TASM 系列。汇编程序以汇编语言源程序文件作为输入，并由它产生两种输出文件：目标程序文件和源程序列表文件。目标程序文件经连接定位后由计算机执行；源程序列表文件将列出源程序、目标程序的机器语言代码及符号表。

4.1.2　汇编环境介绍

（1）DOS 汇编环境。

在 DOS 时代，学习汇编就是学习系统底层编程的代名词，DOS 环境下是 16 位的汇编语言。在DOS汇编中我们可以采用中断调用功能以及其他内核提供的功能。

（2）Win32汇编环境。

随着Windows时代的到来，Windows把我们和计算机的硬件隔离开，Win32汇编可以当作一种功能强大的开发语言使用，使用它完全可以开发出大型的软件来，Win32汇编是Windows环境下一种全新的编程语言，使用Win32汇编语言是了解操作系统运行细节的最佳方式。对于DOS的汇编程序员来说，我们发现曾经学过的东西都被Windows封装到内核中去了，由于保护模式的存在，我们又无法像在DOS下那样闯入系统内核为所欲为。

4.1.3 汇编语言上机过程

（1）用编辑程序（例如EDIT）建立ASM源文件（文件名.ASM）。

（2）用汇编程序（例如：MASM或ML）对ASM源文件进行汇编，产生OBJ目标文件（文件名.OBJ）；若在汇编过程中出现语法错误，根据错误信息提示（如位置、类型、说明），用编辑软件重新调入源程序进行修改。

（3）用链接程序（例如：LINK）对目标文件进行连接，生成EXE文件（文件名.EXE）。

（4）在DOS提示符下，输入EXE文件名，运行程序。

汇编语言上机流程如图4-2所示。

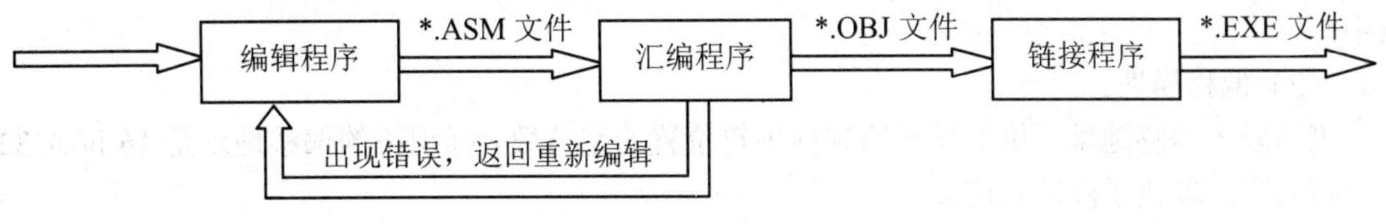

图4-2 汇编语言上机流程

4.2 汇编语言标识符、表达式及运算符

4.2.1 汇编语言语句格式

一般情况下，汇编语言的语句可以由以下几部分组成：

[名字] 操作符 [操作数] [；注释]

说明：

（1）名字就是一个符号。

（2）操作符就是指令的助记符。

（3）操作数是操作符的操作对象，由一个或多个表达式组成，当有两个或两个以上的操作数时，各操作数之间用逗号隔开。

（4）注释字段是以“；”开头的说明部分，可以用英文或者中文书写。注释字段是语句的非执行部分，用来说明本条指令（或本段程序）在程序中的功能和作用。

（5）上述4部分中，用“[ ]”框住的部分表示这个部分可有可无。各部分之间必须用“空格符”或“横表符（TAB）”隔开。

例如下述语句：

DATA　DB 56H　　；定义一个变量，变量名为data，类型为字节

其中，“DATA”为名字，“DB”为操作符，“56H”为操作数，“；定义一个变量，变量名为data，类型为字节”为注释部分，用来说明这条语句的作用。

4.2.2　汇编语言标识符

汇编语言每条语句的第一个部分是它的名字字段，名字又称为标识符，可以是“标号”或“变量”，标号后面要跟冒号，变量则无。标识符只有当要用符号地址访问该语句时才出现。标识符可以使用的字符有：字母A～Z，字母a～z，数字0～9及专用字符？、.、@、_、$等。不区别大小写字母，数字不能放在第一个位置。标识符有3种属性：段属性、偏移属性及类型属性。

（1）段属性。

表示标识符所在段的段起始地址，标号的值在CS寄存器中；变量的值在CS以外的寄存器中。

（2）偏移属性。

表示段内偏移地址，从本段开始到标识符位置的字节数。标识符的偏移地址是16位或32位无符号数，取决于段的长度。

（3）类型属性。

标号的类型有两种：NEAR指明它是段内引用，指针长度为2字节；FAR指明它是段外引用，指针长度为4字节；变量的类型主要定义该变量保留的字节数，有字节、字、双字等。

4.2.3　表达式和运算符

在表达式中，运算符充当着重要的角色。8086宏汇编有算术运算符、逻辑运算符、关系运算符、分析运算符和综合运算符5种。下面分别讨论这5种运算符的作用。

（1）算术运算符。

算术运算符用于完成算术运算，有+（加法）、–（减法）、×（乘法）、/（除法）、MOD（求余）、SHL（左移）、SHR（右移）7种运算。

（2）逻辑运算符的作用是对其操作数进行按位操作。

逻辑运算符有AND（与）、OR（或）、XOR（异或）和NOT（非）。

（3）关系运算符的运算对象是两个性质相同的项目。

关系运算的结果为：关系成立或不成立。有EQ（相等）、NE（不相等）、LT（小于）、GT

（大于）、LE（小于或等于）、GE（大于或等于）6种。

（4）分析运算符是对存储器地址进行运算的。

分析运算符有5个：SEG（求段基值）、OFFSET（求偏移量）、TYPE（求变量类型）、LENGTH（求变量长度）和SIZE（求字节数）。

（5）综合运算符。

综合运算符可以用来建立和临时改变变量或标号的类型以及存储器操作数的存储单元类型，而忽略当前的属性，所以又称为属性修改运算符。有6个综合运算符：PTR、段属性前缀、SHORT、THIS、HIGH 和LOW。

各类运算符和常数、寄存器名、标号、变量一起共同组成表达式。表达式可以是数字表达式，也可以是地址表达式。

表达式举例：

- x + ；表达式为变量名“x”的值加1
- offset data ；表达式为取标号“data”的偏移量

4.3 伪指令和宏指令

汇编语言有指令语句、伪指令语句和宏指令语句。

（1）指令语句。

汇编程序对源程序进行汇编时，把指令语句翻译成机器指令，这类指令能够产生目标代码，是CPU可以执行的能够完成特定功能的语句。在汇编时指令语句被翻译成对应的机器码，对应着特定的操作。

（2）伪指令语句。

伪指令没有与其对应的机器指令，伪指令语句是为汇编程序和连接程序提供一些必要控制的管理性语句，它不产生目标代码，仅仅在汇编过程中告诉汇编程序应如何汇编，包括符号的定义、变量的定义、段的定义等，以及分配存储区、指示程序结束等，并完成相应的“伪”操作，所以称为伪指令。伪指令不像机器指令那样在程序运行期间由计算机来执行，它是在汇编程序对源程序汇编期间由汇编程序处理的操作。

（3）宏指令语句。

在汇编语言源程序中，若某程序片段需要多次使用，为了避免重复书写，可以把它定义为一条宏指令。宏指令是源程序中一段有独立功能的程序代码，只需定义一次，可以多次调用。

4.3.1 数据定义伪指令

1. 数据定义伪指令的概念

数据定义伪指令用来定义一个变量的类型，并将所需要的数据放入指定的存储单元中。也可以只给变量分配存储单元，而不赋予特定的值。

数据定义伪指令的一般格式为：

[变量名] 数据定义符 操作数 [，操作数…][；注释]

说明：操作数可以是字符串、数字、复制操作符 DUP，也可以使用表达式。

注释部分用来说明该伪操作的功能。

常用的数据定义符有：

- DB：字节变量定义符。
- DW：字变量定义符。
- DD：双字变量定义符。
- DQ：四字变量定义符。
- DT：十字节变量定义符。

例如：

```
DATA1   DB   12，56H
DATA2   DW   12，3+4
DATA3   DB   'THXY'
DATA4   DW   'TH'，'XY'
DATA5   DW   '天'，'河'，'学'，'院'
```

上述伪指令在汇编期间存储空间分配示意图如图 4-3 所示。

字符串可以看成串常数，用单引号或双引号引起来，得到的值是字符串的 ASCII 码值，使用 DW 定义字符串时，引号中间只能放两个字符，存储器的低地址放第二个字符，高地址放第一个字符，在数据定义及存储空间分配伪指令中，"？"表示只申请存储空间，不存放数值，等到以后再给该单元赋值。

例如，下列数据定义伪操作是合法的：

```
DATA1 DB 'Tian He Xue Yuan'，0DH，0AH    ；0DH 和 0AH 分别表示回车和换行
DATA2 DB ?                              ；表示定义 1 个字节的存储空间
DATA3 DB 4 DUP（?）                     ；表示定义 4 个字节的存储空间
```

在汇编期间存储空间分配示意图如图 4-4 所示。

2. 分析运算符

分析运算符是对存储器地址进行运算的，有 5 个：SEG、OFFSET、TYPE、LENGTH 和 SIZE。

（1）SEG。

返回变量所在段的段值。

（2）OFFSET。

返回变量或标号的偏移量。

（3）TYPE。

返回变量或标号的类型，类型用数值表示，常用类型和数值的对应关系如表 4-1 所示。

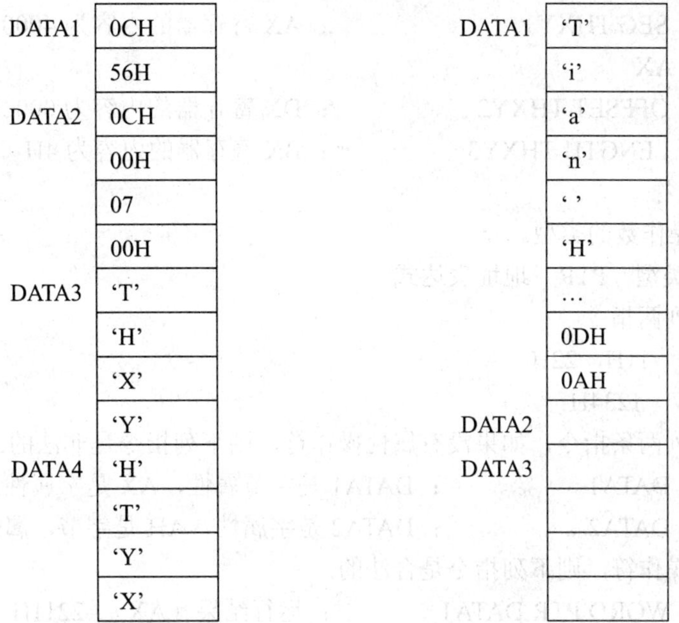

图 4-3　存储空间分配示意图　　图 4-4　存储空间分配示意图

表 4-1　变量类型与数值的对应关系

类型	值
字节（BYTE）变量	1
字（WORD）变量	2
双字（DWORD）变量	4
近（NEAR）标号	-1
远（FAR）标号	-2

（4）LENGTH。

返回利用 DUP 定义的数组中元素的个数，如果变量语句中没有使用 DUP 语句，则总返回 1。

（5）SIZE。

返回用 DUP 定义的数组占用的字节数。

SIZE　变量　=(LENGTH　变量)*(TYPE　变量)

例如：假设有下列程序段，变量 THXY1 所在段地址为 4000H，偏移量为 0000H，则各寄存器的值分别为注释部分所写的值。

```
THXY1    DW 'GZ'
THXY2    DB 'Thank you!'
THXY3    DB 4 DUP（?）
```

```
MOV   AX，SEG THXY1                ；AX 寄存器的内容为 4000H
MOV   DS，AX
MOV   DX，OFFSET THXY2             ；DX 寄存器的内容为 0002H
MOV   BX，LENGTH THXY3             ；BX 寄存器的内容为 4H
```

3. 属性操作符

PTR：改变操作数的类型。

PTR 格式：类型　PTR　地址表达式

例如：在下列两指令

```
DATA1   DB   11H，22H
DATA2   DW   1234H
```

后面续写下列两条指令，如果没有属性操作符，则下列指令是非法的：

```
MOV   AX，DATA1          ；DATA1 是字节属性，AX 是字属性，属性不匹配
MOV   AH，DATA2          ；DATA2 是字属性，AH 是字节，属性不匹配
```

如果有属性操作符，则下列指令是合法的：

```
MOV   AX，WORD PTR DATA1           ；运行结果（AX）=2211H
MOV   AH，BYTE   PTR DATA2         ；运行结果（AH）=34H
```

4.3.2 符号定义语句

通过符号定义语句，可把常数、表达式等用符号来表示。

1. 等价语句 EQU

等价语句的一般格式为：符号名　EQU　表达式

例如：

```
COUNT EQU 10                      ；用 COUNT 代表常数 10
THXY EQU "Tian He Xue Yuan"       ；用一个简单的符号代表一个复杂的字符串
```

2. 等号语句

等号“=”伪操作可以代替 EQU 使用，差别在于“=”伪操作可以重复定义。

例如：

```
X = 1
X = 10
X = 100
```

3. 定义符号名语句

定义符号名语句的一般格式为：符号名　LABEL　类型

功能：LABEL 伪操作使同一个变量具有不同的类型属性。

说明：在定义符号名语句中，类型可以为：BYTE、WORD、DWORD、QDWORD、TBYTE 或 FWORD。

例如：

```
THXY1   LABEL   BYTE
THXY2   DW   11AAH，22BBH
MOV   AL，THXY1          ；运行结果（AL）= 0AAH
MOV   BX，THXY2          ；运行结果（BX）= 11AAH
```

说明：在上述定义符号名语句中，对于以THXY2开始的存储器中的同一个单元，同时定义了字节属性和字属性，使用THXY1变量名时，为字节属性；使用THXY2变量名时，为字属性。所以执行上述两条数据传送指令后，AL寄存器中的内容为0AAH，BX寄存器中的内容为11AAH。

4.3.3 段定义伪操作

为了与存储器的分段结构相对应，汇编语言的源程序也由若干个段组成（数据段、堆栈段、附加段、代码段），段定义语句就是用来按段组织程序和利用存储器的。

段定义语句的格式：

```
段名 SEGMENT                                ；第1行，表示一个段的开始
ASSUME 段寄存器名：段名[，段寄存器名：段名…]  ；第2行，说明段和段寄存器
                                            的关系
…                                           ；其他指令系列
段名 ENDS                                   ；第n行，表示一个段的结束
```

功能：定义了一个以SEGMENT伪指令开始，以ENDS伪指令结束，以段名命名的存储段。

说明：在代码段中，第2行是必需的，其他段的定义不需要第2行。在代码段中，第2行中用ASSUME伪操作来明确段和段寄存器的关系，段寄存器必须是CS、DS、SS、ES、FS、GS中间的一个。段名是程序员为该段所取的名字，用来指出为该段分配的存储区起始位置。

例如：一个简单的数据段和代码段的定义。

```
DATAS   SEGMENT                     ；以段名为DATAS数据段定义的开始
MESS   DB   'WELCOME!$'             ；数据定义伪操作
DATAS   ENDS                        ；以段名为DATAS数据段定义的结束
CODES SEGMENT                       ；以段名为CODES代码段定义的开始
ASSUME   DS：DATAS，CS：CODES       ；说明段和段寄存器的关系
MOV AX，DATAS                       ；把DATAS段地址送AX
MOV DS，AX                          ；段地址经AX送DS
CODES   ENDS                        ；以段名为CODES代码段定义的结束
```

4.3.4 过程定义伪指令

在程序设计中，经常将一些重复出现的语句组定义为子程序。子程序又称为过程，可以

采用 CALL 指令来调用。

过程定义格式：

```
过程名    PROC    [NEAR]/FAR
          …                   ；其他指令系列
          RET                 ；返回指令
过程名    ENDP
```

调用一个过程的格式为：

```
CALL  过程名
```

说明：PROC、ENDP 是定义子程序时必须使用的保留字，PROC 和 ENDP 相当于一对括号，将子程序的指令包括在内。RET 指令通常作为子程序的最后一条指令，用来控制 CPU 返回到主程序的断点处继续向下执行。

4.4 系统功能调用

4.4.1 系统功能调用概述

我们在编制汇编源程序时，常常希望能从键盘输入字符或在显示器上显示出程序运行的结果，但由于计算机机种的不同、外设型号的差异，控制它们工作的程序也会有差异。如果每次都需要根据自己的工作环境来设计"控制这些外设工作的程序"，则必须要先弄清楚与之有关的设备、电路、接口等各方面的问题，既复杂，效率又低，也没有通用性。正确的做法是：把这些控制过程编写成程序，作为操作系统的一部分事先放在系统盘上，用户在需要时只要按规定的格式设置好参数，直接调用即可。这种方式叫做"利用操作系统的标准功能调用"进行输入/输出。这样既便于操作系统对外设进行统一管理，也便于用户在编制程序时，不用考虑输入/输出的控制细节，提高了工作效率，使编制出来的程序更具有通用性。

DOS 提供了系统功能调用，编号从 0～57H，主要分为设备管理（如键盘、显示器、打印机、磁盘等的管理）、文件管理、目录管理及其他功能调用四大类，表 4-2 是常用的系统功能调用表（INT 21H）。

表 4-2 常用的系统功能调用表

编号	功能	入口参数	出口参数
01H	键盘输入字符	无	AL=输入字符
02H	显示输出	DL=输出字符	无
08H	键盘输入字符（无回显）	无	AL=输入字符
09H	显示（打印）字符串	DS：DX=缓冲区首址	无
0AH	带缓冲的键盘输入（字符串）	DS：DX=缓冲区首址	无

续表

编号	功能	入口参数	出口参数
05H	打印机输出	DL=输出字符	无
0BH	检查键盘输入状态	无	AL=00 无输入，FF 有输入
25H	置中断向量	DS：DX=入口地址，AL=中断类型号	无
35H	取中断向量	AL=中断类型号	ES：BX=入口地址
4CH	中止当前程序返回调用程序	AL=返回码	无
4DH	取返回码	无	AX=返回码

系统功能调用的步骤如下：

（1）将调用参数装入指定的寄存器。

（2）如需要功能调用号，把它装入 AH。

（3）如需要子功能调用号，把它装入 AL。

（4）按中断号调用 DOS（发出中断指令：INT 21H）。

（5）检查返回参数是否正确。

4.4.2 基本 I/O 调用

1. 01H 号调用

功能：从标准输入设备上（通常为键盘）读取字符，并在标准输出设备上（通常为显示器）回显。

格式：MOV AH 01H

INT 21H

说明：输入字符的 ASCII 码送入 AL 中，如果读到的字符是 Ctrl+C 或 Ctrl+Break，则结束程序。

2. 02H 号调用

功能：向标准输出设备（通常为显示器）输出字符。

格式：MOV DL，X ；X 为要输出显示的 ASCII 字符代码

MOV AH，02H

INT 21H

说明：DL 寄存器中的内容等于要输出字符的 ASCII 码，在显示输出时检查到的字符是 Ctrl+C 或 Ctrl+Break 键的，则结束程序。

3. 09H 号调用

功能：在标准输出上（通常为显示器）显示一个字符串。字符串要以字符“$”为结束标志。

格式：MOV AH 09H

INT 21H

说明：要输出显示的字符串的首地址送到 DS、DX 两个寄存器中，其中段地址送 DS 寄存器，偏移地址送 DX 寄存器。

4. 0AH 号调用

功能：从标准输入设备上（通常为键盘）读一个字符串，直到按回车键为止。

格式：将要存储字符串的缓冲区首地址送到 DS、DX 两个寄存器中，其中段地址送 DS 寄存器，偏移地址送 DX 寄存器。

MOV AH，0AH

INT 21H

说明：缓冲区第一个字节指出缓冲区能容纳的字符个数，即缓冲区长度，不能为 0；第 2 个字节保留，以存放实际输入的字符个数（不包括回车符）；第 3 个字节开始存放从键盘输入的字符串。字符串以回车符结束，如果在输入时按 Ctrl+C 或 Ctrl+Break 键，则结束程序。

4.4.3 程序举例

【例 4-1】在显示器上显示字符串 Welcome to TianHe college!

```
DATAS SEGMENT                                          ；数据段定义开始
    STRING DB ' Welcome to TianHe college!'，0AH，0DH，'$'
                                                       ；定义字符串，0AH，0DH 表示
                                                         显示字符串后，光标可自动回
                                                         车换行，字符串必须以$结束
DATAS ENDS                                             ；数据段定义结束
CODES SEGMENT                                          ；代码段定义开始
    ASSUME CS：CODES，DS：DATAS，SS：STACKS
                                                       ；说明段和段寄存器之间的关系
START：
    MOV AX，DATAS                                      ；将数据段的段地址送 AX
                                                         寄存器
    MOV DS，AX                                         ；将 AX 内容送 DS 寄存器
    LEA DX，STRING                                     ；将 STRING 的偏移地址
                                                         送 DX 寄存器
    MOV AH，9                                          ；字符串显示子功能
    INT 21H                                            ；系统调用
    MOV AH，4CH                                        ；返回 DOS
    INT 21H                                            ；系统调用
CODES ENDS                                             ；代码段定义结束
```

```
    END START
```

【例 4-2】从键盘输入字符串，把它放到缓冲区中存储起来。

```
DATA SEGMENT
    MAXLEN DB 100              ; 定义缓冲区的最大容量
    ACLEN DB ?                 ; 定义实际读入的字符数
    STRING DB 100 DUP（?）     ; 定义接收字符串空间
DATA ENDS
CODE SEGMENT
    MOV AX，DATA
    MOV DS，AX
    LEA DX，MAXLEN
    MOV AH，10
    INT 21H
CODE ENDS
```

运行程序时，若从键盘输入“Thank you!”（共计 10 个字符），则输入缓冲区 MAXLEN 各单元的内容如图 4-5 所示。

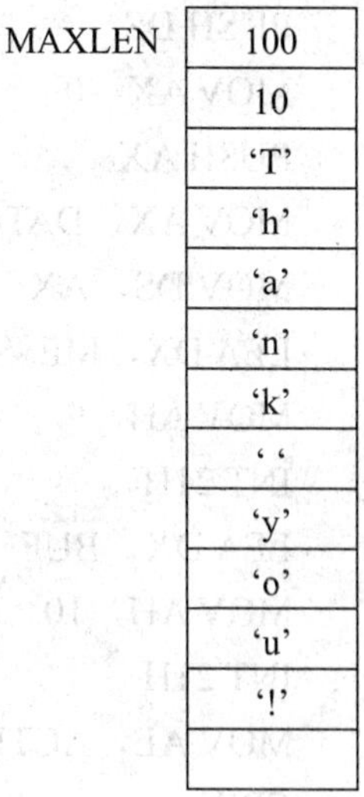

MAXLEN	100
	10
	‘T’
	‘h’
	‘a’
	‘n’
	‘k’
	‘ ’
	‘y’
	‘o’
	‘u’
	‘!’

图 4-5 存储空间分配示意

4.5 汇编语言程序设计举例

完整的汇编程序举例。

【例 4-3】用汇编语言实现简单的人机对话。

屏幕显示：What is your name? （使用 9 号 DOS 功能调用）

用户输入：xiao tian ↙（使用 10 号 DOS 功能调用）

屏幕再显示：Hello，xiao tian!（使用 9 号 DOS 功能调用）

程序清单：

```
DATA SEGMENT
    BUF DB 30                            ; 定义 30 个字节的缓冲区
    ACTL DB ?                            ; 定义 1 个字节的存储空间
    STR DB 30 DUP（?）                   ; 定义 30 个字节的存储空间
    MESS DB 'What is your name?'，0DH，0AH，'$'
    DMESS DB 0DH，0AH，'Hello，$'
DATA ENDS
; ------------------------------------------------------------------------------------------
CODE SEGMENT
    ASSUME CS：CODE，DS：DATA            ; 说明段寄存器和段的关系
```

```
MAIN PROC FAR
START:
    PUSH DS                                   ；保护 DS 寄存器中的内容
    MOV AX，0
    PUSH AX                                   ；保护 AX 寄存器中的内容
    MOV AX，DATA
    MOV DS，AX
    LEA DX，MESS                              ；取偏移地址
    MOV AH，9
    INT 21H                                   ；显示 'What's your name?'
    LEA DX，BUF
    MOV AH，10
    INT 21H                                   ；从键盘接收用户输入的信息
    MOV AL，ACTL                              ；取得输入字符串的实际长度
    CBW                                       ；将字节转换为字
    MOV SI，AX
    LEA BX，STR                               ；取偏移地址
    MOV [BX] [SI]，BYTE PTR '!'               ；在输入的字符串后加'!'
    MOV [BX] [SI+1]，BYTE PTR '$'             ；在'!'后加'$'，以便显示
    LEA DX，DMESS                             ；显示'Hello!'
    MOV AH，9
    INT 21H
    LEA DX，STR                               ；显示输入的字符串
    MOV AH，9
    INT 21H
    RET
    MAIN ENDP
CODE ENDS
    END START
```

程序运行结果如图 4-6 所示。

图 4-6　程序运行结果

说明：例4-3中使用9号和10号DOS功能调用，分别实现字符串的输出和输入操作，利用进栈指令实现寄存器内容的保护。字符串必须以‘$’结束，否则字符串的输出将会有问题，0AH和0DH这两个字符则分别表示回车和换行。

【例4-4】已知4个学生的汇编语言成绩存放在NUM变量定义的存储单元中，求4个学生汇编语言的总分和平均成绩。

```
DATA SEGMENT
        NUM DW 62，89，99，100              ；学生的汇编成绩
        SUM1 DW ?                           ；定义存放总分的空间，二进制形式
        SUM2 DB 4 DUP（?），'$'             ；定义存放总分的空间，ASCII码形式
        AVE DB 4 DUP（?），'$'              ；定义存放平均值的空间，ASCII形式
        MESS1 DB 'TOTAL IS：$'              ；定义字符串
        MESS2 DB 'AVERAGE IS：$'            ；定义字符串
        MESS3 DB 0AH，0DH，'$'              ；回车，换行
DATA   ENDS
；-------------------------------------------------------------------------
CODE SEGMENT
        MAIN PROC FAR
        ASSUME CS：CODE，DS：DATA
START：MOV AX，DATA
        MOV DS，AX
        MOV CL，4                           ；CL作为计数器，计学生人数
        MOV AX，0                           ；AX作为总分累加寄存器，赋初始值为0
        MOV BX，OFFSET NUM
R1：    ADD AX，[BX]
        ADD BX，2H
        DEC CL                              ；CL寄存器的内容减1
        JNZ R1                              ；如果CL寄存器的内容不为0，则跳转到
                                              R1执行
        MOV SUM1，AX                        ；将总分存到SUM1单元中
        MOV BX，OFFSET SUM2
        CALL   ASCII                        ；调用子程序，将总分变为ASCII形式
；------------------------------- 求平均成绩---------------------------------
        MOV AX，SUM1                        ；总分送AX寄存器
        MOV CL，4                           ；学生人数送CL寄存器
```

```
        DIV CL                          ；总分除以人数，商在 AL 中，余数在 AH 中
        MOV AH，0                       ；平均成绩只取整数
        MOV BX，OFFSET AVE              ；取偏移址
        CALL ASCII                      ；调用子程序，将平均分变为 ASCII 形式
；------------------------------------显示各种信息 ------------------------------------------
        MOV DX，OFFSET MESS1            ；显示信息'TOTAL IS:'
        MOV AH，9
        INT 21H
        MOV DX，OFFSET SUM2             ；显示总分
        MOV AH，9
        INT 21H
        MOV DX，OFFSET MESS3            ；回车，换行
        MOV AH，9
        INT 21H
        MOV DX，OFFSET MESS2            ；显示信息'AVERAGE IS:'
        MOV AH，9
        INT 21H
        MOV DX，OFFSET AVE              ；显示平均成绩
        MOV AH，9
        INT 21H
        MOV DX，OFFSET MESS3            ；回车，换行
        MOV AH，9
        INT 21H
        MOV AH，4CH                     ；返回 DOS
        INT 21H
        MAIN ENDP
；--------------------------子程序 ASCII 实现将二进制转化为 4 位 ASCII 码--------------------------
ASCII PROC NEAR
        MOV SI，4
        MOV CX，10
        R2：MOV DX，0
        DIV CX                          ；DX：AX 除以 CX，商在 AX 中，余数在
                                          DX 中
        ADD DL，30H                     ；余数加 30H（'0'的 ASCII 码为 30H）
```

```
                              变成 ASCII 码
        DEC SI
        MOV [BX][SI]，DL      ；保存 ASCII 到指定存储单元中
        CMP   AX,10
        JA R2
        RET
        ASCII ENDP
；-----------------------------------------------------------------------------------
CODE ENDS
        END START
```

程序运行结果如图 4-7 所示。

图 4-7　程序运行结果

说明：例 4-4 中 4 个学生汇编语言的成绩已经存储在指定的单元中，当然也可以采用 10 号 DOS 功能，实现学生成绩从键盘输入。为了求学生的总分，有一个循环体，循环 4 次求出 4 个学生的总分。总分和平均成绩的显示调用了子程序 ASCII 实现，因为总分和平均成绩在存储单元中是以二进制的方式存储的，所以要把总分和平均成绩的每一位十进制数加上 30H（30H 是字符'0'的 ASCII 码值），以转换成 ASCII 形式，这样可以调用 9 号 DOS 功能显示出来。

请思考：上例中，如果学生成绩要从键盘输入，同时学生人数又没固定，该怎么办？

4.6　汇编与 C/C++接口

汇编语言没有高级语言要占用较大的存储空间和较长的运行时间等缺点，它的运行速度快，是高级语言所不能比拟的。但全部采用汇编语言编程工作量大。可以说高级语言与汇编语言各有千秋。此时可以采用“混合”编程，彼此相互调用，进行参数传递，共享数据结构及数据信息。这种方法可以发挥各种语言的优势和特点，充分利用现有的多种实用程序、库程序等使软件的开发周期大大缩短。

4.6.1　高级语言与汇编语言的接口需要解决的问题

（1）需要说明和建立调用者与被调用者之间的关系，被调用的过程或函数应预先说明为外部类型，调用程序则应预先说明要引用的外部模块名。

（2）参数传递问题：在汇编子程序之间通常采用寄存器作为参数传递的工具，汇编语言与高级语言程序间的参数传递，一般采用堆栈来传递，即调用程序将参数依次压入堆栈中，当被转调用程序后，再从堆栈中依次弹出参数作为操作数使用。为此，必须了解各种语言的堆栈结构、生成方式和入栈方式等。BASIC、FORTRAN、PASCAL 等语言其参数进栈顺序与参数在参数表中出现的顺序相同，即从右到左，而 C 语言则相反。

4.6.2　C 语言与汇编语言的接口

1. C 语言调用汇编子程序

汇编语言和高级语言混合编程要解决的关键问题，在于二者之间的参数传递问题。参数的传递方式最多见的是传值、传址两种。参数传递可以通过全局变量或堆栈来传递。为此，必须了解各种语言的堆结构、生成方式、参数传递方式等。

2. C 语言嵌入汇编

在 C 程序中允许直接编写汇编语言代码，称作“嵌入汇编”。C 程序中嵌入汇编后可以无分号（C 语言的语句以分号结束，汇编语句是 C 语言中唯一以换行结束的语句）。C 语言允许嵌入四类汇编命令：一般指令、串指令、跳转指令、数据分配和定义指令，嵌入汇编比调用汇编子程序更方便、灵活，功能也更强。但嵌入汇编不是一个完整的汇编程序，所以许多错误不能马上检查出来。

3. Visual C++调用汇编语言

Visual C++调用汇编语言有两种方法：①从 C++语言中直接使用汇编语句，即嵌入式汇编；②用两种语言分别编写独立的程序模块，汇编语言编写的源代码汇编产生目标代码 OBJ 文件，将 C++源程序和 OBJ 文件组建工程文件，然后进行编译和连接，生成可执行文件.EXE。

采用两种或两种以上的编程语言组合编程，彼此相互调用，进行参数传递，是一种有效的程序设计方法。这种方法可以充分发挥各种语言的优势，充分利用现有的实用程序，是当前程序接口技术的一个重要研究和应用领域。

本章小结

本章从汇编语言的基本表述入手，介绍了汇编语言的工作环境和源程序的建立、汇编、连接、运行、调试等过程。通过学习，应该熟悉汇编语言源程序的基本格式，正确运用语句格式来书写程序段，掌握伪指令的功能和应用，并通过上机操作，熟悉编辑程序、汇编程序、连接程序和调试程序等软件工具的使用，掌握源程序的建立、汇编、连接、运行、调试等技能。本章在中断调用指令的基础上讲解了 BIOS 中断调用和 DOS 系统功能调用的使用方法。分别介绍了键盘、显示器、输入/输出方法，并举例说明了常见的输入/输出程序的编写方法。

习题四

一、填空题

1．一个汇编语言源程序有 3 种基本语句：________、________和________。

2．一个汇编语言程序需要 4 步完成：________、________、________、________。

3．汇编语言的注释必须以________开始。

4．注释的主要作用是：________。

5．如果对串的处理是从低地址到高地址的方向进行的，则应将方向标志为 DF________，否则应将 DF________。

6．请填写下列各语句在存储器中分别为变量分配的字节数：

```
DATA    SEGMENT
NUM1    DB      20                          ；NUM1 分配________B
NUM2    DB      '1AH，2DH，35H，40H'         ；NUM2 分配________B
NUM3    EQU     05H                         ；NUM3 分配________B
NUM4    DB      NUM3   DUP（0）              ；NUM4 分配________B
DATA    ENDS
```

7．写出下列 MOV 指令单独执行后，有关寄存器中的内容（使用十六进制的数）。

```
（1）MOV   AH，50H+23                          ________
（2）MOV   AH，32H+0ADH                        ________
（3）ARRAY1    DW      34H，56H，13H，45H
     ARRAY2    DW      11H，13H，16H
     MOV   AH，BYTE PTR ARRAY1 + 5             ________
     MOV   AL，ARRAY2 – ARRAY1                 ________
（4）MOV   AH，58H-34H                         ________
（5）MOV   AX，43H*35                          ________
（6）MOV   AH，0FFH/56H                        ________
（7）MOV   AH，0DEH MOD 3                      ________
（8）MOV   AX，9 GT 7                          ________
（9）MOV   AX，0AH GE 0AH                      ________
（10）MOV  AX，23 LT 0CH + 5                   ________
（11）MOV  AX，10 LE 0AH                       ________
（12）MOV  AX，56 EQ 38H                       ________
（13）MOV  AX，63H MOD 55 NE 33H               ________
```

（14）MOV　AL，NOT 0AH　________
（15）MOV　AX，23 AND 66　________
（16）MOV　AX，（25 GT 34）　OR 0ADH　________
（17）MOV　AL，0CDH XOR 85H　________
（18）MOV　AL，70H SHR 5/4　________
（19）MOV　AL，23H SHL 2+13 MOD 6　________
（20）ARRAY1　DB 20，30 DUP（0）
　　ARRAY2　DD 30 DUP（0，3 DUP（1），2）
　　ARRAY3　DW 10H，20H，30H
　　MOV　AL，LENGTH ARRAY1　________
　　MOV　AL，SIZE ARRAY2　________
　　MOV　AL，TYPE ARRAY3　________
（21）ARRAY1　DB 65H，20H
　　ARRAY2　DW 129AH
　　MOV　AX，WORD PTR ARRAY1　________
　　MOV　AL，BYTE PTR ARRAY2　________
（22）NUM1　EQU 23
　　NUM2　EQU 79
　　NUM3　EQU 4
　　MOV　AL，NUM1 * 5 MOD NUM3　________
　　MOV　AL，NUM2 AND 34　________
　　MOV　AL，NUM3 OR 5　________
　　MOV　AL，NUM1 LE NUM2　________
　　MOV　AX，NUM2 SHL 2　________

二、选择题

1．下面的选项中名字是合法的是（　）。

A．STRING　　B．2FX　　C．ADD　　D．A#B

2．下面说法错误的是（　）。

A．注释的位置一般是跟在一个语句的后面，或者是单独作为一行

B．汇编语句一行只能写一条语句

C．一条汇编语句也只能写成一行

D．在上机时汇编语言的任何代码的输入既可以用全角状态，也可以用半角状态

3．一个字节所能表示的无符号整数数据范围为（　）。

A．0～256　　B．0～255　　C．–128～127　　D．–127～127

4. 一个字所能表示的有符号整数数据范围为（　）。

A. 0~65536　　B. 0~65535

C. –32768~32767　　D. –32767~32767

5. 下列语句错误的是（　）。

A. X1　DB　45H　　B. X1　DB　'ABCD'

C. X1　DB　34H，415H　　D. X1　DW　1000，100，10

6. 下列数据在汇编语言中非法的是（　）。

A. 12H　　B. ABH　　C. 01011B　　D. 200

三、综合题

1. 等价伪指令与等号伪指令有什么不同?

2. 画图说明下列语句分配的存储空间即初始化的数据值：

（1）ARRAY DB 3，2，4 DUP（1，2，3），'HELLO'

（2）ARRAY DW 2 DUP（3，?，2 DUP（1，3））

3. 已知下面的程序完成的功能是将存放在DATA1和DATA2开始的单元中的两个多字节数据相加，并将结果存放在SUM开始的连续单元中。回答下面的问题。

（1）可否使用ADD SI，1来代替程序中的INC SI，为什么？

（2）程序中的LEA SI，DATA1还可以写成________。

（3）本程序使用LEN DW 3来定义变量LEN，此处的3是DATA1的长度，因此此处还可以写成LEN DW________。

（4）使用指令CLC的目的是________。

```
DSEG    SEGMENT
DATA1   DB      23H，45H，07H
DATA2   DB      34H，78H，3AH
LEN     DW      3
SUM     DB      0，0，0
DSEG    ENDS

CSEG    SEGMENT
        ASSUME    CS：CSEG，DS：DSEG
START： MOV     AX，DSEG
        MOV     DS，AX
        LEA     SI，DATA1
        LEA     BX，DATA2
        LEA     DI，SUM
```

```
        MOV    CX，LEN
        CLC
AGAIN： MOV    AL，[SI]
        ADC    AL，[BX]
        MOV    [DI]，AL
        INC    SI
        INC    BX
        INC    DI
        LOOP   AGAIN
        MOV    AH，4CH
        INT    21H
        CSEG   ENDS
        END    START
```

4．
```
DATA          SEGMENT
TABLE_ADDR    DW  1234H
DATA          ENDS
              ⋮
              MOV  AX，TABLE_ADDR
              LEA  AX，TABLE_ADDR
```

5．请问上面程序段中的两条语句执行之后，AX 寄存器中的内容是多少？

```
DATA    SEGMENT
ADR1    DB  12H，04H，00
        DW  56H，2468H
DATA    ENDS
             ⋮
             LEA    BX，ADR1
             MOV    AX，[BX + 2]
             MOV    SI，[BX + 1]
        MOV    CX，[BX + SI]
        MOV    DX，[SI]
        MOV    BX，[SI – 2]
        ⋮
```

请写出上面程序段中每条指令执行后，各个目的操作数的值。

6．试分析下面的程序段完成什么功能？如果要将程序段中所处理的无符号数据右移 5 位，那么应该怎样修改程序？

```
MOV    CL，04
SHL    DX，CL
MOV    BL，AH
SHL    AX，CL
SHR    BL，CL
OR     DL，BL
```

7．在内存单元NUMW存放着一个0～65535范围内的整数8000，将该数除以500，然后将商和余数分别存入QUO和REM单元中。将程序补充完整。

```
DSEG      SEGMENT
NUMW      DW      8000
QUO       DW      0
REM       DW      0
DSEG      ENDS
CSEG      SEGMENT
          ASSUME     CS：CSEG，DS：DSEG
          MOV        AX，DSEG
          MOV        DS，AX
          MOV        AX，NUMW
          MOV        ________，500
          XOR        DX，DX
          DIV        BX
          MOV        QUO，AX
          MOV        REM，________
          HLT
   CSEG          ENDS
                 END
```

8．依次执行下面的指令序列，请在空白处填上左边指令执行完成时该寄存器的值。

```
MOV    AL，0C5H
MOV    BH，5CH
MOV    CH，29H
AND    AL，BH               ；AL=________H
OR     BH，CH               ；BH=________H
XOR    AL，AL               ；AL=________H
AND    CH，0FH              ；CH=________H
MOV    CL，03
```

```
MOV    AL，0B7H
MOV    BL，AL
SHL    AL，CL              ；AL=________H
ROL    BL，CL              ；BL=________H
```

9．如果需要定义如下所述的变量，请设置一个数据段 DATASEG 来完成。

（1）STR1 为字符串常量：'My Computer'。

（2）NUM1 为十进制数字节变量：90。

（3）NUM2 为十六进制数字节变量：BC。

（4）NUM3 为二进制数字节变量：00100100。

（5）NUM4 为 ASCII 码字符变量：56223。

（6）ARRAY1 为 8 个 1 的字节变量。

（7）ARRAY2 为 6 个十进制的字变量：10，11，12，13，14，15。

（8）NUM5 为 4 个 0 的字变量。

10．假设 AX 和 BX 中的内容为有符号数，CX 和 DX 中的内容为无符号数，请用指令实现下面的判断。

（1）若 AX 的值大于 BX 的值，则转去执行 POINT。

（2）若 CX 的值不大于 DX 的值，则转去执行 POINT。

（3）若 CX 的值为 0，则转去执行 POINT。

（4）AX 减去 BX 后，若产生溢出，则转去执行 POINT。

11．用最可能少的指令实现下述功能：

（1）如果 AH 的第 4，3 位为 11，则将 AH 清 0；否则全置 1。

（2）如果 AH 的数据为奇数，则将 AH 清 0；否则全置 1。

（3）如果 AH 的数据为负数，则将 AH 清 0；否则全置 1。

（4）如果 AX 和 BX 中存的是无符号整数，AX 中的数据是 BX 中的数据的整数倍，则将 AH 清 0，否则全置 1。

（5）如果 AX 中的数据和 BX 中的数据相加产生溢出，则将 AH 清 0，否则全置 1。

12．编写汇编程序：设置 AH 和 BH 中的值分别为 45 和 54，然后交换两个寄存器存储的数。

13．已知一个十六进制整数 1A2A3AH 需要用 3 个字节表示，现在需要计算其绝对值，并存入原单元。请编写程序实现。

5

总线和主板

本章学习目标

本章主要讲解微机硬件系统中的重要部件——主板以及与它密切相关的总线结构方面的基本知识和最新动态。通过本章的学习，读者应该了解和掌握以下内容：

- 总线的基本概念、总线的分类、总线控制原理。
- 主板的基本组成和结构、作用和功能。
- 微机主板和总线标准的发展历程、主流技术和最新发展动态。

CPU 工作的时候需要同外围硬件设备进行数据交换，但是假如每种设备都分别引入一组线路同 CPU 相连，那么系统线路显然是杂乱无章的，为了避免这种情况，引入了一组通用线路，同时给不同的硬件设备配备相应的接口，于是，“总线”技术就应运而生，总线成为计算机的一个子系统。

自计算机问世以来，总线技术就因为数据传输的需要不断地发展。20 世纪 60 年代末，美国 DEC 公司在其 PDP11/20 小型计算机上首次采用了 Unibus 总线。在世界上第一台微处理器 4004 问世 4 年后的 1975 年，一家位于美国新墨西哥镇名为 MITS 的小公司，由 Ed Roberts 以 8080 微处理器，设计安装了全球第一台 PC——Altair 单板机系统。在其结构中，制成了全球第一条 PC 扩展总线，得到了 IEEE 的认可，被命名为 IEEE 696 总线标准。

微机系统一开始就采用了总线这种技术构造，人们也感到用总线技术和模块来组装系统的好处，不仅使各种 CPU 模块、存储器模块、I/O 模块可以相互组合，实现不同的性能；还便于实现系统的扩展与维护。由于 CPU 的处理能力迅速提升，而与其相连的外围设备通道带宽过窄且总落后于 CPU 的处理能力。这使得人们不得不改造总线，尤其是局部总线。20 年来，

CPU 已经迅速发展到 6～7 代，相应的总线技术创新也已经达到了 10 余次之多，促进了 PC 系统性能的日益提高。有的总线标准仍在发展、完善，不同总线还会拥有自己特定的应用领域。

总线已由 PC/XT 发展到 ISA、MCA、EISA、VESA 再到 PCI、AGP、IEEE1394、USB 总线等。目前，AGP 局部总线传输率可达 533Mbps，PCI-X 可达 2.1Gbps，系统总线也由 133Mbps 到 266Mbps 甚至更高的 533Mbps、1066Mbps 甚至更高。除此之外，又出现了 EV6 总线、PCI-X 局部总线、NGIO 总线等。它们的出现，从某种程度上代表了未来总线技术的发展趋势。

5.1 总线基本概念

5.1.1 什么是总线

从物理来看，总线（BUS）是一组传输公共信息的信号线的集合，是在计算机系统各部件之间传输地址、数据和控制信息的公共通用线路。它由一组导线和相关的控制、驱动电路组成。在处理器内部的各功能部件之间，在处理器与高速缓冲存储器和主存之间，在处理器系统与外围设备之间以及网络系统的各节点之间等，都是通过总线连接在一起的。

在微机系统中除了采用总线技术外，还采用了标准接口技术。接口一般是指主板和某类外设之间的适配电路，其功能是解决主板和外设之间在电压等级、信号形式和速度上的匹配问题。有关接口的内容后面有专章讲述。由于目前的一些新型接口标准，如 USB、IEEEl394 等，允许同时连接多种不同的外设，因此也把它们称为外设总线。此外，连接显示系统的新型接口 AGP，由于习惯上的原因（原来的显卡要插入 ISA 或者 PCI 总线插槽中），也被称为 AGP 总线，但实际上它应该是一种接口标准。之所以在此提出这个问题，是想说明在某些情形下，总线标准和接口标准其实是没什么分别的，关键在于你从什么角度看问题。

5.1.2 面向总线的体系结构

在 CPU、内存与外设确定的情况下，总线速度是制约计算机整体性能的关键。因此，总线结构方式已经成为微机性能的重要指标之一。虽然一个系统中可以存在多种总线，它们在物理位置上、形态上、功能上各不相同，但这并不妨碍我们把总线视为微型计算机系统中的一个独立子系统。通过下面的讨论，可以由浅入深地理解总线的体系结构和发展历程。

1．单总线结构

单总线结构如图 5-1 所示，它是将 CPU、主存、I/O 设备都挂在一组总线上，允许 I/O 之间、I/O 与主存之间直接交换信息。这种结构简单，也便于扩充，但所有的传送都共享这组总线，因此极易形成冲突。它不允许两个以上的部件在同一时刻向总线传输信息。当 I/O 设备量很大时，总线发出的控制信号从一端顺序传递到第 n 个设备，其传播的延迟时间就不能忽视。这两点会严重地影响系统的工作效率。在数据传输需求量和传输速度要求不太高的情况下，尽可能采用增加总线宽度和提高传输速率的方法来解决问题。这类总线多为小型机或微型机所采用。但当总线上的设备，如高速视频显示器、网络传输接口等，其数据量很大和传输速度要求相当高的时候，为了加快数据传输速率，解决 CPU、主存与 I/O 设备之间传输速率的不匹配问题，实现 CPU 与其他设备相对同步，可以采用多总线结构。

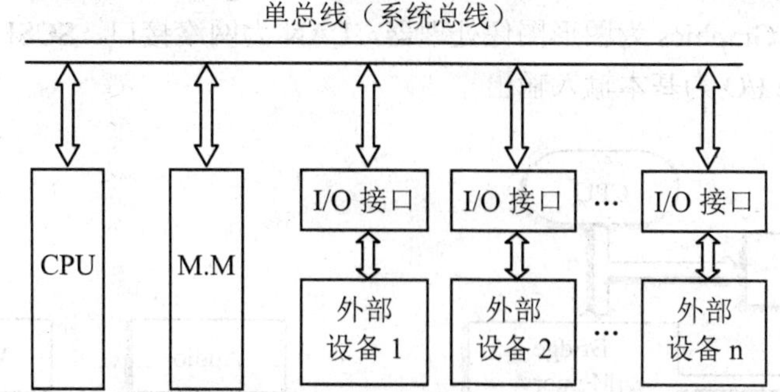

图 5-1　单总线结构图

2. 多总线结构

多总线构成的基本思路就是把与 CPU 相连的设备按传输速率分类，分为高速线路和低速线路。图 5-2 所示为 4 总线结构。

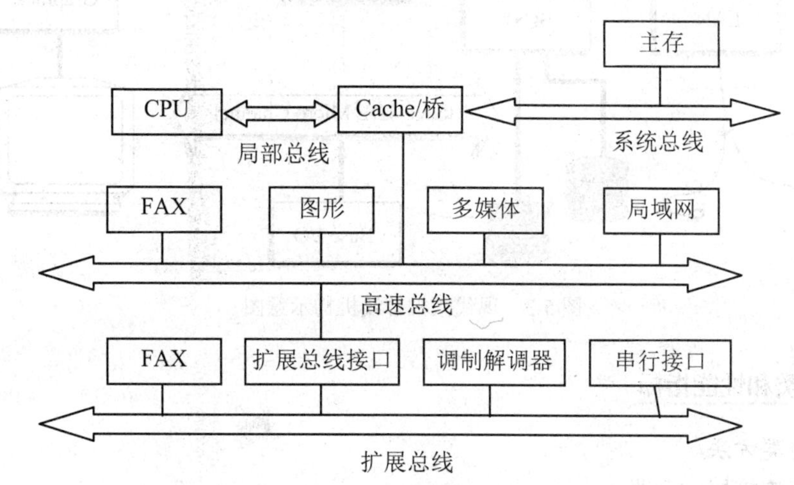

图 5-2　4 总线结构图

这里设置了一个桥电路，引出一条高速的系统总线直接连内存，又增加了一条经桥与计算机系统紧密相连的高速总线。在高速总线上挂接了一些高速性能的外设，如高速局域网、图形工作站、多媒体、SCSI 等。而一些较低速的设备如图文传真 FAX、调制解调器及串行接口等挂在“扩展总线”上，并由扩展总线接口与高速总线相连。

这种结构对高速设备而言，其自身的工作可以很少依赖处理器，同时它们又比扩展总线上的设备更贴近处理器，可见对于高性能设备与处理器来说，各自的效率将获得更大的提高。在这种结构中，处理器、高速总线的速度以及各自信号线的定义完全可以不同，以至各自改变其结构也会影响高速总线的正常工作，反之亦然。

如图 5-3 所示是现代微机总线结构示意图。其中 Bridge 是桥接控制器。Audio、Video 为视频和视频处理器，Graphics 为图形图像处理器，LAN 为网络接口，SCSI、ISA、IDE 为各种接口设备类型，Base I/O 为基本输入输出。

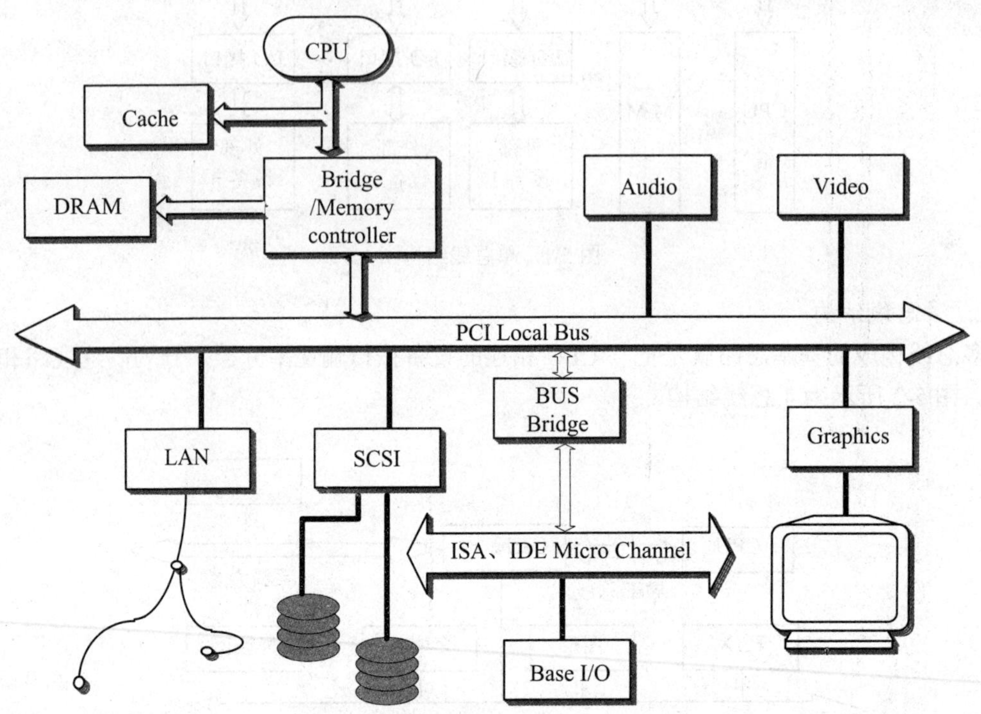

图 5-3 现代微机总线机构示意图

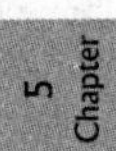

5.1.3 总线分类和性能指标

1. 总线分类方法

（1）根据连接层次分类。

- 在 CPU 或 I/O 芯片内部，用于片内各功能单元，如寄存器、算术逻辑部件 ALU、控制部件等之间传输数据所用的总线称为片内总线（即芯片内部的总线）。
- 芯片总线是一块电路板上各芯片之间的总线，用于芯片一级的互连。
- 系统总线（又称为内总线、板级总线、部件总线）是微机中各插件板与系统板之间的总线，用于插件板一级的互连。
- 局部总线是介于芯片总线和系统总线之间的总线。从逻辑上讲是芯片总线，存取速度比系统总线快，但是用于多个模块之间的连接。一般将具有总线仲裁能力的多主控模块之间的总线称为系统总线，将不具有总线仲裁能力的多主控模块之间的总线称为局部总线。

- 外部总线（又称为设备总线、通信总线）是微机和微机、微机和外部设备之间的总线。而通常所说的总线（Bus）则是指外部总线。

（2）按总线传送信息的类别，可把总线分为地址总线（Address Bus，AB）、数据总线（Data Bus，DB）和控制总线（Control Bus，CB）。通常所说的总线都包括这三个组成部分。

（3）按照总线传送信息的方向，可把总线分为单向总线和双向总线。

单向总线的功能是使挂在总线上的一些部件将信息有选择地传向另一些部件，而不能反向传送。双向总线则能使任何挂在总线上的部件或设备之间互相传送信息。上面所说的地址总线属于单向总线，方向是从 CPU 或其他总线主控设备发往其他设备。数据总线属于双向总线。控制总线属于混合型总线，控制总线中的每一根控制线方向是单向的，但各控制线的方向有进有出。

（4）按业界习惯，还有另一种分类方法，即分为 CPU 总线、存储总线、系统总线和外部总线。

第一层为 CPU 总线，即与 CPU 相连的总线，它用来连接 CPU 和控制芯片，用于 CPU 与芯片组之间信息的传输，也被称作 FSB。当 CPU 与 DRAM、ROM 及其他 I/O 部件交换数据时，必须经过这条总线。

第二层为存储器总线，这是与内存 DRAM 相连的总线，包括地址线（M-AB）、数据线（M-DB）和控制线（M-CB），用来连接存储控制器和 DRAM。当 CPU 要和内存交换数据时必须通过 CPU 总线和存储器总线，这两类总线有时也称为前端总线，或称“片总线”，也称“元件级总线”或“局部总线”。当内存是以扩展卡的形式插在 I/O 扩展槽中时，还需要通过下面介绍的系统总线。

第三层为 I/O 通道总线，又称为系统总线。这是主板通往各个 I/O 扩展总线槽之间的一条主干线，用来与扩充插槽上的各扩充板卡和外部设备相连接，如显卡、硬盘存储设备、高速网卡。系统总线有多种标准，以适用于各种系统，目前流行的连接高速 I/O 设备的总线是 PCI 总线。

第四层为外部总线，又称外总线或通信总线。它用于各微型计算机系统之间或微型机系统与其他仪器仪表等的通信。其表现形式为微机后面板上的某些通信端口。这种总线不是计算机所专有的，它通常是借用电子工业其他领域已有的总线标准并加以应用而形成的。如计算机网络所设置的外部总线。

2. 总线的标准化和总线规范

标准化的总线可以为生产厂家和使用者带来方便。每种总线标准都有详尽的规范说明，一般包括下列内容：

（1）机械结构规范。

机械结构规范是指总线在机械方式上的一些性能，如插头与插座、连接器使用的标准，它们的几何尺寸、形状、引脚的个数以及排列的顺序，接头处的可靠接触等。

（2）电气规范。

电气规范是指总线的每一根传输线上信号的传递方向和有效的电平范围、最大额定负载能力，以及动态转换时间等。通常规定由CPU发出的信号叫输出信号，送入CPU的信号叫输入信号。总线的电平定义与TTL相符。如RS-232C（串行总线接口标准），其电气特性规定低电平表示逻辑“1”，并要求电平低于–3V；用高电平表示逻辑“0”，还要求高电平需高于+3V，额定信号电平为–10V和+10V左右。

（3）功能结构规范。

功能结构规范是指总线中每根传输线的名称、功能及相互作用的协议、时序、信息流向、信息管理规则等。如地址总线用来指出地址号；数据总线传递数据；控制总线发出控制信号等。可见各条线其功能结构规范是不一样的。

（4）时间规范。

时间规范是指总线中的每一根线在什么时间内有效。每条总线上的各种信号，互相存在着一种有效时序的关系，因此，时间特性一般可用信号时序图来描述。

3. 总线性能指标

总线的各种性能指标决定了系统的整体性能。

总线的性能指标包括：

（1）总线宽度。

它是指数据总线的根数以及总线传输信息的串并行性。根数，像我们所称的8位机、16位机、32位机、64位机等都是指系统总线的宽度，用bit（位）表示。串行总线在同一根信号线上分时传输同一数据字的不同位；并行总线在不同信号线上同时传输一个数据字的不同位；数据总线宽度，它表示构成计算机系统的计算能力和计算规模；地址总线位数，它决定了系统的寻址能力，表明构成计算机系统的规模；控制总线信号，它代表了总线的特色，表示总线的设计思想、控制技巧。

（2）总线频带宽。

又称标准传输率。总线的频带宽指的是总线本身所能达到的最大传输率，即单位时间内总线上可传送的数据量，通常用MB/s表示或bit/s（每秒多少位）表示。

（3）工作频率。

总线的工作频率也称为总线的时钟频率BCLK，以MHz为单位。它是指用于协调总线上的各种操作的时钟信号的频率。

与总线频带宽密切相关的两个概念是总线宽度和总线的工作频率。在工作频率一定的条件下，总线的频带宽与总线宽度成正比。

总线频带宽的计算公式如下：

$$Q = f \cdot W/N$$

公式中，f——总线工作频率（MHz）；W——总线宽度（Byte）；N——传送一次数据所需时钟周期（T）的个数。

例如，在 EISA 总线上进行 8 位存储器存取时，一个存储器存取周期最快为 3 个 T，因而当 f 为 8.33MHz 时，Q=8.33×1/3，其总线传输率为 2.78 MBps。但在 EISA 总线上进行 32 位突发（Burst）存取方式时，每一个存取周期为 1 个 T，因而当 f 为 8.33MHz 时，Q = 8.33×4/1，其总线传输率为 33MBps（考虑了第一次存取周期要长），这也是 EISA 总线的最大传输率。

表 5-1 列出了常见总线的带宽和传输率。

表 5-1　常见总线的带宽和传输率

总线类型	8-bit ISA	16-bit ISA	PCI	64-bit PCI 2.1	AGP	AGP (×2mode)	AGP (×4mode)
总线宽度（bits）	8	16	32	64	32	32	32
总线频率（MHz）	8.3	8.3	33	66	66	66×2	66×4
传输率（MBps）	8.3	16.6	133	533	266	533	1066

（4）时钟同步/异步。

总线上的数据与时钟同步工作的总线称同步总线，与时钟不同步工作的总线称为异步总线。一般有同步协议、异步协议、半同步协议和分离式协议。

（5）总线复用。

通常地址总线与数据总线在物理上是分开的两种总线。为了提高总线的利用率，优化设计，特将地址总线和数据总线共用一条物理线路，只是某一时刻该总线传输地址信号，另一时刻传输数据信号或命令信号。这叫总线的多路分时复用。

（6）信号线数。

即地址总线、数据总线和控制总线三种总线数的总和。

（7）总线控制方式。

包括并发工作、自动配置、仲裁方式、逻辑方式、计数方式等。

（8）其他指标。

指负载能力问题等。

表 5-2 列出了几种常见微型计算机总线性能。

表 5-2　几种常见微型计算机总线性能

名称	ISA(PC-AT)	EISA	STD	VESA(VL-BUS)	MCA	PCI
适用机型	80286，386，486 系列机	386，486，586 IBM 系列机	Z-80，V20V40 IBM-PC 系列机	I486，PC-AT 兼容机	IBM 个人机与工作站	P5 个人机，PowerPC，Alpha 工作站
最大传输率	15MB/s	33MB/s	2MB/s	266MB/s	40MB/s	133MB/s

续表

名称	ISA(PC-AT)	EISA	STD	VESA(VL-BUS)	MCA	PCI
总线宽度	8 位	32 位	8 位	32 位	32 位	32 位
总线工作频率	8MHz	8.33MHz	2MHz	66MHz	10MHz	0～33MHz
同步方式	同步			异步	同步	
仲裁方式	集中	集中	集中	集中		
地址宽度	24	32	20			32/64
负载能力	8	6	无限制	6	无限制	3
信号线数		143		90	109	49
64 位扩展	不可	无规定	不可	可	可	可
并发工作				可		可
引脚使用	非多路复用	非多路复用	非多路复用	非多路复用		多路复用

5.2 总线工作原理

5.2.1 总线的控制

可以控制总线并启动数据传送的任何设备称为总线主控设备或主设备，响应总线主控器发出的总线命令的任何设备称为从设备。系统中可以有多个主控设备，但任一时刻一组总线上只能有一个设备经申请同意后，工作在主控方式。

总线的控制贯穿在从总线主设备申请使用总线到数据传送完毕的整个过程，要经过几个步骤：总线请求、总线仲裁、寻址、传送数据、检错和出错处理。总线控制线路主要包括总线仲裁逻辑电路、驱动器和中断逻辑电路等。

5.2.2 数据传送

数据在总线上传送时，送出数据的部件叫源部件，接受数据的部件叫目的部件。要确保在源部件和目的部件之间数据传送可靠，总线上的数据传送必须由定时信号控制，定时信号使源部件和目的部件之间同步，实现两部件间的协调和配合。另外，在数据传输中还有传输方式、传输方向等概念。

1. 总线数据传输方式

分为正常传输方式和突发传输方式（Burst Mode）两种。正常传输方式是指在一个传输周期内，一般是先给出地址，然后给出数据。在下面的传输周期里，不断重复这种先送地址、后送数据的方式进行传输。突发方式是指在传输大批量地址连续的数据时，除了第一个周期先送首地址、后给出数据外，以后的传输周期内，不需要再送地址（地址自动加一）而直接送数据，从而达到快速传送数据的目的。

2. 总线传输方向

分为单向和双向传输，一般地址总线和控制总线为单一方向传输，而数据总线一般为双向传输。

3. 定时信号的实现方式

定时信号的实现方式有三种：同步方式、异步方式和半同步方式。

（1）同步方式。

通信双方由统一时钟控制数据的传送，这个公共时钟通常由总线控制部件发出，送到总线上的所有部件；也可以由每个部件的时序发生器发出，但必须由总线控制部件发出的时钟信号进行同步。

同步方式的优点是规定明确、统一，模块间的配合简单一致。缺点是对部件速度的一致性要求较高，缺乏灵活性。

同步方式适合于总线长度较短、各部件存取时间比较一致的场合，可以工作在较高的时钟频率下。

（2）异步方式。

异步方式允许各模块速度的不一致性，给设计者充分的灵活性和选择余地。它没有公共的时钟标准，不要求所有部件严格地统一动作时间，而是采用应答方式（又称握手方式），简单地说，即当主模块发出请求（Request）信号时，一直等待从模块反馈回来“响应”（Acknowledge）信号后，才开始通信。当然，这就要求主从模块之间增加两条应答线（即握手交互信号线 Handshaking）。

异步方式的最大优点是其灵活性，它可以允许速度差异很大的设备之间互相通信；缺点是增加了延迟，降低了传输率。

（3）微机中同步与异步方式的结合。

微机系统中既有同步方式也有异步方式的总线通信。一般由总线控制器定时的数据传送都在同步方式下进行，如存储器的读写操作。而由 Ready 和 ACK 配对使用的异步传送也是屡见不鲜。

还有一种两者结合的半同步方式，既保留了同步通信的基本特点，如所有的地址、命令、数据信号的发出时间，都严格参照系统时钟的某个前沿开始，而接收方都采用系统时钟后沿时刻来进行判断识别。同时又像异步通信那样，允许不同速度的模块和谐地工作。为此增设了一条“等待”（WAIT）响应信号线。

以读命令为例（如图 5-4 所示的时序图），在同步通信中，主模块在 T1 发出地址，T2 发出命令，T3 传输数据，T4 结束传输。倘若从模块工作速度较慢，无法在 T3 时刻提供数据，则必须在 T3 之前通知主模块，使其进入等待状态，此刻，从模块置 WAIT 为低电平有效。主模块在 T3 测得“等待”有效，则不立即从数据线上取数，这样一个时钟周期、一个时钟周期地等待，直到主模块测得 WAIT 为高电平，即“等待”无效时，主模块才把下一周期当作正常周期 T3 处理，获取数据，T4 结束传输。

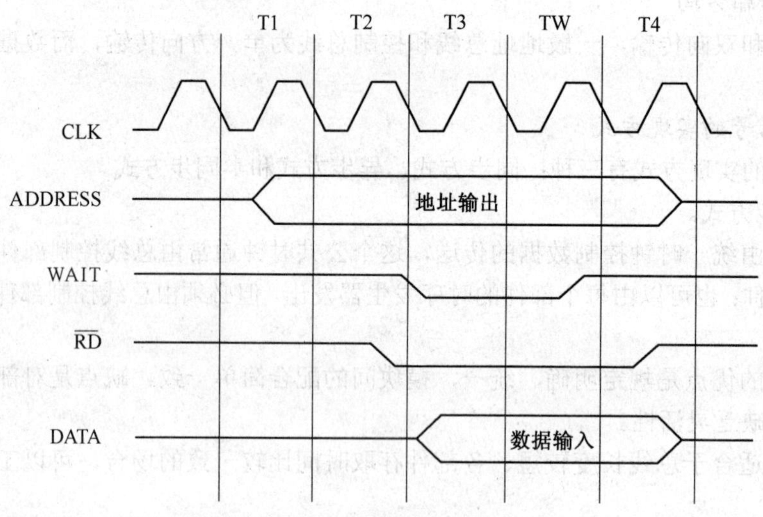

图 5-4　半同步方式数据传输时序图

半同步通信适用于系统工作速度不很高、但又包含了许多工作速度差异较大的各类设备的系统，具体例子见第 2 章 8086 时序部分。半同步通信控制方式比异步通信简单，在全系统内各模块又在统一的系统时钟控制下同步工作，可靠性较高，同步结构处理起来较方便。其缺点是对系统时钟频率不能要求太高，故从整体上来看，系统工作的速度还是不会很高。

不论是同步总线定时或异步总线定时，它们都必须考虑在最坏定时匹配情况下是否还能可靠地工作。而任何一个信号在线上传送时都要产生延时，总线负载不匹配引起的信号畸变及多个驱动器（接收器）性能间的差异都将导致时滞，所以使总线的最高传输率受到了限制。

5.2.3　总线仲裁

总线是多个部件所共享的，使用分时复用技术，即在总线上某一时刻只能有一个总线主控部件控制总线，为了正确地实现多个部件之间的通信，避免各部件同时发送信息到总线的冲突，必须要有一个总线仲裁（控制）机构。当总线上的一个部件要与另一个部件进行通信时，首先应该发出请求信号。若多个主设备同时要使用总线时，就由总线控制器的判优、仲裁逻辑电路按一定的优先等级顺序，确定哪个主设备能使用总线。只有获得总线使用权的主设备才能开始传送数据。

总线判优控制可分集中仲裁式和分布仲裁式两种，前者将控制逻辑集中在一处（如在 CPU 中），后者将控制逻辑分散在与总线连接的各个部件或设备上。

常见的集中仲裁有三种优先权仲裁方式：链式查询、计数器定时查询和独立请求方式。

5.2.4 总线驱动和其他控制

总线的驱动能力是有限的，换句话说，总线带负载能力是有限的，在计算机系统中通常采用三态输出电路或集电极开路输出电路来驱动总线，使其带更多负载。

总线驱动除考虑信号线外，电源的驱动能力有时也是考虑的重要方面，特别是现在的一些外设总线，设备的电源完全从总线获得，更应该考虑这个问题。

总线应具有中断处理机制，包括中断请求线、中断认可线和中断判优逻辑，能正确处理总线设备发出的中断请求。

总线还具有系统时钟、复位、各种协议等其他控制内容。

5.3 微机的系统总线标准

5.3.1 系统总线标准

1. 系统总线设置统一标准的因由

在总线层次中，CPU 总线、存储总线，因不同的计算机系统采用的芯片组不同，所以这些总线也不完全相同，互相没有互换性。而系统总线则不同，它是与 I/O 扩展插槽相连接的。I/O 插槽中可以插入各种扩充板卡，作为各种外设的适配器与外设连接。因此要求系统总线必须有统一的标准，以便按照这些标准来设计各类适配卡。

2. 系统总线标准的内容

系统总线用来连接各子系统的插件板，即各插件板的插座之间是用系统总线连接的。为使各插件板的插座之间具有通用性，使一个系统中的各插件板可以插在任何一个插座上，方便用户的安装和使用，另外还希望不同厂家的插件板可以互连、互换，这样就必须有一个规范化的可通用的系统总线。为了兼容，还要求插件的几何尺寸相同，插座的针数相同，插座中各针的定义相同，信号的电平相同、工作的时序也要相同。系统总线通常为 50～100 根信号线，这些信号线可分为 5 个主要类型：

- 数据线：决定数据宽度。
- 地址线：决定直接选址范围。
- 控制线：包括控制、时序和中断线，决定总线功能和适应性的好坏。
- 电源线和地线：决定电源的种类及地线的分布和用法。
- 备用线：留给厂家或用户自己定义。

有关这些信号线的标准主要涉及到如下几个方面：

- 信号的名称。
- 信号的时序关系。

- 信号的电平。
- 接插件的几何尺寸。
- 接插件的电气参数。
- 引脚的定义、名称、序号。
- 引脚的个数。
- 引脚的位置。
- 电源及地线。

5.3.2 常见系统总线标准

1. 从 PC/XT 总线、ISA 总线到 EISA 总线

IBM 公司为以 8088 为 CPU 的个人计算机设计的“PC 或 PC/XT 总线”，由于其技术不成熟，早已淘汰。

从 1982 年以后，逐步确立了 IBM 公司工业标准体系结构总线，简称为 ISA（Industry Standard Architecture）总线，也称为 PC/AT 总线。ISA 总线的工作频率为 f = 8MHz，总线宽度 W =2Byte，传送一次数据所需要周期数 N =2，总线传输率 Q = 8×2/2 = 8MB/s。

ISA 总线在 PC/XT 总线基础上增加了 1 个 36 线插座，提供了执行系统基本的存储器输入输出方式、存储器直接存取方式（I/O）和 DMA 等功能所需要的信号及定时规范。

ISA 总线不仅增加了数据线宽度和寻址空间，还加强了中断处理（新增了 7 个中断级别）和直接存储器访问（新增了 3 个 DMA）传输能力，并且具备了一定的多主控功能。故 ISA（AT）总线特别适合于控制外设和进行数据通信的功能模块。正因为 ISA 的以上特点，ISA 总线的生命力较强，使用较久。

在 80386 处理器诞生后，为了打破 IBM 的垄断，1988 年 9 月，Compaq、AST、Epson、HP、Olivetti、NEC 等 9 家公司联合起来，推出了一种兼容性更优越的总线，即 EISA（Extended Industry Standard Architecture）总线。采用了双层插槽和双层金手指的结构。

EISA 是 32 位地址线，寻址能力达 2^{32}。即 CPU 或 DMA 控制器等这些主控设备能够对 4G 范围的主存地址空间进行访问。具有 16/32 位数据线，有 8/16/32 位数据传输能力，最大数据传输率为 33MB/s。

支持多处理器结构，具有较强的 I/O 扩展能力和负载能力，支持多总线主控和突发传输方式，适用于网络服务器、高速图像处理、多媒体等领域。由于 EISA 总线是各计算机公司共同推出的，技术标准公开，因而受到世界上众多厂家的欢迎。

由于 EISA 兼顾了 ISA 的电气特性，因而妨碍了其总线速度的进一步提高。

2. VL 总线和 PCI 总线

（1）VL 总线。

进入 20 世纪 90 年代以来，需要计算机应用于许多新领域，如复杂的图像处理、在线交易处理、全运动视频处理、高保真音响、Windows NT 多任务、局域网络以及多媒体的应用等，

经常要在 CPU 和外设之间进行大量及高速的数据传送和处理。为此，1992 年 VESA（Video Electronics Standards Association，视频电子标准协会）联合 60 余家公司，对 PC 总线进行了第五次创新，推出了 VESA Local Bus（简称 VL 总线）局部总线标准 VESA V1.0。

VL 总线与 EISA 总线不同，实际上不需要专用芯片，却极大地增强了系统性能，成为当时最流行的高速总线，总线最高传输率达 132Mbps。

从 VESA 局部总线结构上看，局部总线好像是在传统总线和 CPU 之间又插入了一级，将一些高速外设如网络适配器、GUI 图形板、多媒体、磁盘控制器等从传统总线上卸下，直接通过局部总线挂接到 CPU 总线上，使之与高速 CPU 相匹配。

但不同公司的 VL 总线板卡相互兼容性较差，扩展性也不好，最多只能有 3 个扩展槽，并且 VESA 所支持的总线时钟不超过 40MHz。由于 VESA 总线是直接挂在 CPU 上，在 CPU 升级或任务变动时都会使得 VESA 不再适用，例如，VESA 不能支持 Pentium 及其以上的芯片。因此，VESA 已逐渐消失。

（2）PCI 局部总线（见图 5-5）。

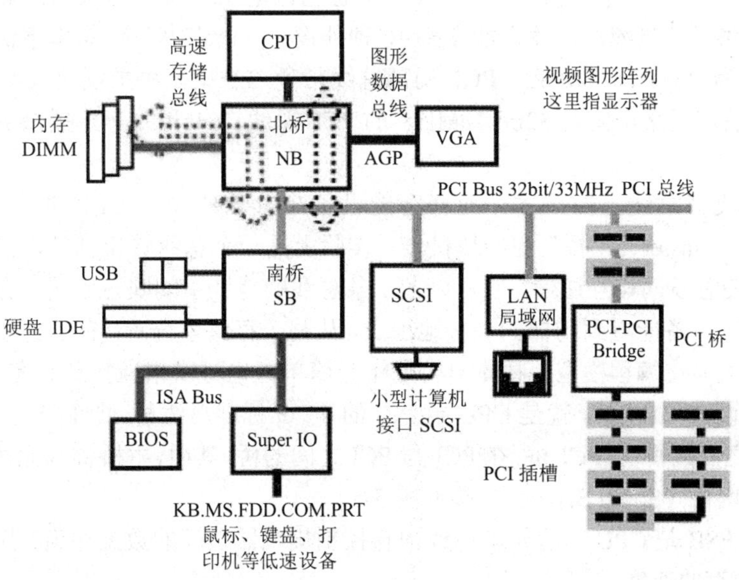

（a）PCI 局部总线示意图

（b）PCI 总线插槽

图 5-5　PCI 局部总线及其插槽

有没有一种既具有 VESA 局部总线的高数据传输率，又与 CPU 相对独立，并且功能更强的总线？Intel 公司研制的外设部件互连标准（PCI，Perpheral Component Interconnect）局部总线作出了肯定的回答。1992 年 6 月，Intel 公司联合 IBM、DEC 等 100 多家主要电脑厂商组成了 PCI 专职小组 SIG，目的是推广、统筹并强化 PCI 标准，使 PCI 总线标准最终成为开放的、非专利的局部总线标准。PCI 是目前个人电脑中使用最为广泛的接口。几乎所有的主板产品上都带有这种插槽，在目前流行的台式机主板上，ATX 结构的主板一般带有 5～6 个 PCI 插槽，而小一点的 MATX 主板也都带有 2～3 个 PCI 插槽。可插接显卡、声卡、网卡、内置 Modem、内置 ADSL Modem、USB2.0 卡、IEEE1394 卡、IDE 接口卡、RAID 卡、电视卡、视频采集卡以及其它种类繁多的扩展卡。

1）PCI 局部总线的结构。

从结构上看，PCI 局部总线是在 ISA 总线和 CPU 总线之间增加一级总线，由 PCI 局部总线控制器（或称为“桥”，Bridge）相连接。这样可将一些高速外设，例如网络适配卡、磁盘控制器等从原来的系统总线（如 ISA 总线）上卸下来，通过 PCI 局部总线直接挂在 CPU 总线上，使之与高速的 CPU 总线相匹配。PCI 局部总线带宽 32 位，可扩展至 64 位。

“桥”提供了信号缓冲，使之能支持 10 种外设，并能在高时钟频率下保持高性能，它的工作频率最高为 33MHz/66MHz。PCI 局部总线带宽 32 位，可扩展至 64 位，最大传输率 133MBps。目前广泛采用的是 32bit/33MHz 的 PCI 总线，64bit 的 PCI 插槽更多应用于服务器产品。

PCI 总线支持总线主控技术，允许智能设备在需要时替代 CPU 取得总线控制权，成为总线主设备（Master）。“桥”也叫桥接器，实际上是一个总线转换部件，其功能是连接两条计算机总线，使总线间相互通信。它可以把一条总线的地址空间映射到另一条总线上，使系统中每一台总线主设备能看到同样的一份地址表。从整个存储系统看，有了整体性统一的直接地址表，可以大大简化编程模型。桥本身可以十分简单，也可以相当复杂。在 PCI 规范中，提出了 3 种桥的设计：① 主桥，就是 CPU 至 PCI 的桥；② 标准总线桥，即 PCI 至标准总线如 ISA、EISA、微通道之间的桥；③ PCI 桥，在 PCI 与 PCI 之间的桥。其中，主桥称为北桥（North Bridge）；其他的桥称为南桥（South Bridge）。参见图 5-5。

前端总线 FSB 是 CPU 与北桥芯片或内存控制集线器之间的数据通道，其频率高低直接影响 CPU 访问内存的速度。

2）PCI 局部总线的特点。

综上所述，PCI 局部总线有如下特点：

- 桥连器把微机总线分成几个层次：第一级速度最快，是前端总线 FSB；第二级是速度较快的 PCI 总线，连接高速的外设卡，如图形加速卡、高速网卡等，也可通过 IDE 控制器，SCSI 控制器连接高速硬盘等设备；第三级由南桥通过传统总线连接常用的低速设备。如图 5-5（a）所示。
- PCI 总线使一个系统可以允许多条总线存在，不管该系统是个人计算机、服务器还是工作站，都可以实现多条相同或不同的计算机总线共存。这大大提高了系统的数据处理能力和负载能力，以及与其他总线产品的兼容能力。在PCI总线规范制订之前，在一个系统中实现多总线设计是比较困难的。PCI总线能适应多种机型，兼容各类总线。

- PCI总线支持总线主控技术，允许智能外部设备在需要时取得总线控制权。因为“桥”可实现总线转换，故PCI总线支持在存储器、I/O和配置空间中的传输，利用建立在PCI总线上的传输，可以把PCI总线上写周期的数据缓存起来，在以后的周期里，再向下层PCI总线上生成写周期。在读操作时，“桥”也可以先于PCI总线，直接在下层PCI总线上进行预读，从而加速数据传送。
- 支持线性突发传输（Burst）技术，一次突发传输通常由一个地址周期和一个或几个数据周期组成。确保总线不断满载数据，减少无谓的寻址作业。
- 存取延误极小，数据传输率可达132MB/s～264MB/s。
- 独立于CPU的结构。支持即插即用（Plug and Play）、中断共享等功能，使用方便，通用性好。

PCI独立于处理器的结构，形成一种独特的中间缓冲器设计方式，将中央处理器子系统与外围设备分开。这样用户可以随意增添外围设备，即插即用，不必担心哪些资源可用，哪些资源不可用，板卡之间是否会有冲突，也不必担心在不同时钟频率下会导致性能的下降。与原先计算机常用的ISA总线相比，PCI总线增加了奇偶校验错（PERR）、系统错（SERR）、从设备结束（STOP）等控制信号及超时处理等可靠性措施，使数据传输的可靠性大为增加。因此，即使不考虑PCI总线的高速性，单凭其即插即用性，就比ISA总线优越了许多。

PCI总线规范规定PCI插卡可以自动配置。PCI定义了3种地址空间：存储器空间，输入输出空间和配置空间，每个PCI设备中都有256字节的配置空间用来存放自动配置信息，当PCI插卡插入系统，BIOS将根据读到的有关该卡的信息，结合系统的实际情况为插卡分配存储地址、提供中断和某些定时信息。

- PCI芯片将大量系统功能如内存、高速缓冲存储器、控制器等高度集中，节省了逻辑电路，使PCI部件用以连接其他部件的引脚数目从此前的80多个降至50个以内，提高了性能，降低了成本。
- PCI总线能适应多种机型，兼容各类总线。
- PCI总线可用在单处理器系统中，也可用于多处理器系统。
- PCI总线在开发时就预留了充足的发展空间。

通过以上讨论，我们不难看出，PCI总线有着极大的的优势。而近年来的市场情况也证实了这一点。

3）PCI局部总线存在的问题。

目前，PCI架构主要存在以下问题：

由于PCI总线只有133MBps的带宽，对声卡、10/100M网卡、视频卡等绝大多数输入/输出设备显得绰绰有余，但对新一代的I/O，比如千兆（GE）、万兆（10GE）的以太网技术、

4G/8G 的 FC 技术，PCI 总线已经无力应付计算系统内部大量高带宽并行读写的要求，PCI 总线也成为系统性能提升的瓶颈，于是就出现了 PCI Express 总线。

PCI 总线工作频率只有 33MHz，速度远远落后于系统其它组件，虽然支持中断共享，但只能支持有限数量的设备，所以目前 PCI 接口的显卡已经不多见了。通常只有一些完全不带有显卡专用插槽（例如 AGP 或者 PCI Express）的主板上才考虑使用 PCI 显卡。

4）PCI 总线引线。

PCI 总线引线是一个高密度接插件，分基本插座（32 位）及扩充插座（64 位）。见图 5-6。32 位 PCI 系统的管脚按功能来分有以下几类：

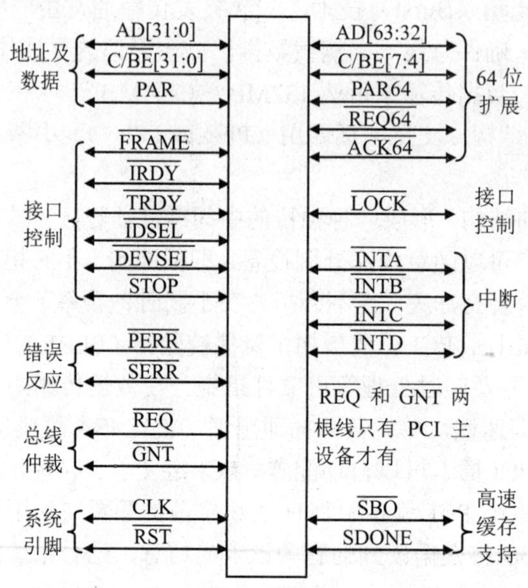

图 5-6　PCI 总线引线示意图

地址与数据总线：AD[31:0]，地址/数据分时复用总线

C/$\overline{BE}$ [3:0]，命令/字节使能信号

PAR，AD[31:0]和 C/$\overline{BE}$ [3:0]上的数据偶效验

接口控制：$\overline{FRAME}$，标志传输开始与结束

$\overline{IRDY}$，启动者准备好，可以传输数据的信号标志

$\overline{TRDY}$，目标设备准备就绪，可以传输数据的标志

IDSEL，在即插即用系统启动时用于设备选择信号

$\overline{DEVSEL}$，当 Slave 发现自己被寻址时置低应答

$\overline{STOP}$，Slave 主动结束传输数据的信号

错误反应报告：$\overline{PERR}$，数据奇偶校验错

$\overline{SERR}$，系统奇偶校验错

总线仲裁号： $\overline{\text{REQ}}$，申请者用来请求总线使用权的信号

$\overline{\text{GNT}}$，仲裁器允许申请者得到总线使用权的信号

系统控制引脚： CLK，PCI 时钟，上升沿有效

$\overline{\text{RST}}$，异步复位 Reset 信号

64 位总线扩充： AD[63:32]，地址数据复用引脚高 32 位

C/$\overline{\text{BE}}$，总线命令和字节允许复用引脚

PAR64，高双字偶校验

$\overline{\text{REQ}}$ 64，请求 64 位传输

$\overline{\text{ACK}}$ 64，应答，可以 64 位传送

高速缓存支持： $\overline{\text{SBO}}$，监视补偿

SDONE，监视进行

3. PCI Express 总线

PCI Express 是取代 PCI 的第三代 I/O 技术总线，也称为 3GIO。在工作原理上，它与 PCI 总线不同，采用点对点（P2P，Peer to Peer，即芯片对卡）串行连接方式传输数据。与 PCI 以及早期总线的共享并行架构相比，每个设备都有自己的专用连接，不会出现共享架构中总线争抢问题。由于串行传输不存在信号干扰，总线频率提升不受阻碍，PCI Express 很顺利就达到 2.5GHz 的超高工作频率，总线可提供的单向带宽便达到 250MB/s。（因为 2.5GHz×1B/8bit≈250MB/s 或 2.5GHz×1B/10bit=250MB/s）。

并且，PCI Express 采用全双工运作模式，最基本的 PCI Express 拥有 4 根传输线路，其中 2 相线用于数据发送，2 相线用于数据接收，发送数据和接收数据可以同时进行。相比只能作单向数据传输的 PCI 总线，效率提高一倍；这样 PCI Express 总线的总带宽可达到 500MB/s；这仅仅是最基本的 PCI Express ×1 模式。如果使用 N 个通道捆绑的×N 模式，PCI Express 便可提供 0.5N GB/s 的有效数据带宽。

加之 PCI Express 使用 8b/10b 编码的内嵌时钟技术，时钟信息被直接写入数据流中，这比 PCI 总线能更有效地节省传输通道，提高传输效率。

PCI-E 的接口如图 5-7 所示。根据总线位宽不同而有所差异，包括×1、×4、×8 以及×16 模式，而×2 模式将用于内部接口而非插槽模式。PCI-E 规格从 1~32 条通道连接，有非常强的伸缩性。此外，较短的 PCI-E 卡可以插入较长的 PCI-E 插槽中使用，还支持热插拔（PnP 即插即用）。用于取代 AGP（见本节中 4．AGP 总线）接口的 PCI-E 接口位宽为×16，能够提供 5GB/s 的带宽，即便有编码上的损耗，仍能够提供约为 4GB/s 左右的实际带宽，远远超过 AGP ×8 的 2.1GB/s 的带宽。

PCI-E 在软件层面上兼容目前的 PCI 技术和设备，支持 PCI 设备和内存模组的初始化，也就是说过去的驱动程序，操作系统无须推倒重来，就可以支持 PCI-E 设备。目前 PCI-E 已经成为使用的接口的主流。

图 5-7　PCI-E 总线插槽

4. AGP 总线

AGP（Accelerate Graphical Port，加速图形接口），如图 5-8 所示。随着显示芯片的发展，PCI 总线日益无法满足其需求。Intel 于 1996 年 7 月正式推出了 AGP 接口，它是一种显卡专用的局部总线，是基于 PCI 2.1 版规范并进行扩充修改而成的，其工作频率为 66MHz。

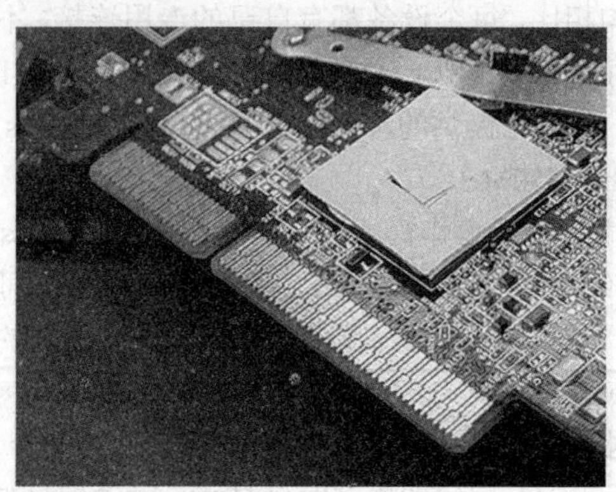

图 5-8　AGP 接口

AGP 是点（控制芯片）对点（AGP 显卡）连接。

（1）AGP 总线的特点。

其首要特点是：它拥有很高的传输速率。如果采用 AGP 4×模式，AGP 总线的时钟频率将增加到 133MHz，其数据传输率将突破 1GBps。原因如下：

1）与 PCI 总线不同，其地址和数据线分离（PCI 为 49 根信号线，而 AGP 总线是 65 根），没有切换的“开销”，提高了系统实际数据传输速率和随机访问主内存时的性能。

2）AGP 总线直接与主板的北桥芯片相连，且通过该接口让显示芯片与系统主内存直接相连，开通主内存到图形卡的高速传输通道，增加 3D 图形数据传输速度。

AGP 总线将“图形纹理”数据置于主内存，减少图形设备对系统的占用，进一步提高了系统性能。

3）由于 AGP 总线借用了处理器的“流水线”技术，并有 8 条额外的“边际”（Sideband）数据请求线，支持对数据的“流水线”装入和预先读取，同时还可将需要的“边际数据”一起传输，大大增加了有效带宽。

4）由于 AGP 总线宽为 32 位，基于 66MHz 时钟，并在时钟脉冲的“上升沿”和“下降沿”都能传输数据，因而可达到 533MBps 的理论传输率，比普通 PCI 接口图形卡提高了 4 倍。

表 5-3 显示了在不同模式下的传输带宽。

表 5-3　AGP 总线传输对比表

	AGP 1.0		AGP 2.0（AGP 4×）	AGP 3.0（AGP 8×）
	AGP 1×	AGP 2×		
工作频率	66MHz	66MHz	66MHz	66MHz
传输带宽	266MB/s	533MB/s	1066MB/s	2132MB/s
工作电压	3.3V	3.3V	1.5V	1.5V
单信号触发次数	1	2	4	4
数据传输位宽	32bit	32bit	32bit	32bit
触发信号频率	66MHz	66MHz	133MHz	266MHz

（2）AGP 总线的工作方式。

AGP 总线有两种工作方式，一种是直接内存访问方式（Direct Memory Access，DMA），另一种是直接内存执行方式（Direct Memory Execute，DME）。两者最大的区别在于 3D 图形加速芯片是否能直接利用系统内存中的纹理贴图数据进行渲染。

1）当 AGP 总线工作在 DMA 方式时，AGP 总线先将系统主内存中的纹理和其他数据装载到图形加速器的本地内存中，像纹理映射、明暗度调整、Z 向缓冲等工作都由图形加速器在本地内存中执行。在此模式下，AGP 总线与基于 PCI 的图形加速器的工作方式大致一样，而图形加速器只是拥有了 AGP 总线高速数据传输的优势。

2）当 AGP 总线处于 DME 方式时，图形数据可直接在系统主内存中执行，而不需要将原始数据全部传输到图形控制器。这样做的好处是可减少主内存和图形控制器之间的数据传输量，尤其是在贴图数据量很大时，优势更加明显。

AGP 图形卡可在 CPU 存取系统主内存时读取主内存中 AGP 映射的内容，也可以同 CPU 及其他外设并行工作，降低了计算机系统对数据通道的竞争和冲突。同样，AGP 图形卡相对于 PCI 图形卡来说，在对主内存的操作中，多了个“额外”的端口，AGP 可以从显存中调入框架（Frame）、缓冲（Z-buffer）值等元素的同时，从系统主内存调入纹理等图形数据。通过该方式，在理想状态下，AGP 图形系统可以比 PCI 图形系统提高 55%的性能。当 CPU 需要向显卡传送图形指令或动画等数据时，CPU 可直接写到系统主内存的 AGP 映射中去，所花的时间远远少于通过图形卡写到显存中的时间。

5.3.3 其他总线

1. RS-232 通信总线

详见本书 8.4.2 节。

2. IEEE1394 总线

1987 年，Apple 公司在 SCSI 口的基础之上推出了一种高速串行总线——Fire Wire，希望能取代并行的 SCSI 总线。后来 IEEE（电气和电子工程师协会）联盟在此基础上制定了 IEEE 1394 标准（SONY 称为 i.Link）。常称为“火线接口”，如图 5-9 所示。一般的 1394 接口通过一条 6 芯的电缆与外设连接，也有的用 4 芯电缆。6 芯电缆和 4 芯电缆的区别在于：6 芯电缆随机提供电源，而 4 芯电缆不提供电源。该接口也是未来的一个发展方向，目前已有部分设备加入了对它的支持。

图 5-9 IEEE 1394 接口

IEEE 1394 是一种串行接口标准，是一种连接外部设备的机外总线，改变了计算机本身拥有众多附加插卡和连接线的状况，可以把计算机、计算机外设（如硬盘、打印机、扫描仪）消费性电子产品（如数码相机、DVD 播放机、视频电话）等非常简单地连接起来，最终将使计算机也变成一种普通的家电。

（1）IEEE 1394 总线的主要性能特点。

1）采用“级联”方式连接各个外部设备。IEEE 1394 总线也需要一个主适配器和系统总线相连。通常我们将主适配器及其端口称为主端口。主端口是 IEEE 1394 总线树形配置结构的根节点。一个主端口最多可连接 63 台设备，这些设备称为节点，设备间采用树形或菊花链结构。两个相邻节点（即设备）之间的线缆最长为 4.5m，采用树形结构时可达 16 层，但两个节点之间进行通信时中间最多可经 15 个节点的转接再驱动，因此通信的最大距离是 72m，线缆不需要终端器。

2）能够向被连接的设备提供电源。IEEE 1394 的连接电缆（Cable）中共有 6 条芯线。其中就有 2 条为电源线，其他 4 条线被包装成两对双绞线，用来传输信号。电源的电压范围是 8～40V 直流电压，最大电流 1.5A。这样，即使设备断电或出现故障也不影响整个网络的运转。

3）IEEE 1394 标准接口结构的所有资源都和内存统一编址，并用存储变换方式识别，实现资源配置和管理。其数据传输率最高可达 400MBps，是目前速度最快的接口。IEE 1394 可以支持 VCR（录像机）、数码摄像机、HDTV（高清晰度电视）、音响、光驱、硬盘和打印机等设备，可以看做等同于 PCI 总线的总线体系结构。

4）采用点对点结构（Peer to Peer）。任何两个支持 IEEE 1394 的设备可以直接连接，不需要通过计算机控制。例如，在计算机关闭的情况下，仍可以将 DVD 播放机与数字电视连接起来播放节目。

5）安装方便且容易使用。IEEE 1394 支持即插即用，在增加或撤掉外设后 IEEE 1394 会自动调整拓扑结构，重设整个外设网络状态。

6）IEEE 1394 可同时提供同步（Synchronous）和异步（Asynchronous）数据传输方式。

同步传输方式强调其数据的实时性，可以将数据直接通过 IEEE 1394 的高带宽和同步传输直接传到计算机上，从而免购昂贵缓冲设备。这也是数码摄像机一直采用 IEEE 1394 作为标准接口的原因之一。

其余的带宽可以用于异步数据传输，异步传输是传统的传输方式，能够分批地把数据传出来，数据的准确性非常高。

这种处理方式使得两种传输方式各得其所，可以在同一传输介质上可靠地传输音频、视频和计算机数据，并且对计算机内部没有影响。

（2）IEEE 1394 总线的工作模式。

目前 IEEE 1394 只有两种规格。一种是 IEEE 1394a，是目前的主流规格，主要支持两种模式——机箱后板（Backplane）模式和电缆（Cable）模式，其中机箱后板模式只支持 12.5MB/s、25MB/s 或 50MB/s 的传输速率，而电缆模式则提供 100MB/s、200MB/s 和 400MBBs 的传输速率。不过，IEEE 1394 的传输速度是遵守从低原则：如果两个传输速率为 400MB/s 的设备中间加入了一个 200MB/s 的设备，数据的传输速度则会以 200MB/s 为准。另一种是 IEEE 1394b，这是为下一代 PC 所制订的标准，它将由 IEEE 1394a 的 400MB/s 直接扩大到 800MBps 和 1600MBps，如果使用光纤的话，最高传输速率提高到了 3.2GBps。此外，与 IEEE 1394a 相比，IEEE 1394b 使用连接距离达到 100m（注意：这要以降低传输速率为代价，此时传输速率将减低到 100MB/s）及提供内部设备供电解决方案。除此之外，IEEE 联盟在 IEEE 1394b 规格中又引入了一种称为最优模式（Betamode）的新物理层配置，用来提高 IEEE 1394b 系统的管理能力。

IEEE 1394 总线的缺点是需占用大量的资源，需要高速的 CPU 支持。由于它的标准使用费比较高，受到许多限制，使用时须购买相关的接口卡，因此，过去的计算机较少配有 IEEE 1394 接口，支持 IEEE 1394 的设备也不多，只有数码相机、MP3、高档扫描仪等一些高带宽的设备在使用 IEEE 1394，使用 IEEE 1394 可以获得非常清晰的图像。

3. USB 总线与接口

（1）USB 总线与接口简介。

USB（Universal Serial Bus）即通用串行总线，如图 5-10 所示。它是一种串行总线系统，带有 5V 电压，可以独立供电，支持即插即用（热插拔）功能，通过集线器（HUB）最多能同时连入 127 个 USB 设备，由各个设备均分带宽。USB 接口是现在最为流行的接口，由康柏、IBM、Intel 和 Microsoft 共同于 1996 年推出，旨在取代以往的串口、并口和 PS/2 接口，作为一种通用串行总线能连接所有不带适配卡的串行外设，提供“万用”（One Size Fits All）连接机制。USB 要比标准串行口快得多，USB 1.x 的传输速度为 12Mbps，USB 2.0 的传输速度已经达到了 480Mbps。USB2.0 总线只有 4 根线：除了电源和地外，另外两根信号线以差分方式串行传输数据，连线可长达 5m。

图 5-10 USB 接口

由于支持即插即用功能，可在不开机箱的情况下增减设备。各种采用 USB 接口的外设已达上千种，常见的有：U 盘、鼠标、键盘、网卡、调制/解调器 Modem、打印机、扫描仪、数码相机、数码摄像机、移动硬盘、音频设备等，便于安装使用。

2008 年 11 月 17 日，Intel 联合 NEC、NXP 半导体、惠普、微软、德州仪器等巨头推出了 USB 3.0 标准，见图 5-11。USB 3.0的特点是传输速率非常快，理论上能达到 4.8Gbps，比USB 2.0快 10 倍，外形基本一致，能兼容 USB 2.0 和 USB 1.1 的设备。全面超越了 IEEE 1394 和 eSATA 的速度。

图 5-11 USB 3.0 外形

USB 3.0 比 USB 2.0 快的原因是提供了更高的带宽和采用一种新的物理层——用两个信道把数据传输和确认过程分离。在原有 4 线结构（电源，地线，2 对数据）的基础上，USB 3.0 再增加了 4 条线路，用于接收和传输信号。因此不管是线缆内还是接口上，总共有 8 条线路。正是额外增加的 4 条（2 对）线路提供了“超快 USB”所需带宽的支持。

在信号传输的方法上，USB 3.0 仍然采用主机控制的方式，不过改为了异步传输。USB 3.0 利用了双向数据传输模式，而不用 USB 2.0 的半双工模式，简化了等待的时间消耗。

（2）USB 总线的主要性能特点。

1）连接方便，即插即用。

2）易于扩展。USB 采用菊花链式（Daisy-Chaining）或集线器式（Hub）两种方式进行扩展，前者可连接多台外设，而后者是星型扩展的，可连接多达 127 个外设。

3）省电。USB 采用两种电源供给方式：主机供电方式和自供电方式。对 Hub 用后一种方式；而对大量 USB 设备则采用前一种方式，按这种方式，对暂时不用的设备，系统软件会使其处于休眠状态，等需要传输数据时，系统软件会唤醒它并重新供电。

4）适应不同外设的速度要求。USB 可采用 12MB/s 的中速传输率和 1.5MB/s 的低速传输率，适用于不同的设备要求。通常情况下，键盘和鼠标用低速率；移动盘、扫描仪、数码相机、打印机等用中速率。在中速状态，比通常的串行口传输率高 100 多倍。USB2.0 接口标准的最高传输率为 480MB/s，适于传输实时的多媒体数据。

USB 对硬件和软件两方面都提出了要求。在硬件上，CPU 必须为 Pentium 以上的芯片；在软件上，必须为 Windows 98 以上的版本。

（3）USB 的设备。

USB 设备分为集线器（HUB）设备和 USB 外设两大类型。HUB 常常用来作为串行通信的扩展设备，由一个串行通信接口扩展成为多个串行通信接口。如图 5-12 所示。

图 5-12　USB 的扩展 HUB

USB 外设指能在总线上发送、接收数据和控制信息的设备，最常见的 USB 外设如音频、通信、人机接口设备（HID-Human Interface Device，如键盘、鼠标和游戏杆等，是 Windows 最早支持的 USB 类别）。

（4）USB 总线与 IEEE 1394 总线的比较。

USB 总线与 IEEE 1394 总线在应用上有许多相似之处，它们都采用通用的连接方式，可以连接不同类型的外设；具有自动配置和热插拔功能，提供设备共享接口，扩展性强。二者传输速率的差距越来越小。

但这两种总线也有许多不同的地方，表现在以下几个方面：

1）IEEE 1394 的拓扑结构中，不需要集线器就可连接 63 台设备，而且可以由网桥（Bridge）再将这些独立的子网（Subtree）连接起来。IEEE 1394 并不强制使用计算机控制这些设备，即外围设备可以独立工作。而在 USB 的拓扑结构中，必须通过集线器来实现多重连接，每个集线器最多有 7 个连接头，整个 USB 网络中可以最多连接 127 个设备。并且，一定要有计算机的存在，作为 USB 总的控制。

2）IEEE 1394 的拓扑结构在其外设增添或减少时，会自动重设网络，其中包括网络短暂的等待状态；而 USB 以 HUB 来判明其连接设备的增减，因此可以减少 USB 网络动态重设的状况。

5.4 认识主板

主板（Motherboard）也可以译作母板。主板的平面是一块 PCB 印刷电路板，是电脑中各种设备的连接载体，在电路板下面是错落有致的电路布线；在上面则为棱角分明的各个部件，如插槽、芯片、电阻、电容等。当主机加电时，电流会在瞬间通过主板上的 CPU、南北桥芯片、内存插槽、AGP 插槽、PCI 插槽、IDE 接口以及主板边沿的串口、并口、PS/2 接口等。随后，主板会根据 BIOS（基本输入输出体系）来辨认硬件，并进入操作系统，支持计算机体系工作的功能。主板结构图如图 5-13 所示。

1. 芯片部分

（1）BIOS 芯片和 CMOS 芯片及二者关系。

1）BIOS 芯片。

BIOS 芯片是固化到计算机主板上只读 ROM 芯片，用于存储计算机的基本输入输出系统（BIOS，Basic Input Output System）程序。包括计算机最重要的基本输入输出的程序、系统设置信息、开机后自检程序和系统自启动程序。其主要功能是为计算机提供最底层的、最直接的硬件设置和控制。BIOS 主要对硬件进行管理，是开机后首先自动调入内存执行的程序，由它对硬件进行检测并初始化系统，然后启动磁盘上的系统程序最终完成系统的启动。

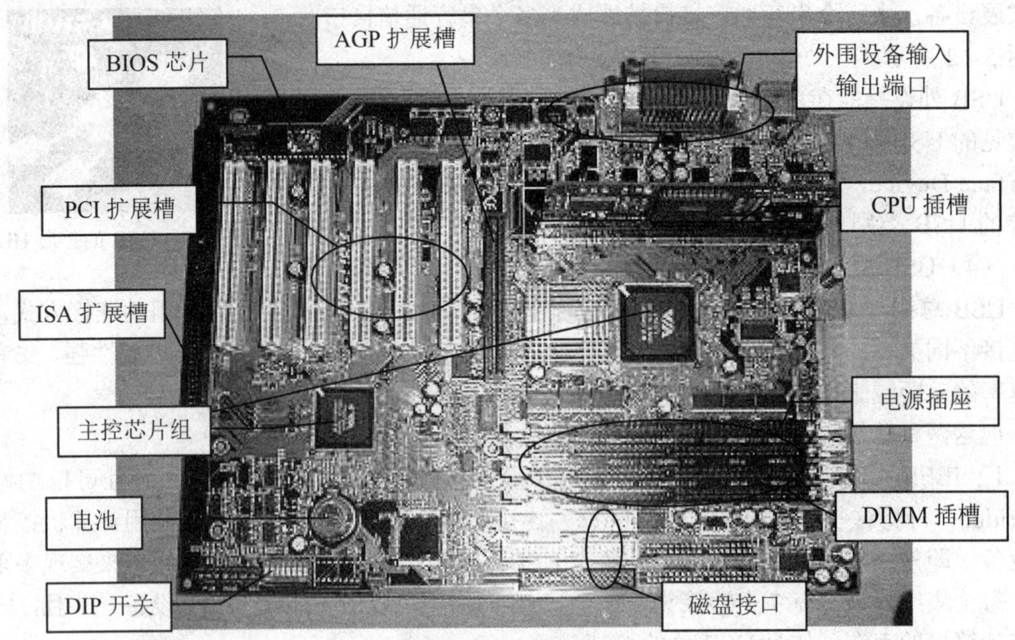

图 5-13　主板结构图

另外，BIOS 还配合操作系统和应用软件对硬件进行各种操作。BIOS 的芯片常见的有 EPROM（Erasable Programmable ROM）和 EEPROM（Electrically Erasable Programmable ROM），EPROM 可用紫外线照射来清除里面的程序，然后重新写入；EEPROM 则可以用适当电压加以清除，CIH 病毒正是利用这一特性对 BIOS 进行破坏的。目前有的主板厂商在一些新款主板上采用了双 BIOS 或 BIOS 写保护等措施来避免用户的损失。

BIOS 软件一般有两种版本：AMI BIOS 和 Award BIOS。

2）CMOS 芯片。

CMOS（Complementary Metal Oxide Semiconductor），翻译出来的本意是互补金属氧化物半导体存储器，指一种大规模应用于集成电路芯片制造的原料。但在这里 CMOS 的准确含义是指目前绝大多数计算机中都使用的一种用电池供电的可读写的 RAM 芯片，用以保护当前系统的硬件配置和用户对某些参数的设定。

3）BIOS 芯片和 CMOS 芯片的关系。

CMOS 与 BIOS 到底有什么关系呢？CMOS 是存储芯片，但它也只能起到存储的作用，要对 CMOS 中各项参数进行设置就要通过专门的设置程序。BIOS 中的系统设置程序是完成 CMOS 参数设置的手段，而 CMOS RAM 是存放设置好的数据的场所，它们都与计算机的系统参数设置有很大关系。正因如此，便有了“CMOS 设置”和“BIOS 设置”两种说法，其实，准确的说法应该是“通过 BIOS 设置程序来对 CMOS 参数进行设置”，它们指的都是一回事。

CMOS 存储芯片可以由主板的电池供电，即使系统掉电，存储的数据也不会丢失。如果电池没有电，或是突然接触出了问题，或是你把它取下来了，那么CMOS就会因为断电而丢掉内部存储的所有数据。

BIOS在计算机中的重要性是不言而喻的，主板就是通过这个管理程序才能实现各个部件之间的控制和协调，可以说，它是使用计算机的一块基石。另外，经常发生的计算机死机的情况、安装了声卡却发现与显卡发生冲突而不能使用、或是CD-ROM挂不上，这些都有可能和BIOS设置不当有关系。所以它对整个机器性能的影响是相当大的，决不能忽视它的作用。正因为如此，一般在新购计算机或是新添了一个硬件设备、遭受了病毒的攻击或是像上面提到的设置参数丢失了的话，都要对BIOS进行详细的设置。不同的BIOS版本有不同的设置界面，但设置的选项都很类似。

（2）南北桥芯片。

横跨AGP插槽左右两边的两块芯片就是南北桥芯片。南桥多位于PCI插槽的上面，而CPU插槽旁边被散热片盖住的就是北桥芯片。详述见本章5.6节。

（3）RAID（Redundant Array of Independent Disks）廉价硬盘冗余阵列控制芯片。

该芯片相当于一块RAID卡的作用，可支持多个硬盘组成各种RAID模式。目前主板上集成的RAID控制芯片主要有两种：HPT372 RAID控制芯片和Promise RAID控制芯片。

2. 插拔部分

（1）内存插槽。

内存插槽有2～4个，一般位于CPU插座下方，黑色，两边带卡座，用于插入内存条，目前主流主板有以下几种内存插槽：

- SIMM插槽：单内联内存模块（SIMM，Single Inline Memory Module）内存条正反两面都带有金手指，通过SIMM插槽与主板连接。SIMM插槽就是一种两侧金手指都提供相同（有的内存条不同，在两面提供不同的信号）的信号的内存结构，它多用于早期的动态随机存储器（DRAM，Dynamic Random Access Memory），DRAM只能将数据保持很短的时间。为了保持数据，DRAM必须隔一段时间刷新一次，如果存储单元没有被刷新，数据就会丢失，最初一次只能传输8位数据，后来逐渐发展出16位和32位数据。在内存发展到同步动态随机存储器内存条（SDRAM，Synchronous DRAM）后，SIMM逐渐被DIMM技术取代。
- DIMM插槽：双列直插式存储模块（DIMM，Dual Inline Memory Modules）为双排168线，对应于168引脚的同步动态随机内存条(SDRAM)。SDRAM DIMM的金手指每面为84针，上有两个卡口，用来避免插入插槽时，错误将内存反向插入而导致烧毁。DIMM与SIMM相当类似，不同的只是DIMM的金手指两端不像SIMM那样是互通的，它们各自独立传输信号，因此可以满足更多数据信号的传送需要。同样采用DIMM，SDRAM 的接口与DDR内存的接口也略有不同。
- DDR DIMM插槽：这种插槽的线数为184线，对应184引脚的DDR SDRAM。金手指每面有92针，金手指上只有一个卡口，卡口数量的不同，是二者最为明显的区别。

DDR SDRAM（Dual Data Rate SDRAM）是一种新的技术规范，是在 SDRAM 内存技术基础上开发的，其上升沿和下降沿都触发，形成双倍数据速率传输，图 5-14 给出了 DDR 传输示意图。

DDR SDRAM 性能上比 SDRAM 有很大进步，但比起 RDRAM 来说可能存在差距。但它不像 RDRAM 那样存在许可协议问题，也就是说 DDR 是开放式标准，这一点导致它在和 RDRAM 的竞争中占踞上风，有可能成为事实上的新内存规范。

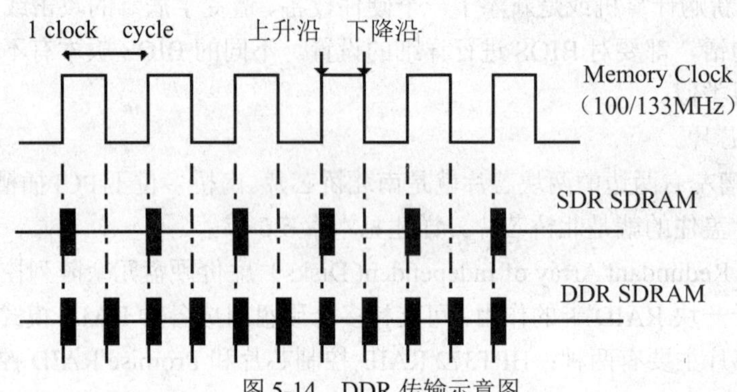

图 5-14　DDR 传输示意图

- DDR2 DIMM 为 240 针 DIMM 结构，金手指每面有 120 针，与 DDR DIMM 一样，金手指上也只有一个卡口，但是卡口的位置与 DDR DIMM 稍微有一些不同。因此 DDR内存是插不进 DDR2 DIMM 的，同理DDR2 内存也是插不进 DDR DIMM 的。在一些同时具有 DDR DIMM 和 DDR2 DIMM 的主板上，不会出现将内存插错插槽的问题。
- RIMM 插槽：RIMM 是 Rambus 公司生产的RDRAM 内存所采用的接口类型，RIMM 内存与 DIMM 的外型尺寸差不多，RIMM（Rambus Inline Memory Module）也有 184 线的针脚，双面金手指。在金手指的中间部分有两个靠的很近的卡口。RIMM 非 ECC 版有 16 位数据宽度，ECC 版则都是 18 位宽。但因 RDRAM内存较高的价格，RIMM 内存及其插槽也少见了。

（2）AGP 插槽。

AGP 插槽颜色多为深棕色，位于北桥芯片和 PCI 插槽之间。AGP 插槽有 1×、2×、4×和 8×之分。AGP 4×的插槽中间没有间隔，AGP 2×则有。现在的显卡多为 AGP 显卡，AGP 插槽能够保证显卡数据传输的带宽，而且传输速度最高可达到 2133MB/s（AGP 8×）。

（3）PCI 插槽。

PCI 插槽多为乳白色，是主板的必备插槽，可以插上软 Modem、声卡、股票接收卡、网卡、多功能卡等设备。

PCI Express 插槽有多种颜色。随着 3D 性能要求的不断提高，AGP 已越来越不能满足视屏处置带宽的要求，当前主流主板上显卡接口多转向 PCI Express。PCI Express 插槽有 1×、2×、

4×、8×和 16×之分。

（4）CNR 插槽。

CNR（Communication Network Riser，通讯网络插卡）是 Intel 公司开发的一种扩展槽标准。采用这种标准，通过附加的解码器可以实现软件音频功能和软件调制解调器功能。

CNR 插槽多为淡棕色，长度只有 PCI 插槽的一半，占用的是 ISA 插槽的位置。把软调制解调器或是软声卡的一部分功能交由 CPU 来完成。这种插槽的功能可在主板的 BIOS 中开启或禁止。CNR 可以与 RJ-11 电话线实现无缝集成，为 PC 的小范围连接（如家庭）提供了经济高效的解决方案。

3. 对外接口部分

PC 对外接口有硬盘接口 IDE 和 SATA、COM 接口、LPT 并行接口、PS/2 接口、USB 接口、MIDI 接口、SATA 接口等。将在第 8 章中讨论。

顺便提及，较早的机器上常用的软驱接口，连接软驱用，多位于 IDE 接口旁，比 IDE 接口略短一些，由于它是 34 针的，因此数据线也略窄一些。现已淘汰。

5.5 主板结构规范

主板上的设备各不相同，而且主板本身也有芯片组、各种 I/O 控制芯片、扩展插槽、扩展接口、电源插座等元器件，因此制订一个标准以协调各种设备的关系是必须的。

所谓主板结构就是指主板上各元器件的布局和排列方式。不同的板型通常要求不同的机箱与之相配套，各主板结构规范之间的差别包括尺寸大小、形状、元器件的放置位置和电源规格等制订出的通用标准，所有主板厂商都必须遵循。

目前常见的主板结构规范主要有 AT、Baby-AT、ATX、Micro ATX、LPX、NLX、Flex ATX、EATX、WATX 以及 BTX 等结构。

1. AT 结构

AT 结构因首先应用在 IBM PC/AT 机上而得名，AT 和 Baby-AT 是多年前的老主板结构，现在已经淘汰。

2. ATX 结构

ATX（AT Extend）结构是 Intel 公司于 1995 年 7 月提出的。ATX 结构的优点有：①全面改善了硬件的安装、拆卸和使用；②支持现有各种多媒体卡和未来的新型设备；③全面降低了系统整体造价；④改善了系统通风设计；⑤降低了电磁干扰，机内空间更加简洁。ATX 是目前市场上最常见的主板结构，扩展插槽较多，PCI 插槽数量在 4～6 个，大多数主板都采用此结构。而 LPX、NLX、Flex ATX 则是 ATX 的变种，多见于国外的品牌机，国内尚不多见；EATX 和 WATX 则多用于服务器/工作站主板。

3. Micro ATX 结构

Micro ATX 是依据 ATX 规格改进而成的简化版。Micro ATX 结构规范的主要特点是：支持主流 CPU、更小的主板尺寸、更低的功耗以及更低的成本，不过主板上可以使用的 I/O 扩展槽也相应减少了，PCI 插槽数量在 3 个或 3 个以下，最多支持 4 个扩充槽，DIMM 插槽为 2～3 个。比 ATX 标准主板结构更为紧凑，板上还集成图形和音频处理功能。

4. BTX 结构

2003 年 9 月，Intel 发布了平衡技术扩展架构（Balanced Technology Extended，BTX），以此替代使用多年的 ATX 架构。BTX 使主板布局、机箱结构甚至电源外形都发生了本质变化，BTX 具有如下特点：

（1）支持窄板设计，系统结构将更加紧凑，体积减小。

（2）针对散热和气流的运动，对主板的线路布局进行了优化设计。将高发热的 CPU、北桥甚至显卡布置在一条风道上，使用单一风扇便可以给电脑散热。

（3）BTX 与 ATX 的变化主要是机箱内的，主板的安装将更加简便，机械性能也经过最优化设计。

不过，机箱的成本明显上升，因此要说服消费者购买新的机箱和主板难度很大。BTX 的推广难以彻底的另一个原因是它的主板布局更适合 Intel 架构以北桥为中心的模式，应用于 Athlon 64 平台的难度要大于 ATX。

而且，BTX 提供了很好的兼容性。目前已经有数种 BTX 的派生版本推出，根据板型宽度的不同分为标准 BTX（325.12mm），microBTX（264.16mm）及 Low-profile 的 picoBTX（203.20mm），以及未来针对服务器的 Extended BTX。而且，目前流行的新总线和接口（如 PCI Express 和串行 ATA 等）也将在 BTX 架构主板中得到很好的支持。

值得一提的是，新型 BTX 主板通过预装的 SRM（支持及保持模块）优化散热系统，特别对 CPU 有利。散热系统在 BTX 的术语中也被称为热模块，该模块包括散热器和气流通道。目前已经开发的热模块有两种类型，即 full-size 及 low-profile。在 2005 年市场上开始出现了 BTX 专用散热器盒装 P4 处理器及机箱、电源产品。

得益于新技术的不断应用，将来的 BTX 主板还将完全取消传统的串口、并口、PS/2 等接口。

5.6 主板控制芯片组

5.6.1 概念及结构

如果把中央处理器 CPU 比喻为整个计算机系统的心脏，那么主板上的芯片组就是整个身体的躯干。芯片组是主板的灵魂，决定了这块主板的功能，其作用是在 BIOS 和操作系统 OS 的共同控制下按规定的技术和规范，对各种类型的 CPU、内存、图形接口、IDE 接口以及 I/O 设备接口等提供工作平台。现在主板的芯片组主要分为以下两大体系。

1. 南、北桥结构

顾名思义，南、北桥的结构一般是由两块芯片组成的芯片组结构，即北桥芯片（North

Bridge）和南桥芯片（South Bridge）。桥就是一个总线转换器和控制器，在桥的内部包含有兼容协议（实现各类微处理器总线通过一个 PCI 总线来进行连接的标准）以及总线信号线和数据的缓冲电路，以便把一条总线映射到另一条总线上。北桥与南桥之间也是通过 PCI 总线完成通信的。

桥是不对称的。芯片组以北桥芯片为核心，通常，主板的命名都是以北桥的核心名称命名的（如 P45 的主板就是用的 P45 的北桥芯片）。北桥芯片主要负责管理 CPU、前端总线、内存与显卡AGP 接口等高速设备间的数据传输，为 Cache、PCI、AGP、ECC 纠错提供工作平台。由于发热量较大，因而需要散热片散热，通常在主板上靠近 CPU 插槽的位置。

南桥芯片则负责硬盘 IDE 等存储设备以及光驱、网卡之类的低速设备的 I/O 接口和 PCI 之间的数据流通，为高级电源管理、USB 等提供工作平台。现在的南桥芯片也集成了多媒体功能，整合了 AC97 2.0（满足 PC98 基本音频规范的音频处理芯片）/Sound Blaster 兼容的音频处理功能等。南桥芯片在靠近 PCI 槽的位置。

北桥的工作速度远大于南桥。

芯片组在很大程度上决定了主板的功能和性能。需要注意的是，AMD 平台中部分芯片组因 AMD CPU 内置内存控制器，可采用单芯片的方式，如 NVIDIA nForce 4 便采用无北桥的设计。从 AMD 的 K58 开始，主板内置了内存控制器，因此北桥便不必集成内存控制器，这不但减少了芯片组的制作难度，同样也减少了制作成本。现在在一些高端主板上将南北桥芯片封装到一起，只有一个芯片，这就大大提高了芯片组的功能。

图 5-15 是威盛为 AMD Athlon 和 Duron 设计的芯片组 KT133 的结构图，北桥芯片为 VT8363。新的 VT 82C686B 南桥支持了 ATA/100 规格的硬盘接口。

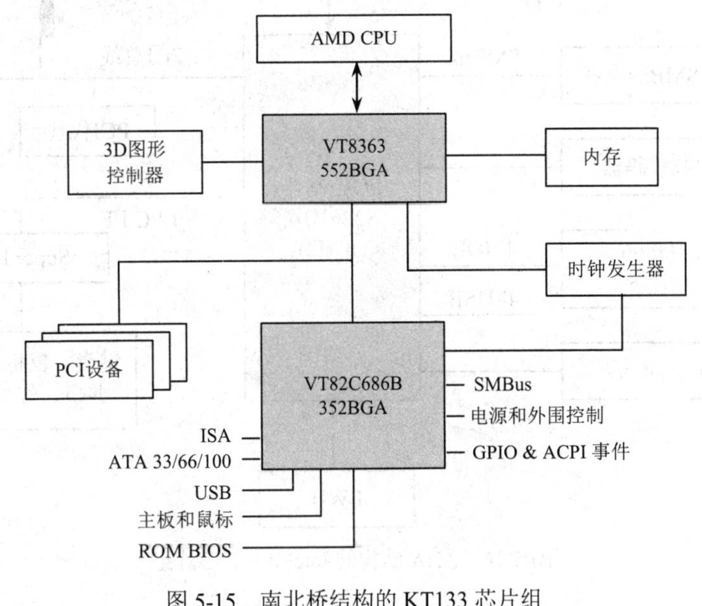

图 5-15　南北桥结构的 KT133 芯片组

目前市场面上能够完善支持 SATA2.0 3Gb/s 传输速率的有威盛 VIA 的 VT8251、nVidia 的 nF4 SLI、nF4 SLI IE 以及 Intel 公司的 ICH7，ICH7R 芯片外，还有 06 年上市的 Intel ICH8 南桥、ATI 公司的 SB600 南桥等。

2. 加速集线器体系结构（AHA，Accelerated Hub Architecture）

加速集线器体系结构 AHA 始于 Intel i810 芯片组，是以图形、内存控制中心（GMCH，Graphics & Memory Controller Hub）、I/O 控制中心（ICH-I/O Controller Hub）、固件中心（FWH，Firmware Hub）3 块芯片组成的芯片组。三块芯片之间采用数据带宽为 266Mbps 的新型专用高速总线，较之 PCI 总线的南、北桥结构要快得多。

GMCH 与北桥芯片功能相似，ICH 与南桥芯片功能相似，FWH 主要用于存储系统 BIOS 和视频 BIOS，并集成了随机数发生器等电路，提供了 4MB 的 EEPROM。

图 5-16 为采用加速集线器体系结构的 i815E 芯片组结构示意图。

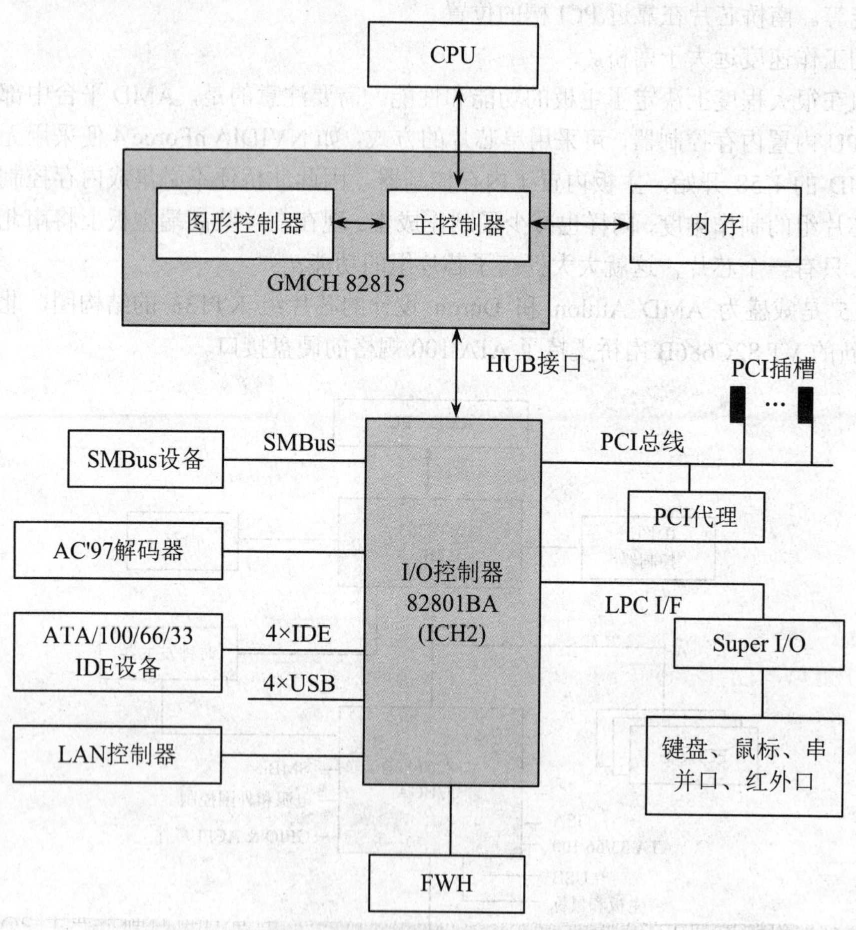

图 5-16 AHA 结构的 Intel i815E 芯片组

5.6.2 流行芯片组

选择主板跟选择 CPU 分不开，由于 AMD 与 Intel 在 CPU 结构上不兼容，导致我们在比较主板性能的时候还要附带考虑 CPU 性能。

当今主要的微处理器配套芯片组按 CPU 的种类可分为两个阵营：支持 Intel CPU 的和支持 AMD CPU 的。Intel 和 AMD 自己制造的芯片组当然只为自己的 CPU 服务，而美国 NVIDIA、加拿大ATI、台湾 VIA（威盛）和 SIS（矽统）这四家组成的第三方芯片组厂商，为两家的主流 CPU 都提供芯片组。

1. Intel 平台芯片组

Intel 的主板芯片组（一般按照北桥芯片命名）经过多年发展，型号繁多，有 810、820、845、865、915、945、965 等许多型号以及最新的 P35、G33、Q35 等，我们只就近期主流型号在此做一个简单的讲解。

从 810 开始，Intel 放弃了以往的南桥和北桥的概念，用 MCH（Memory Controller Hub，内存控制中心）取代了以往的北桥芯片，用 ICH（I/O Controller Hub，输入输出控制中心）取代了南桥芯片。

针对主流市场，Intel 965 系列芯片组搭载“酷睿 2”处理器，组成新一代高性能平台。2006 年发布了支持 65nm 处理器的 i965 系列芯片组，可完整地支持虚拟化技术及英特尔的第二代主动管理技术（Active Management Technology）。

Intel 又发布了 975X 芯片组取代 955X 芯片组，其 Pentium XE 处理器就必须使用 i975X 平台。i975X 芯片组支持双 PCI-E 图形技术，可将一条 PCI-E x16 总线划分成 2 个 PCI-Ex8 总线，并且可支持弹性的 I/O 执行方案。还支持 800/1066MHz 的 FSB，支持 533/667MHz 的 DDR2 内存，并且在容量上可达到 8GB，并支持 ECC 内存。975X 芯片是现在最高端的 Intel 芯片组。

975、965 须与 ICH8 系列南桥配合，取代目前的 ICH7 南桥芯片。ICH8 南桥芯片采用 90nm 工艺生产，支持 SATA。ICH8 将集成 6 个 SATA 接口（比 ICH7 多两个），ICH8M 还提供对 PATA 的支持，ICH8 USB 接口从 ICH7 的 8 个提升到 10 个。另外，在 ICH8 当中集成 1 个额外的 EHCI 控制器，提升 USB 带宽。ICH8 将彻底抛弃 AC97 声效，转而采用实时 HD 声效处理，通过额外的 SDI 总线支持 HDMI 介面。为满足多样化的需求，英特尔发展出 ICH8、ICH8R、ICH8DO（Digital Office）和 ICH8DH（Digital Home）等四个型号，功能、规格也比 ICH7 系列南桥有很大改进。

Intel 继而推出 ICH9 南桥芯片，是 ICH8 的修正版，支持 SATA，所支持的 USB 端口将增加到 12 个，功耗降低到 3.5W 以下。

ICH9 南桥芯片支持 Conroe、Ridgefield、Allendale 和 45nm 的 Penryn 处理器。

Intel 已于 2007 年 6 月推出全新芯片组产品配合，芯片组代号为 Bearlake，家族命名为 3 系列，并采用全新的产品命名方法：1 个英文字母配搭 2 个数字，英文字母 X 针对高端市场、P 针对主流应用市场、G 针对集成 IGP 图形引擎，Q 则针对商用市场，第一个数字产品家族，第二个数字则代表其功能。

3 系列芯片组有高端旗舰级 X38、主流性能级 P35、商务型 Q35 和 Q33、整合型 G35 和 G33 以及 G31、低端 P31。

3 系列芯片组有以下特点：支持四核芯 Kentsfield 和 45nm 的 Penryn 核芯处理器；首个支持 1333MHz 前端总线的桌面级芯片组产品；同时内建 DDR2 和 DDR3 的内存控制器；升级至 PCI Express 2.0 规格，其每组 Lanes 的单向内部连接速度将由 2.5Gbps 提升至 5Gbps，带宽提升一倍。

P35/G33 系列，指主流级芯片组 P35 及主流级 IGP 芯片组 G33，两者在功能上主要是基于已有的 965 芯片组规划，并加入 1333MHz FSB 及 DDR3 1066 内存支持，南桥芯片则升级至 ICH9。975x 升级为 X38 系列。

新推出的 P45 支持 1333MHz 的 FSB，内存规格最高升至 DDR3 1333，包含 PCI Express 2.0，搭配 ICH10 和 ICH10R 的南桥，支持 6 个 3GB 的 SATA 和 e-SATA 接口，12 个 USB 接口，ICH10R 包含独立磁盘冗余阵列 RAID 0、1、5、10 的支持，内置声卡和网卡。Intel P45 芯片组"可能是 Intel 有史以来最长命的芯片组"。

表 5-4 列出了几种常见 Intel 平台芯片组的性能。

表 5-4 几种常见 Intel 平台芯片组的性能

北桥 MCH	P965	G965	Q965
接口	LGA775	LGA775	LGA775
处理器	Intel Core2 Extreme Intel Core2 DUO Intel PentiumD Intel Pentium4 Intel CeleronD	Intel Core2 Extreme Intel Core2 DUO Intel PentiumD Intel Pentium4 Intel CeleronD	Intel Core2 Extreme Intel Core2 DUO Intel PentiumD Intel Pentium4 Intel CeleronD
前端总线	533/800/1066MHz	533/800/1066MHz	533/800/1066MHz
内存规格	双通道 DDR2-533/667/800	双通道 DDR2-533/667/800	双通道 DDR2-533/667/800
最大内存容量	8GB	8GB	8GB
内存插槽	4	4	4
显卡接口	PCI-E 16X	PCI-E 16X	PCI-E 16X
配合南桥	ICH8/ICH8R	ICH8/ICH8R	ICH8/ICH8R
PCI-E 1X	6	6	6
磁盘规格	SATA2	SATA2	SATA2
磁盘数量	6	6	6
USB 接口	10	10	10
网络	内建 Gigabyte LAN	内建 Gigabyte LAN	内建 Gigabyte LAN
音频	HD Audio	HD Audio	HD Audio

2. AMD 平台芯片组

（1）AMD 系列芯片组。

AMD 系列芯片组当前主要有 7、8、9 系列。表 5-5 列出了几种常见 AMD 芯片组的性能。

表 5-5　几种常见 AMD 芯片组的性能

北桥 MCH	配合南桥/CPU 类型	接口	总线规格	音效芯片	廉价磁盘冗余阵列 RAID 功能
AMD 740/740G	SB700	IDE 接口：ATA 133 SATA 接口：6 个，支持 SATA II 接口 USB 接口：支持 12 个 USB2.0 接口/2	1000MHz/800MHz/1000MHz	HD Audio（High Definition Audio），高保真音频	支持 SATA RAI
AMD 760G	SB710/ AMD Phenom、Athlon X	SATA 接口：支持 6 个 SATA II 接口 USB 接口：支持 12 个 USB2.0 接口		支持集成音效芯片	支持
AMD 770	SB600	IDE 接口：ATA 133 SATA 接口：支持 6 个 SATA II 接口 USB 接口：支持 10 个 USB2.0 接口		HD Audio	支持 SATA RAI
AMD 780E/780G/790X 与 FX/790GX	SB750/SB700/ SB600/ SB750	IDE 接口：ATA 133 SATA 接口：支持 6 个//4 个/ 6 个 SATA II 接口 CPU 插槽：SocketAM2/AM2+ USB 接口：支持 12 个//10 个/12 个 USB2.0 接口	1800MHz	支持集成音效芯片/HD Audio	支持 SATA RAI
AMD 785G/ AMD 880G	SB710/ AMD Phenom II、Athlon II	SATA 接口：支持 6 个 SATA II 接口 CPU 插槽：SocketAM2/AM2+/AM3 USB 接口：支持 12 个 USB 2.0/2 个 U 接口	HT3.0MHz/	支持集成音效芯片	支持
AMD 870/ AMD 890FX/ AMD 890GX	SB850/ AMD Phenom II、Athlo/ AMD Athlon、Athlon I//	SATA 接口：支持 6 个 SATA II 接口 USB 接口：支持 14 个 USB 2.0/2 个 U 接口/ 6 个 SATA III 接口 14 个 USB2.0 接口		支持集成音效芯片	支持
AMD 970/ AMD 990X/ AMD 990FX	SB950/ AMD Phenom II、Athlo/ AMD Phenom、Athlon X 等多核 CPU	SATA 接口：支持 6 个 SATA III 接口 USB 接口：支持 14 个 USB2.0 接口		支持集成音效芯片	支持

续表

北桥 MCH	配合南桥/CPU 类型	接口	总线规格	音效芯片	廉价磁盘冗余阵列 RAID 功能
AMD A55/ AMD A75	A55 / A75/ (AMD A8/A6/A4)	SATA 接口：支持 6 个 SATA III 接口 USB 接口：支持 14 个 USB2.0 接口	1866MHz	支持集成音效芯片/视 CPU 而定	支持
AMD A55(FM2)	A55/A75 /(AMD A10/A8/A6/A4)	SATA 接口：支持 6 个 SATA III 接口 USB 接口：支持 14 个 USB2.0 接口	1866MHz	支持集成音效芯片	4×PCI-E 2.0
AMD A85X	A85X/AMDA10/ A8/A6/A4	支持 8 个 SATA 6Gb/s 接口 支持 14 个 USB3.0 接口		支持集成音效芯片	RAID 0

（2）NVIDIA、ATI、VIA 和 SIS 的 AMD 平台芯片组。

2006 年，AMD 在正式收购 ATI，就把部份 ATI 芯片组产品改以 AMD 品牌上市。

在 AMD 平台，占据大量份额的还是 AMD 芯片组，虽然 NVIDIA 在低端芯片组方面还有一定的市场份额，不过已经明显的后劲不足，随着竞争对手的逐渐退出，AMD 已经形成了一家独大的市场格局。

5.7 主板发展趋势

5.7.1 主板结构的新变化

新型芯片组架构的更新：传统的芯片组结构采用南北桥的分控体系，而 i810 芯片组开始引入加速集线器体系结构（Accelerated Hub Architecture），取代了原有的 PCI 总线，并采用专用总线，连接各设备和 CPU，以达到高速处理的目的。

i820 芯片组则采用了替代北桥芯片的内存控制集线器（MCH-Memory Controller Hub）和替代南桥芯片的 I/O 控制集线器（ICH-I/O Controller Hub），同时采用专用总线来连接它们，其带宽比传统的 PCI 总线速度增加了一倍，缓解了各种设备传输数据时的紧张需求。

其他一些新型的控制器还有固件集线器（Fireware Hub）、图形存储控制集线器（Graphics Memory Controller Hub）、音频解码控制器 AC97（Audio Code 97 Controller）。此外，在最新主板中，ISA 总线插槽被 PCI 插槽取而代之，作为基本插槽存在于计算机主板产品中。

进入 06 年后，多核架构发展起来，对主板技术革新也不断提出新的要求，推动主板结构与技术的快速发展。

5.7.2 主板总线速度的提升

1. 前端总线及带宽速度的提升

与处理器和图形平台的高速发展相呼应，芯片组领域也有全面的技术提升。首先在连接总线方面，Intel 将前端总线提高到 1333MHz（高阶产品），意味着处理器与芯片组拥有 10.6GB/s 的连接带宽。DDR2-533、DDR3 内存系统可提供更高内存带宽，将上升至 25.6GB/s。从长远趋势来看，拥有单芯片位宽以及频率和功耗优势的 DDR3 是令人鼓舞的。

2. PCI Express 2.0 现身

PCI Express 2.0 和 PCI Express 1.1 完全兼容。PCI Express 总线将能支持更耗频宽的应用（主要是显卡），并且将 ×16 的传输率提高到约 16 Gbps。其次，PCI Express 2.0 增强了供电能力，使得系统可良好地支持 300W 以内功耗的高阶显卡；此外，PCI Express 2.0 还新增了输入/输出虚拟（IOV）特性，可使多台虚拟计算机方便地共享显卡、网卡等扩展设备。

3. SATA 2.0 取代 SATA1.0 成为主流

目前传输速率高达 300MBps 的 SATA 2.0 接口成为主板的标准配置。

SATA2.0 最大的特点就是更高的传输带宽，它允许的数据吞吐速率达到 3Gbps，有效吞吐速率达到 300MBps，是第一代 SATA 接口的两倍。SATA 2.0 的优势是具有原生命令队列（Native Command Queuing，NCQ）、无序执行/发送、数据分散/集中等注重效率优化的新功能，可有效提高硬盘的读写效率。

5.7.3 主板超频稳定性能的成熟

超频是指 CPU 等器件在额定频率之上工作。虽然不提倡过度超频，但适度超频可以充分发挥 CPU 的潜能。

1. 主板电压可调技术及外频分频调整技术

CPU 核心电压可调功能，这种技术通过适当提高或降低 CPU 核心电压，可以使 CPU 在稳定的情况下大幅超频，获得异常的高额性能；I/O 电压可调技术是指提高主板外设接口的电压（如显卡、内存），以提高这些外设在超频时的稳定性。

多分频技术主要体现在主板总线的频率稳定上，高分频作用的目的是：当主板的外频变化范围较大时，也能使 PCI 等外设的工作频率能够获得适宜的较低标准频率，以避免过高频率对这些设备造成一定损害，获得稳定的性能。假如 CPU 外频为 200MHz，如果主板支持六分频，也就是说 200 除以 6 就得到 PCI 的标准频率 33MHz。AGP 显卡在适当的分频调整后也能获得稳定的性能。

2. 异步内存调整技术

传统主板只有同步内存使用模式，外频总线速度与内存总线速度相同，如果在 133MHz 外频下使用 PC100 内存，则可能导致机器使用不稳定。在采用并设置了异步内存调整技术以后，不管总线速度是多少，内存总能安全稳定地运行在 100MHz 的低频状态下，这就保护了部分消费者手中的旧内存能继续使用。如果有的内存本身质量较好，内存总线速度也可设定为比标准内存速度要快，以消除内存瓶颈。

5.7.4 主板性能的增强

主板性能的增强体现在以下几个方面：

1. 主板安全稳定性能的增强

主板安全稳定性能的增强主要基于监控管理技术、主板问题诊断技术、主板防毒杀毒能力的提高。此外某些主板还带有系统恢复功能，不但可以保护 BIOS，还能保护硬盘的存储资料，这些防毒功能都可以大大降低意外事故的发生。

2. 主板方便性能的提高

主板方便性能大为提高，如免跳线技术，可以在 BIOS 中方便地设置 CPU 的各项参数，免去了打开机箱找跳线设置的烦琐操作。以硬件跳线设置代替软跳线，防止病毒侵袭、或因修改跳线导致主板故障等问题，并在主板上给出详细配置信息。

3. PC99 技术规格

PC99 技术规格是由微软、Intel 等公司共同制订推广的一项业界标准 PC99，涉及到诸多方面。在硬件主板设计方面主要规范了产品的设计要求，并必须符合人体工学，布局合理，保证安装者能正常装配使用主板。此外规范了主板各接口的有色标识，以方便识别。

4. 多类型 CPU 主板

一些主板采用多种混装 CPU 接口，如 Slot 1 和 Socket 370 双接口设计，以适应不同的 CPU 产品。不过在使用时只能择一而用，不能同时使用多个 CPU，这一点不同于双、多 CPU 主板。不过随着 Slot 1 CPU 的淘汰和 Socket 370 CPU 的兴起，该技术已不大流行。

5. 主板能源功能的改进

主板能源功能的改进主要体现在 STR 新技术的发展，STR 技术原出自于笔记本电脑，其前身是 STD 技术（Suspend to Disk，挂起到硬盘），其具体过程是将系统（一般是 Windows 98）运行时的当时状态和相关系统信息保存到存储设备（硬盘）上，此时系统耗能极小，再次开机时可省去大量的系统自检和启动时间，从而迅速恢复到关机前的状态。而 STR 也就是 Suspend to RAM（挂起到内存），即将存储环境由 Disk 转向 RAM，这种方法较 STD 更快速稳定，耗能更小，目前被许多最新主板采用。目的是在不损失内存数据的前提下达到瞬间开机即时恢复的功能，它配合 Modem 电话即可满足用计算机即时传真恢复、应答电话、网络远程管理等需求，是一种先进快捷的技术。

目前最新的主板 BIOS 均支持 STR 技术，而一些不支持 STR 技术的老主板也可通过 Windows 2000 等新型操作系统获得软支持能力。

此外，不少主板采用了名为 Spread Spectrum 的技术，其作用是有效降低主板产品的电磁辐射干扰。有的主板还能自动检测并关闭空闲的主板内存及扩展卡插槽，以进一步降低电磁辐射干扰。

主板能源功能改进的另一方面是一种名为“数字式PWM供电”的新方式，它主要将传统的铝制电解电容、MOSFET、扼流线圈元件更换为数控电气性能更高的贴片/BGA封装元件，有效避免传统铝制电解电容大功耗下不稳定、爆浆等问题。

随着四核处理器普及速度的加快，多相供电技术呼之欲出。相数越多，每相通过的电流越小，相应的负载就会大大降低。华硕P5Q3 Deluxe主板采用16相供电设计，当主板通过增加供电相数来降低负载时，元器件的发热量也大大降低了。这不仅有助于供电电路的稳定运行，更重要的是，它大大延长了主板的使用寿命。

无论电路如何并联，每一相供电回路总有一颗IC芯片控制着MOSFET的开关，因此只要能确定电路中IC芯片的数量，便能知道主板采用了多少相供电回路。

5.7.5 整合技术日新月异

主板整合技术是一大新的发展趋势，其原理是将一般单独配置的AGP显卡、PCI声卡、PCI Modem、PCI网卡、IEEE1394等设备接口集成在主板上，以提高产品的兼容性和性能价格比。在音频方面，目前推出的主板芯片组均提供了AC97（Audio Codec 97）的接口，只需在主板上集成一块模拟信号编码解码器，即可实现计算机硬件的音频处理功能和Modem、网卡功能。

一个比较流行的做法是在主板上集成一块AMR（Audio Modem Riser）专用插槽，以较低的成本提供音频处理和Modem、网卡功能。此外还带有CNR（Communication and Networking Riser，通信网络提升器）接口，具有丰富的扩充功能，如以太网、V.90 Modem接口，外带多个USB接口和6声道输出接口等。

本章小结

微机总线就像人的中枢神经，担负着传递数据信息、地址信息、控制命令的任务。总线有很多种分类方法。微机系统所拥有的总线有很多，这些总线具有一定的层次，有位于核心层的CPU总线和存储器总线，有位于中间层次上的系统总线，还有位于主机和外设之间的外部设备总线。

要确保在源部件和目的部件之间数据传送可靠，总线上的数据传送必须由定时信号控制。定时信号使源部件和目的部件之间同步，实现两部件间数据发送与接收的协调配合。定时实现方式有3种：同步方式、异步方式和半同步方式。总线上连接有很多部件（或设备），它们共享总线资源，为了正确地实现多个部件之间的通信，避免各部件同时往总线发送信息造成的冲突，必须要有一个总线仲裁（控制）机构，对总线的使用进行合理的调配和管理。

现代微机结构的主要特征是，计算机中的主要逻辑电路都被集成到几块超大规模集成电路上，各功能部件以模块化的形式出现，部件之间以总线连接。这种结构使得将微型计算机的绝大部分部件做到一块电路板上成为了可能。主板就是这块承载微型计算机主要电路部件、具有一定规格标准的印刷电路板。

主板上主要的部件包括：控制芯片组、ROM BIOS、总线和总线插槽（又称为扩充槽）、CPU 插槽、内存插槽、串行接口、并行接口、USB 接口、键盘接口、鼠标接口、软盘接口、EIDE 接口、电源插座等，有的主板还有板载高速缓冲存储器。最新型的一体化主板还集成了显卡、声卡、网络卡、调制解调卡等接口部件，使用户不用再购买这类插卡。

主板的结构目前主要以 ATX 主板为主，还有其他的一些新型结构的主板，如 NLX 等。

计算机是由一些硬件设备组成的，而这些硬件设备会由于生产厂商的不同，在品牌、类型等方面有很大差异。因此，在使用计算机之前，一定要确定所包含的硬件配置和参数，并将它们存储到计算机的 CMOS 中以便计算机启动时能够正确地识别这些硬件。通常我们通过设置程序对硬件系统设置参数。这些设置程序放在 ROM BIOS 中，我们常称其为 BIOS 设置程序，将这些参数的设置称为 CMOS 设置。在学习计算机硬件基础知识的过程中，熟悉和掌握硬件配置和参数设置是十分重要的，计算机系统参数设置的优化与否对系统的使用性能有很大的影响。

习题五

一、选择题

1．根据总线实际使用的层次结构，计算机总线可分为（　）。

A．CPU 总线、存储总线、系统总线和外部总线

B．ISA 总线、PCI 总线、AGP 总线

C．地址总线、数据总线、控制总线

D．串行总线、并行总线

2．80486 微机中，总线信息传输方式采用（　）。

A．同步方式　　B．异步方式

C．半同步方式　　D．周期分裂方式

3．串行总线与并行总线相比（　）。

A．串行总线引脚多、速度快　　B．串行总线引脚少、速度快

C．并行总线引脚多、速度快　　D．并行总线引脚少、速度快

4．以下不属于 PCI Express 总线的工作方式是（　）。

A．×4　　B．×16　　C．×24　　D．×32

5．（　）是一种目前比较流行的高速总线，主要用于对图形图像的处理。

A．AMR 总线　　B．AGP 总线

C．USB 总线　　D．PCI Express 总线

6．关于总线性能参数，以下不属于衡量的标准是（　）。

A．总线的位宽　　B．总线的带宽

C．总线的工作频率　　　　　　　　　　D．总线的标准

7．主板的核心与灵魂是（　）。

A．CPU 插座　　B．扩展槽　　C．电源　　D．芯片组

8．CMOS 是主板上一块可读写的（　）芯片。

A．RAM　　B．Disk　　C．内存　　D．缓存

二、填空题

1．系统总线是用来连接________的总线。

2．总线传输方式又叫总线通信方式，通常可分为________、________、________、________。

3．PCI 总线采用________总线仲裁方式，可进行突发式数据传输。

4．主板上集成的声卡一般都符合________规范。

5．主板的芯片组按照在主板上的排列位置的不同，通常分为________芯片和________芯片。

三、判断题

（　）1．BIOS 芯片是一块可读写的 RAM 芯片，由主板上的电池供电，关机后其中的信息也不会丢失。

（　）2．ISA 插槽是基于 ISA 总线（工业标准结构总线）的扩展插槽，一般为白色。

（　）3．主板性能的好坏与级别的高低主要由 CPU 来决定。

（　）4．北桥芯片的速度要远快于南桥芯片组。

（　）5．在选购主板的时候，一定要注意与 CPU 对应，否则是无法使用的。

四、简答题

1．什么是总线？总线的作用是什么？简述提高总线速度的措施。

2．什么是系统总线？系统总线接口有哪几项基本功能？

3. 什么是 PCI Express 总线？与传统的总线技术相比，PCI Express 总线技术有哪些特点？

4．（1）某总线在一个总线周期中并行传送 4 个字节的数据，假设一个总线周期等于一个时钟周期，总线的时钟频率为 33MHz，问总线的带宽是多少？

（2）如果一个总线周期中并行传送 64 位数据，总线时钟频率升为 66MHz，问总线的带宽是多少？

（3）分析哪些数据影响总线带宽。

5．目前市面上主板生产商与品牌众多，在主板选购上，应考虑哪些方面因素？

6 存储器

本章学习目标

本章主要讲述存储器的分类、组成及工作原理等基本知识，通过本章的学习，初步掌握如下内容：

- 存储器的分类。
- 半导体存储器的组成、基本原理及读写操作过程。
- 半导体存储器芯片的扩充以及与 CPU 的连接。
- 磁盘、硬盘、光盘组成及工作原理。
- 移动存储器及存储技术应用。

6.1 存储器的概念、分类和要素

6.1.1 物理介质存储器和云存储技术

1. 物理介质存储器

存储器是微型计算机的重要组成部分，是用来存储微型计算机系统在工作时所使用的信息——程序和数据的部件，使得计算机对信息具有了“记忆”的功能。

存储器一般可分为：内存（Main Memory，也称内存储器、主存、主存储器）和外存（Auxiliary Memory，Secondary Memory，也称外存储器、辅存、辅助存储器）。内存和 CPU 组成计算机的主机，它用来存储当前正在使用的或者要经常使用的程序和数据，CPU 可以直接对它进行读、写。外存是在主机的外部，存放的信息相对 CPU 来说是不经常使用的信息。如果 CPU 要使用这些信息，必须通过专门的设备将信息先调入到内存中，然后通过内存与 CPU

间进行信息传递。

CPU 在工作过程中要频繁地与主存储器交换信息。目前采用按地址的方式来访问主存储器。主存储器由存储元构成，存储元是存储器的最小单位，一存储元可以存放一位二进制信息。若干个存储元构成一个存储字，每个存储字有一个相对应的唯一地址。在计算机系统中，作为一个整体一次读出或写入存储器的数据称为“存储字”，存储字的位数称为“字长”，通常存储字长与机器字长相同。

在计算机系统中，对存储器的要求可概括为“大容量、高速度、低成本”。一般来说，要求存储器速度很高，寻址方便快捷，存储容量就不可能很大，价格也不可能很低；如果要求存储器容量很大，存储速度就不可能很高，成本也不可能很低，三者之间是相互矛盾的。单独用同一种类型的存储器很难同时满足容量大、速度快及价格低这三方面的要求；为了发挥各种不同类型存储器的长处，能较好地满足上述三个方面的要求，于是就采用不同介质的存储器构成存储器的层次结构（Memory Hierarchy）。

微型计算机存储系统由寄存器、主存储器和辅助存储器构成。三者均为物理介质存储器，寄存器和主存储器都是由半导体数字逻辑的电路构成，速度快，但容量较小，成本较高，通常用来存放程序的“活跃部分”，直接与 CPU 交换信息；辅助存储器一般由磁表面存储器构成，它的速度慢，但容量大、成本低。通常用来存放程序的“不活跃部分”，即暂时不执行的程序或暂时不用的数据，需要时，将程序或数据以信息块为单位从辅助存储器调入主存储器中。那么，什么时候应将辅存中的信息块调入主存，什么时间将主存中已用完的信息块调入辅存，所有这些操作都由辅助软硬件来完成，只有这样，由主、辅存构成的两级存储层次才成为一个完整的存储系统。考虑到由半导体存储器构成的主存储器，其访问速度与 CPU 相比还是有一定的差距，为了能更进一步提高存储系统的速度，于是就在 CPU 和主存储器之间增加一级：高速缓冲存储器（Cache，简称高速缓存），形成了如图 6-1 所示“金字塔”形的存储系统层次结构。越往上，层次越高，离 CPU 越近，速度越快，容量越小，单位容量价格越高；而越往下，层次越低，离 CPU 越远，速度越慢，容量越大，单位容量价格越低。

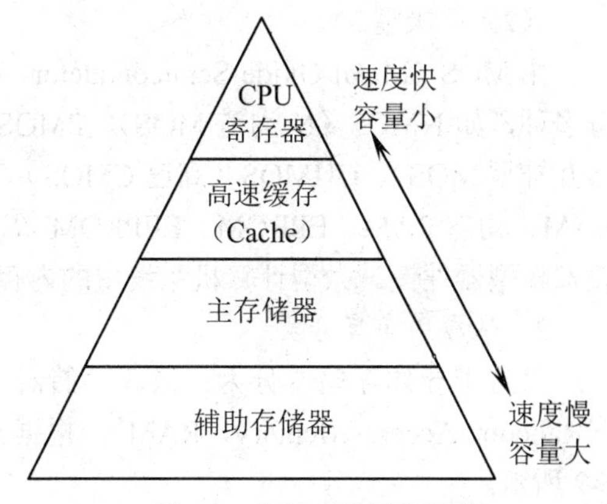

图 6-1 存储系统层次结构

在“金字塔”形存储层次中，高速缓冲存储器的访问速度可与 CPU 相匹配，但是其容量比主存储器更小。任何时候，Cache 中的信息是主存储器中一部分信息的副本。当 CPU 需要访问主存储器时，根据给定的主存储器地址迅速判定该地址中的信息是否已进入 Cache 中，如果已进入 Cache 中，则经地址变换后立即访问 Cache；如果不在 Cache 中，则直接访问主存储器。微型计算机与存储器频繁地交换信息，但是存储器的工作速度和 CPU 的速度相比，总是要低 1 到 2 个数量级，所以存储器的工作速度是影响微型计算机运算速度的一个“瓶颈”。因此计算机存储器系统的发展就是围绕着“提高速度、扩大容量、降低成本”而不断革新。

2. 云存储技术

将网络中大量的各种不同类型的存储设备通过应用软件集合起来，协同工作，共同对外提供数据存储和业务访问功能，称为云存储技术。简言之，云存储是一个以数据存储和管理为核心的云计算系统。实现云存储功能的技术，称为云存储技术。云存储速度在大量物理介质存储器的基础之上。

6.1.2 半导体存储器的分类

目前微型计算机中内部的存储器基本上都采用半导体存储器。其主要特点是：工艺简单、集成度高、可靠性高、存取速度快、功耗小、价格低，它是当前存储器发展的一个重要的方向。半导体存储器种类繁多，从不同的角度可以将其分为以下几类：

1. 按使用元件分类

半导体存储器可分为双极型和单极型两类。“单”、“双”指其导电电流是由一种极性（电子或空穴）载流子形式，还是由两种极性载流子一起形成。

（1）双极型。

由 TTL（Transistor-Transistor Logic，晶体管–晶体管逻辑电路）制成的存储器，其特点是：工作速度快、集成度低、功耗大、成本高，与 CPU 速度处在同一数量级，因此微型计算机系统中的高速缓存（Cache）常采用此类型的存储器。

（2）单极型。

由 MOS（Metal-Oxide-Semiconductor，金属氧化物半导体）制成的存储器，该类型的器件有多种，如 NMOS（N 沟道 MOS）、PMOS（P 沟道 MOS）、HMOS（高密度 MOS）、CMOS（互补型 MOS）、CHMOS（高速 CMOS）等。它可用来制作多种半导体存储器器件，如静态 RAM、动态 RAM、EPROM、EEPROM 等。其特点是：集成度高、功耗小、成本低，但速度较双极型器件慢。微型计算机系统中的内存，主要采用此类型的存储器。

2. 从应用角度分类

可将半导体存储器分为：只读存储器（Read Only Memory，ROM）和随机读写存储器（Random Access Memory，RAM）。根据不同的特点又可将其进一步细分，其分类情况如图 6-2 所示。

（1）只读存储器 ROM。

信息由厂家在脱机状态下，用电气方式写入。这类存储器在使用过程中，只能从存储器中读出存储的信息，而不能用一般的方法将信息写入存储器中。一般用它来存放固定的程序或数据，在断电后，其存储的信息仍不会丢失，并能长期保存。因此，ROM 属于非易失性存储器（Nonvolatile Storage）。常用的类型有：掩膜式 ROM、可编程 ROM、可擦除的 PROM、电可擦除 PROM 以及闪速存储器。

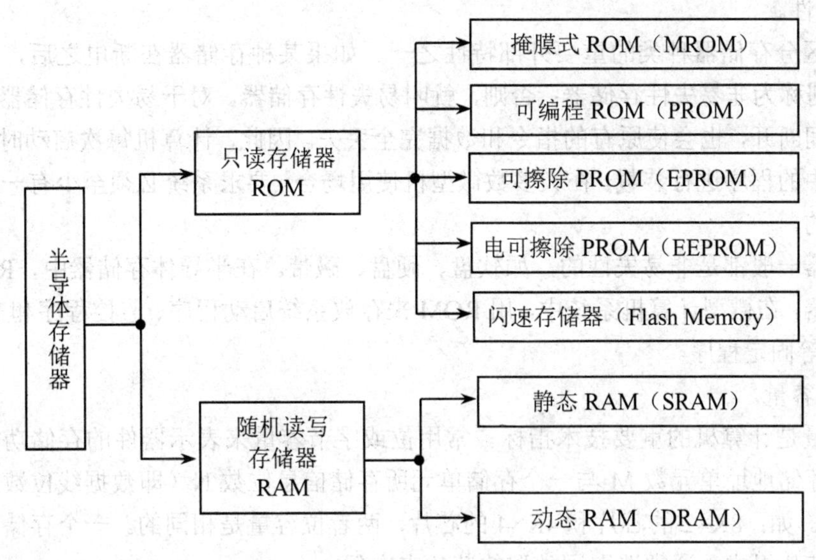

图 6-2　半导体存储器的分类

（2）随机读写存储器 RAM。

RAM 又称为读写存储器。RAM 是指在使用过程中利用程序可随时读写信息的存储器。断电后，其存储的信息会消失。RAM 也可分为双极型和单极型两类。

单极型 RAM 又分为：

- 静态 RAM（Static RAM，SRAM）。静态 RAM 由 6 只 MOS 管组成的双稳态触发电路作基本存储单元，状态稳定，只要不掉电，信息就不会丢失，不需要刷新电路。集成度低于动态 RAM，故一般使用于小容量存储器系统。
- 动态 RAM（Dynamic RAM，DRAM）。动态 RAM 是以 MOS 管的栅极对其衬底间的分布电容来储存信息的，基本存储单元有 6 管型、4 管型、3 管型和单管型，因此集成度高、功耗低，但因泄漏电流存在，需定时对 DRAM 进行刷新。DRAM 多用于大存储容量的系统。
- 非易失 RAM（Nonvolatile RAM，NVRAM）。它是由静态 RAM 和 E2PROM 共同构成的存储器。正常使用与静态 RAM 相同，而一旦电源掉电时，则把静态 RAM 中的信息保存在 E2PROM 中，从而信息不会因掉电而丢失，用于存储重要信息及掉电保护。

6.1.3　选择存储器件的考虑因素

衡量存储器件的指标很多。用户在选择存储器件时，应根据易失性、存取速度、功耗、可靠性、价格、集成度等几个重要指标来进行选择。

（1）易失性。

易失性是区分存储器种类的重要外部特性之一。如果某种存储器在断电之后，仍能保存其中的内容，则称为非易失性存储器；否则，就叫易失性存储器。对于易失性存储器来说，即使电源只是瞬间断开，也会使原有的指令和数据完全丢失。因此，计算机每次启动时，都要对这部分存储器中的程序进行装载。在大多数微型机使用场合，要求系统必须至少有一部分存储器是非易失性的。

外部存储器一般都是非易失性的，如软盘、硬盘、磁带。在半导体存储器中，ROM 是非易失性的存储器。在微型计算机系统中，用 ROM 来存放系统启动程序、监控程序和 BIOS（基本输入/输出）等固定程序。

（2）存储容量。

存储器容量是计算机的重要技术指标。常用位或字节容量来表示器件的存储功能。通常用存储芯片的存储地址单元数 M 与一个存储单元所存储信息位数 N（即数据线位数）的乘积表示，即 M×N。如：8K×2 的芯片和 4K×4 的芯片，两者位容量是相同的。一个存储器一般是由若干个存储芯片组成，通常选取同类型的芯片来实现。

但容量的提高受到所用 CPU 的寻址范围、所供选用的存储芯片的速度、成本等诸多因素的限制，故不能设计得很大。在存储器的选取上，应选择那些存储单元集成度高、速度快的芯片。

（3）功耗。

功耗在用电池供电的系统中是非常重要的，如用于野外作业的微型机系统。CMOS 器件能够很好地满足低功耗的要求，但是用 CMOS 制造的器件中，每个电路单元都要用同样的芯片面积，这使每个器件的容量减少，同时 CMOS 器件的速度较慢。功耗和速度是成正比的，因此，既要达到低功耗又要满足高速度是很困难的。当前高密度金属氧化物半导体技术（HMOS）制造的存储器件在速度、功耗、容量等方面进行了很好的折衷。

（4）存取速度。

存储器的存取速度，是影响计算机工作速度的诸多因素中的主要因素。存储器的存取速度是以存储器的存取时间来衡量的，存取时间就是指从 CPU 给出有效的存取地址，启动一次存储器读/写操作，到存储器操作完成所经历的时间。存储器的存取时间与芯片的制造工艺、体系结构等多种因素有关。虽然 MOS 存储器在速度上仍赶不上双极型存储器，但由于其低功耗、高集成度、低成本，在组成大容量存储器时，仍不失为一种理想的选择。

（5）性能/价格比。

性能/价格比用来衡量存储器的经济性能。它是存储容量、存取速度、可靠性、价格等的一个综合指标。一般来说，存储器的价格随着容量的增大及速度的提高而上升。在选择存储器时，价格也是一个重要因素，也就是要选择一个性价比较高的存储器。存储器的价格，是由存储器本身的价格和存储模块中接口电路的价格组成的。其中后一种价格对不同容量的模块都是相同的，所以应选取模块少、存储容量大的方式来设计存储器。

（6）可靠性。

通常以平均无故障工作时间来衡量存储器的可靠性。存储器的可靠性主要取决于管脚的接触、插件板的接触以及存储器模板的复杂性。器件的引脚的减少和内存结构的模块化都有利于提高存储器的可靠性。

（7）集成度。

集成度是指在一片数平方毫米的芯片上集成的基本存储电路数。一个基本存储电路存储一个二进制位，因此集成度常用“位/片”来表示。目前超大规模集成电路存储器的集成度可达 256K 位/片、1M 位/片等。

6.2 内存储器

6.2.1 随机读写存储器

随机读写存储器（RAM）又称读写存储器，顾名思义，对存储器中的信息可读、可写。常用于存储程序执行过程中的中间数据、运算结果等。常用的 MOS 型 RAM，分为静态随机存储器（SRAM）和动态随机存储器（DRAM）。

1. RAM 基本结构及组成

存储器芯片种类繁多，内部结构不尽相同，半导体随机存储器一般由地址译码器、存储矩阵、读/写驱动电路、三态数据缓冲器等部分组成，其结构框图如图 6-3 所示。

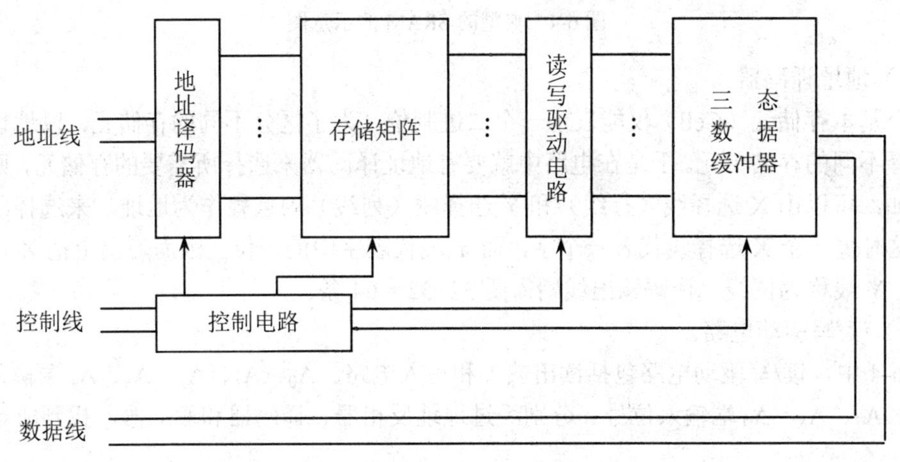

图 6-3 随机读写存储器的基本结构框图

（1）存储矩阵。

存储矩阵是能够寄存二进制信息的基本存储电路的集合体，这些基本存储电路配置成一定的阵列，并进行编址，也称存储体。存储容量等于单元数 M 与数据线位数 N 的乘积。对于存储体，在较大容量的存储器中往往把各个字的同一位组织在一个芯片中，如 32×1，它是 32 个字的同一位。由同样的 32 个芯片可组成 32×32 阵列，即 32 个 32 位字。通常排成矩阵形式，如 32×32＝1024 等。见图 6-4。

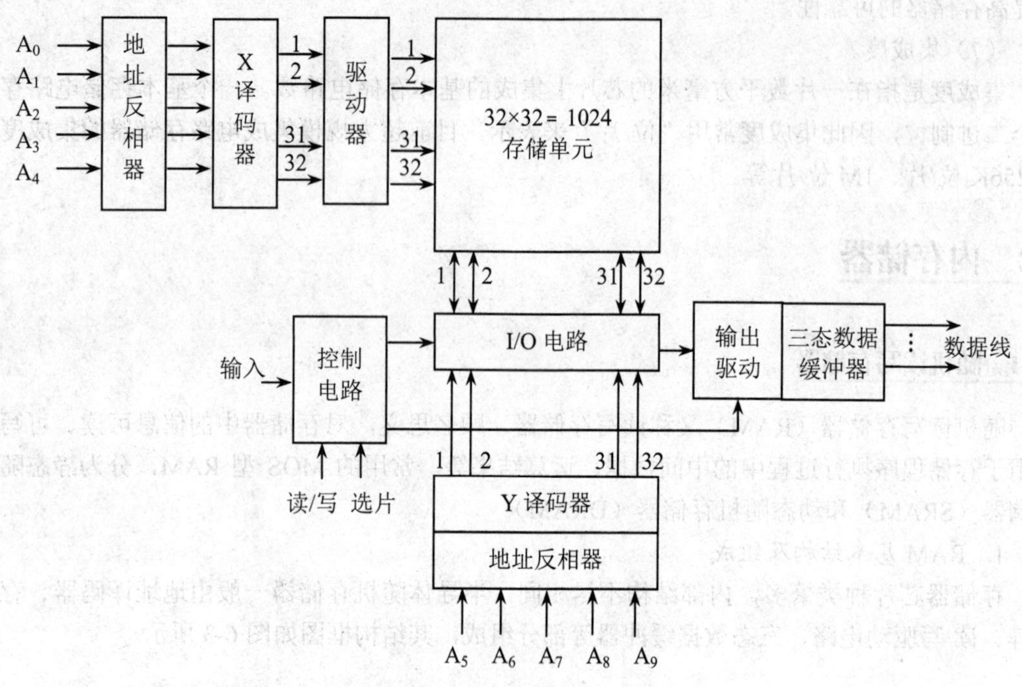

图 6-4　典型的 SRAM 的示意图

（2）地址译码器。

一个基本存储元（Cell）仅能表示一个二进制位。为了区分不同的存储元，以地址号的不同来选择不同的存储单元。于是在电路中就要有地址译码器来选择所需要的存储元，见图 6-4。

例如，可以由 X 选择线（行线）和 Y 选择线（列线）的重叠作为地址，来选择所需要的单元，这时每一个 X 选择线代表一个字，而 Y 线代表字中的一位，因而习惯上把 X 选择线称为字线，Y 线称为位线，译码输出线则需要 32+32＝64 条。

（3）读/写驱动电路。

图 6-4 中，读/写驱动电路包括读出放大和写入电路。A_0、A_1、A_2、A_3、A_4 端输入字号，A_5、A_6、A_7、A_8、A_9 端输入位号。分别经过地址反相器、译码器和驱动器，找到所寻单元的地址。

（4）三态数据缓冲器。

芯片内部数据信号经双向三态门挂接到数据总线上。当不对存储器芯片进行读/写操作时，芯片选择信号无效，输出开放信号也无效，存储器芯片的三态双向缓冲器其输出端呈高阻状态，完全与数据总线隔离。

（5）控制电路。

接受来自 CPU 的片选信号、刷新信号（对动态 RAM）、读/写信号（对 ROM 芯片，则只有输出允许控制），控制芯片的工作。

2. 静态 RAM（SRAM）

静态基本存储电路实际上是一种半导体双稳态触发器，可以用各种工艺制成。由于用 NMOS 工艺制作的静态 RAM 具有集成度高、价廉、功耗低等特点，其应用范围最为广泛；用 CMOS 工艺制作的静态 RAM 则以超低功耗为特点，因而在某些场合具有特殊的用途。本节介绍 NMOS 基本存储电路和 CMOS 基本存储电路。

（1）基本存储电路。

1）NMOS 静态基本存储电路。图 6-5 所示是一个 NMOS 六管静态基本存储电路。T1～T4 组成一个双稳态触发器，T1、T2 为工作管，T3、T4 为负载管，相当于两个负载电阻。T5～T8 是控制管，由行选线 X（地址译码信号）和列选线 Y 控制的 4 个选择门。当 NMOS 电路的栅极为高电平"1"时，管子导通，否则截止。这个电路具有两个不同的静态：当 T1 截止，A ="1"，即为高电平，同时使 T2 导通，使 B="0"，即为低电平；而 B 为低电平又保证了 T1 的截止，从而使这种状态稳定；同样可知，当 T2 截止，T1 导通，使 A="0"，即为低电平；它们互相制约，从而使电路稳定。数据以电荷形式存储在 T1 或 T2（取决于基本存储电路的逻辑状态）的栅极上。因而可以约定用这两种不同的状态分别表示"1"和"0"。基本存储电路将保持这个逻辑状态直到外部作用（写入周期）施加上为止。

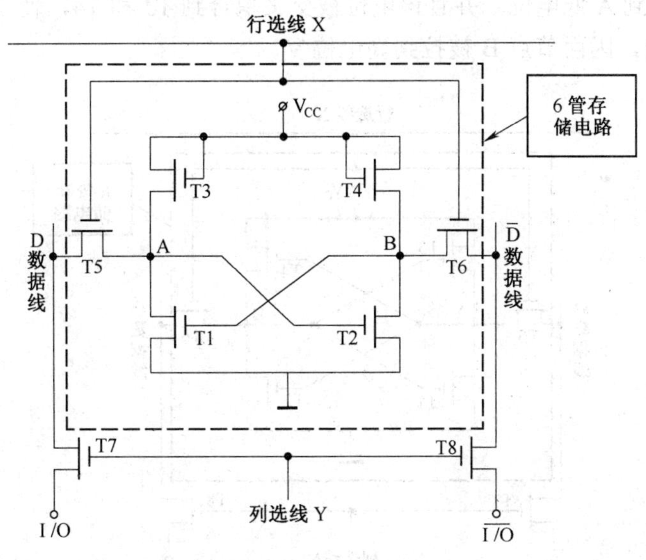

图 6-5 NMOS 静态存储电路图

基本存储电路有两个数据输出端 D 和 $\overline{D}$，常被称为数据线。当行选线 X 为"1"时，T5、T6 导通，A、B 端就与数据线 D 和 $\overline{D}$ 相连；当电路单元被选中，相应的列选线 Y 为"1"，则

T7、T8 也导通，于是数据线 D 和 $\bar{D}$ 就与输入/输出电路 I/O 及 $\overline{I/O}$（存储器外部的数据线）相通。此时，才能进行“读写”操作。

写操作时，如果要写入“1”，则在 I/O 线上输入高电位，而在 $\overline{I/O}$ 线上输入低电位，把高、低电位分别加在 A、B 点，从而使 T1 管截止，使 T2 管导通。当输入信号及地址选择信号 X、Y 线上高电平消失之后，T5、T6、T7、T8 管都截止，各种干扰信号就不能进入 T1 和 T2 管，称为维持阶段。T1 和 T2 管就保持写入的状态不变，从而将“1”写入存储元；写“0”的情况完全类似，只不过在 I/O 线上输入低电位，在 $\overline{I/O}$ 线上输入高电位，把“0”信息写入存储元。

读操作时，某一电路被选中，使行选线 X、相应的列选线 Y 处于高电平，T5、T6、T7、T8 导通，存储其中的信号被送至 I/O 及 $\overline{I/O}$ 线上。触发器的状态将通过 T5、T6 传给数据线 D 及 $\bar{D}$ 。若原存储数据信息为“1”，A 点为高，则 D 线高电平，$\bar{D}$ 线低电平；若原存数据信息为“0”，则 D 线低电平，$\bar{D}$ 线高电平。读出时可以把 I/O 及 $\overline{I/O}$ 线接到一个差动放大器上，由其电流方向就可判定存储单元的信息是“1”还是“0”，或将其一个输出端接到外部，以其有无电流通过来判别所存储的信息。读出所存储的信息后，信息仍存储在电路中，即读出是非破坏性的。

2）CMOS 静态基本存储电路。图 6-6 所示为一个 6 管 CMOS 静态基本存储电路。这 6 个管子被接成交叉耦合闩锁方式。其中逻辑晶体管 T1 和 T2、选通晶体管 T5 和 T6 都是 N 沟道增强型 MOS 管，而负载管 T3 和 T4 却为 P 沟道增强型 MOS 管。在这个电路中，T1、T2 组成一个触发器，T3 和 T4 组成负载电阻，T5 和 T6 则作为控制门，根据 T1、T2 的状态，这个电路可用来存储信息“0”或“1”。T1、T2 交叉耦合，当 T1 管（NMOS）导通，而 T3（PMOS）截止时，节点被拉到 A 低电位，并且该电位被交叉耦合到 T2 和 T4，使 T4 管（PMOS）通、T2 管（NMOS）断，因而节点 B 被拉到高电位 V_{cc}。

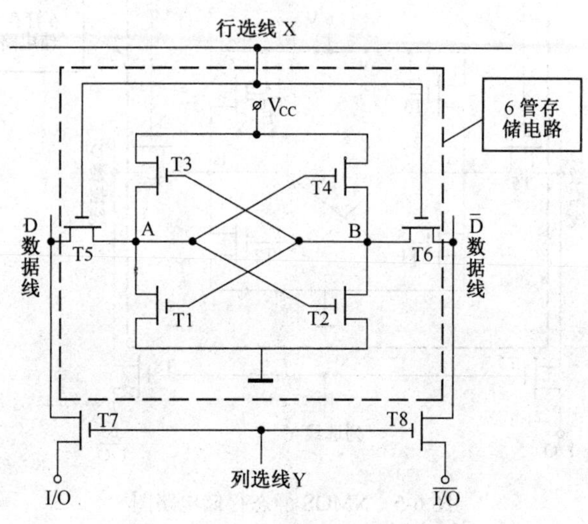

图 6-6　6 管 CMOS 静态存储电路图

它又保证了 T3 截止、T1 导通，因此，这是一个稳定状态。与此类似，T1 管（NMOS）

截止、而 T2（NMOS）导通是另一种稳定状态。可见，这个电路是一个双稳态触发器。

当行选线 X、相应的列选线 Y 高电平时，基本存储电路进行读/写操作。这时 T5～T8 导通，并允许数据线上的数据写入基本存储电路或将基本存储电路的内容经数据线上的读出放大器读出。写入“1”时，数据线 D 为高电平，$\overline{D}$ 为低电平；写入“0”时，数据线 D 为低电平，$\overline{D}$ 为高电平。行选线 X 低电平时，T5 和 T6 截止，基本存储电路将处于维持阶段，并与外部数据总线隔断。

（2）SRAM 芯片应用。

静态存储器 SRAM 在微型计算机系统中已经得到广泛的应用。常用的 SRAM 芯片有 2114（1K×4）、2142（1K×4）、6116（2K×8）、6232（4K×8）、6264（8K×8）、62256（32K×8）、628128（128K×8）、628512（512K×8）、6281000（1M×8）等。这些芯片的结构相似，只是地址线的多少、存储容量的大小以及存取时间的长短不同。下面以 2114、6116 为例来进行说明。

1）Intel 2114 NMOS 静态 RAM。2114 是 1K×4 位 SRAM，4 位共用数据输入/输出端，并采用三态控制。所有的输入端和输出端都与 TTL 电路兼容，其引脚排列及引脚功能如图 6-7 和表 6-1 所示。

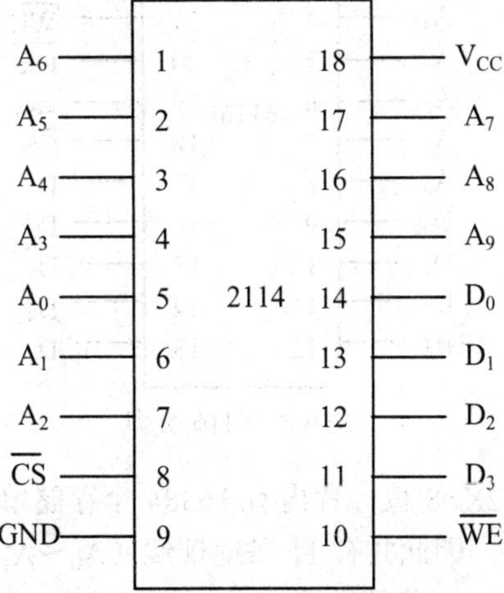

图 6-7 Intel 2114 引脚排列与逻辑符号

表 6-1 Intel 2114 引脚功能说明

符号	名称	功能
A_0 ～ A_9	地址线	接相应地址总线，用于对某存储单元寻址
D_0 ～ D_3	双向数据线	用于数据的写入和读出
$\overline{CS}$	片选线	低电平时，选中该芯片
$\overline{WE}$	写允许线	$\overline{CS}$ =0，$\overline{WE}$ =0 时写入数据
V_{CC}	电源线	+5V

该 SRAM 芯片采用 6 管 NMOS 静态基本存储电路。由于总容量为 1K×4，即 1024 个字，每字 4 位，故芯片内共有 4096 个基本存储单元电路，排列成 64×64 的矩阵。地址线共 10 根，其中 6 根用于行译码，产生 64 个行选择信号；另外 4 根地址线用于列译码，产生 16 个列译码信号。该 RAM 片只有一个“芯片允许”（简称“片选”）端 $\overline{CS}$ 和一个写开放（或称写允许）$\overline{WE}$ 控制端。存储器的内部数据线通过 I/O 电路以及输入、输出三态门与数据总路线相连，并受片选信号 $\overline{CS}$ 和写允许信号 $\overline{WE}$ 的控制。当 $\overline{CS}$ 及 $\overline{WE}$ 低电平有效时（$\overline{CS}$=0，$\overline{WE}$=0），输入三态门导通，信号由外部数据总线写入存储器；当 $\overline{CS}$ 低电平有效，而 $\overline{WE}$ 高电平时，则输出三态门导通，从存储器读出的信息送至外部数据总路，而当片选信号 $\overline{CS}$ 高电平无效时，不管 $\overline{WE}$ 为何种状态，该存储器芯片既不读出也不写入，而是处于静止状态与外部数据总线完全隔断。

2）HM6116 CMOS 静态 RAM。HM6116 是一种 2K×8 位的高速静态 CMOS 随机存取存储器，其引脚排列如图 6-8 所示。

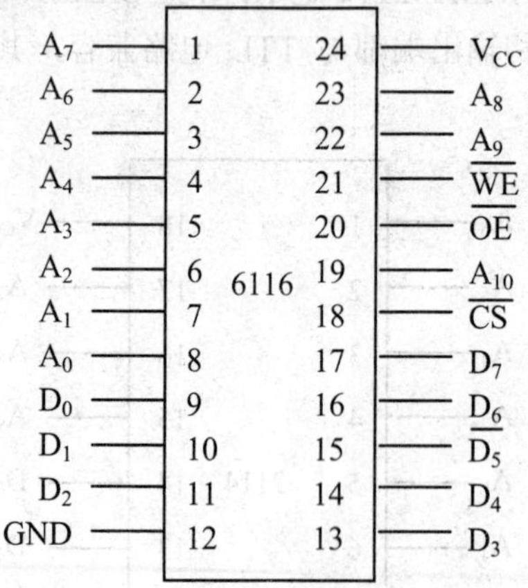

图 6-8　6116 引脚

6116 芯片的存储容量为 2K×8 位，片内有 16384 个存储单元，排成 128×128 的矩阵，构成 2K（2^{11}）个字，字长 8 位。因此共有 11 条地址线（A_0～A_{10}），分成 7 条行地址线 A_0～A_6 和 4 条列地址线 A_7～A_{10}，一个 11 位地址码选中一个存储字，字长 8 位，需要 8 条数据线 D_0～D_7，选中 8 个存储单元。从图 6-8 中可见，24 个引脚中除 11 条地址线、8 条数据线、1 条电源线 V_{CC} 和 1 条接地线 GND 外，还有 3 条控制线：片选信号 $\overline{CS}$、写允许信号 $\overline{WE}$ 和输出允许信号 $\overline{OE}$。这三个控制信号的组合，控制 6116 芯片的工作方式，如表 6-2 所示。

表 6-2　6116 的工作方式

$\overline{CS}$	$\overline{WE}$	$\overline{OE}$	工作方式	D_0～D_7
0	1	0	读	输出
0	0	×	写	输入
1	×	×	隔离	高阻

其工作过程如下：

① 当没有读写操作时，片选$\overline{CS}$=1，即片选处于无效状态，输入输出三态门呈高阻状态，从而使存储器芯片与系统总线“隔离”。

② 当读出时，地址输入线A_0～A_{10}送入的地址信号经地址译码器送到行、列地址译码器，经译码器后选中一个存储单元（其中有8个存储位），由$\overline{CS}$、$\overline{OE}$、$\overline{WE}$构成的读写逻辑，也即$\overline{CS}$= 0、$\overline{OE}$= 0、$\overline{WE}$= 1，打开输出三态门，被选中单元的8位数据经I/O电路和三态门送到D_0～D_7输出。

③ 当写入时，地址选择某一存储单元的方法和读出是相同的，不过这时$\overline{CS}$=0、$\overline{OE}$=1、$\overline{WE}$=0，打开输入三态门，从D_0～D_7端输入的数据经三态门和输入数据控制电路送到I/O电路，从而写到存储单元的8个存储位中。

3. 动态RAM（DRAM）

（1）基本结构及电路组成。

动态RAM的基本存储电路是以电荷形式存储信息的器件。电荷将存储在MOS管栅源之间的极间电容（或专门集成的电容）上。动态基本存储电路有六管型、四管型、三管型和单管型4种。其中单管型由于集成度高而越来越被广泛采用，其存储电路如图6-9所示。

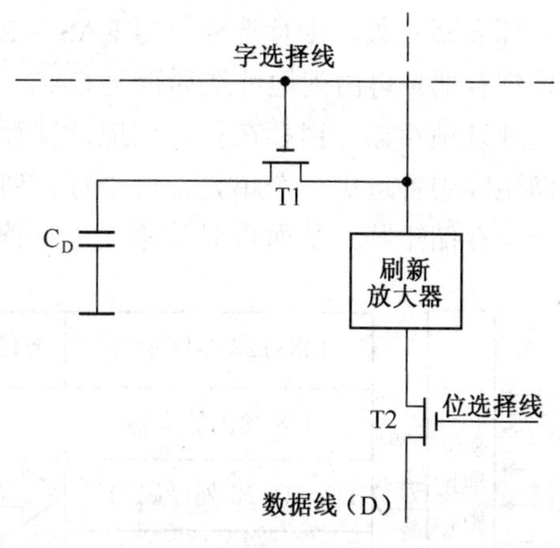

图6-9 单管动态RAM存储电路

由图可见：在进行写入操作时，行（字）选择信号变为“1”，T1管导通。此时如果列（位）选择信号也为“1”，T2管也导通。则此基本存储电路被选中，于是由外接数据线D送来的信息通过T2管、刷新放大器和T1管送到电容C_D上。若数据线为高电平，即“1”，电容C_D充电，保存数据“1”。若数据线为低电平，即“0”，电容C_D不充电，保存数据“0”。

电容C_D上所保存的电荷时间长了就会泄漏，会造成信息的丢失。因此，必须设法由外界每隔一个周期（一般为2ms）不断给栅极充电，使原来处于“1”的电容电荷又得到补充，而原来处于“0”的电容仍保持不变。这就是所谓“再生”或“刷新”。

刷新是按行进行的。当某一行（即字选择线）选择信号为“1”时，就表示选中了该行，电容上的信息就被送到刷新放大器上，刷新放大器就立即对这些电容进行重写。由于在刷新期间，列选择线（即位线）信号总是为“0”，因而位线上读出的信号不能送至存储器数据线输出端。

在进行读操作时，根据行地址译码，使某条行（字）选择线为高电平，于是本行上所有的基本存储电路中的T1管全部导通，使连在每一列上的刷新放大器读取对应存储电容C_D上的电压值，此时，位（列）地址线也必须为高电平，T2管导通。从数据线读取信息。同时刷新放大器将读取的电容 C_D 上的电压值转换为对应的逻辑电平“0”或“1”，又重新写到存储电容上。

（2）DRAM 芯片应用。

DRAM一般用于组成大容量、高速的RAM存储器。下面以Intel 2164A为例，来介绍DRAM芯片应用。

Intel 2164A 是 DRAM 的一个典型芯片，其引脚图、内部结构示意图分别如图 6-10 和图 6-11 所示。2164A 采用 16 引脚双列直插式封装，单 5V 电源，容量为 64K×1 位，即片内有 65536 个存储单元，每个单元只有一位数据，采用 8 片 2164A 芯片才能构成 64KB 的存储器。由图 6-10 可见，2164A 只有 8 条地址线 A_7～A_0，而要寻址 64KB 单元，必须要用 16 位地址信号。为减少引脚线数目，动态 RAM 采用地址线分时复用的方式将 16 位地址信号分为行地址和列地址，利用外部多路开关，由行选通信号 $\overline{RAS}$（Row Address Strobe）把先送入的 8 位地址送到内部行地址锁存器。再由列地址选通信号 $\overline{CAS}$（Column Address Strobe）把后送入的 8 位地址送到内部列地址锁存器，锁存在行、列地址锁存器中的低 7 位 RA6～RA0 和 CA6～CA0 分别在 4 个存储矩阵中各选中一个单元，再由行、列地址的最高位 RA7 和 CA7 经 4 选 1 的 I/O 门电路选中一个存储矩阵，从而可对该单元进行读或写操作。

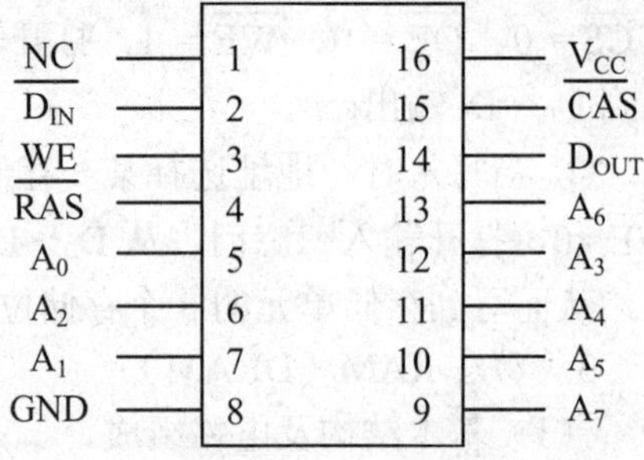

图 6-10　2164A 引脚

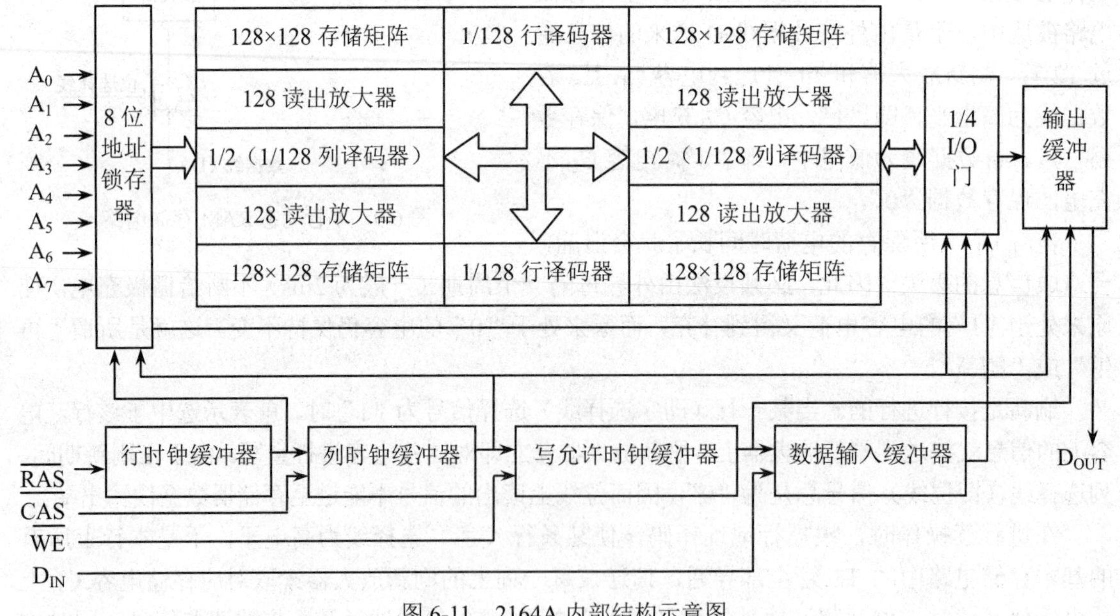

图 6-11　2164A 内部结构示意图

Intel 2164A 的 64K 位存储体由 4 个 128×128 的存储矩阵组成，每个 128×128 的存储矩阵由 7 条行地址线和 7 条列地址线进行选择，由行、列各 7 位地址双译码确定其中一个单元。数据线输入和输出分开，由 $\overline{WE}$ 信号控制读或写。$\overline{WE}$ =1 为读，选中的单元内容经三态输出缓冲器由 D_{OUT} 输出；$\overline{WE}$ =0 为写，数据由 D_{IN} 经三态输入缓冲器送入选中单元。

Intel 2164A 的刷新：由送入一个行地址和行选通信号 $\overline{RAS}$ 选中 4 个存储矩阵的同一行，同时对这 4 行一共 4×128=512 个单元进行刷新，刷新期间，列选通信号 $\overline{CAS}$ 无效，从而使被 $\overline{CAS}$ 控制的数据输出允许被禁止，使 D_{OUT} 呈高阻状态。显然只需刷新 128 次便可对全部单元刷新一遍。

4. 几种新型的 RAM 技术及芯片类型

RAM 的技术、性能及容量等随着 CPU 的更新而不断更新与提高，以适应更快更好的 CPU 运行的需要。由于 SRAM 的读写速度远快于 DRAM，所以 PC 中 SRAM 大都作为高速缓存（Cache）使用，DRAM 则作为普通的内存和显示内存使用。近年来半导体厂家推出多种高速 RAM 技术，下面介绍几种：

（1）EDO RAM（Extended Data Out RAM，扩展数据输出存储器）。

EDO 技术只需在普通 DRAM 的接口上增加一些逻辑电路，以减少定位读取数据时的延时，从而提高了数据的存取速度。通常被读取的指令或数据在 RAM 中是连续存放的，即下一个要读写的单元位于当前单元同一行的下一列上。所以在读写的单元的周期中，就可以初始化下一个读写周期，EDO 技术正是利用这一地址预测功能，从而缩短读写周期。另外，为了使充电线路上的脉冲信息保持一定的时间，EDO 技术还在输出端增加了一组“门槛”电路，将充电线上的数据保持到 CPU 准确读完为止。

EDO 技术与以往的内存技术相比，最主要的特点是取消了数据输出与传输两个存储周期之间的间隔时间。

（2）BEDO RAM（Burst Extended Data Output RAM，突发扩充数据输出随机存储器）。

突发模式技术是假定 CPU 要读的下 4 个数据的地址是连续的，同时启动对它们的操作，可更大地增加 RAM 的带宽。BEDO RAM 工作方式是在一“突发动作”中读取数据，即在提供内存地址后，CPU 假定其后的数据地址，并自动把它们预取出来。于是在每个时钟周期可读三个数据中的每一个数据，从而明显提高指令的传送速度。它的缺陷是无法与高于 66MHz 的总线相匹配。

（3）SDRAM（Synchronous DRAM，同步动态随机存储器）。

此 RAM 与系统时钟同步，以相同的速度同步工作，这样就可以取消等待周期，减少数据存储时间。同步还使存储控制器知道在哪一个时钟脉冲期使数据请求使用，因此数据在脉冲上升沿便开始传输，而 EDO RAM 每隔两个时钟脉冲周期才开始传输，FPM RAM 每隔三个时钟脉冲周期才开始传输。SDRAM 也采用了多体（Bank）存储器结构和突发模式，能传输一整块而不是一段数据。

由于 SDRAM 性能比 EDO 内存条提高 50%，采用同 CPU 定时同步的 DRAM 技术，它可以以高达 100MHz 的速度传递数据，是标准 DRAM 的 4 倍。另外 SDRAM 不仅可用作主存，在显卡方面也有广泛应用。

（4）SDRAM Ⅱ。

同步动态随机储存器Ⅱ，也称 DDR（Double Data Rate，双倍速率 SDRAM），其核心以 SDRAM 为基础，但在速度和容量上有明显提高。与 SDRAM 相比，DDR 运用了更先进的同步电路，使指定地址、数据的输送和输出主要步骤既独立执行，又保持与 CPU 完全同步；DDR 使用了 DLL（Delay Locked Loop，延时锁定回路提供一个数据滤波信号）技术，当数据有效时，存储控制器可使用这个数据滤波信号来精确定位数据，每 16 次输出一次，并重新同步来自不同存储器模块的数据。DDL 本质上不需要提高时钟频率就能加倍提高 SDRAM 的速度，它允许在时钟脉冲的上升沿和下降沿读出数据，因而其速度是标准 SDRAM 的两倍。

（5）CDRAM（Cached DRAM，高速缓存随机存储器）。

此项技术把高速的 SDRAM 存储单元集成至 DRAM 芯片中，作为 DRAM 的内部高速缓存，其两者存储单元间通过内部总线相连，CDRAM 比“普通的 DRAM 再外加设置高速缓存”的价格低，主要是用在没有二级高速缓存的低档便携机上。

（6）SLDRAM（Sync Link DRAM，同步链接动态随机存储器）。

SLDRAM 是一种增强和扩展的 SDRAM 架构，它较当前的 4 体（Bank）结构扩展到 16 体，并增加了新接口和控制逻辑电路，同 SDRAM 一样使用每个脉冲前沿传输数据。

（7）RDRAM（Rambus DRAM）。

由 Rambus 公司开发的具有系统带宽、芯片到芯片接口设计的新型高性能 DRAM，能在很高的频率范围下通过一个简单的总线传输数据。

由于利用行缓冲器作为高速暂存，故能够以高速方式工作。普通的 DRAM 行缓冲器的信息在写回存储器后便不再保留，而 RDRAM 则具有继续保持这一信息的特性，于是在进行存储器访问时，如行缓冲器中已经有目标数据，则可利用，因而实现了高速访问。另外其可把数据集中起来以分组的形式传送，所以只要最初用 24 个时钟周期，以后便可每 1 时钟周期读出 1 个字节。一次访问所能读出的数据长度可以达到 256 字节。

（8）Concurrent RDRAM（并行型 RDRAM）。

它属第三代 RDRAM，在处理图形和多媒体程序时可达到非常高的带宽，即使在寻找小的、随机的数据块时也能保持相同的带宽。作为 RDRAM 的增强产品，它在 600MHz 的频率下可达到每个通道 600MB/s 的数据传输率。另外 Concurrent RDRAM 同其前一代产品兼容，预计今年其速度可达到 800MHz。

（9）Direct RDRAM。

Direct RDRAM 是现在 RDRAM 的扩展，它使用了同样的 RSL（Rambus Signaling Logic，Rambus 信号逻辑）技术，但其接口宽度达到 16 位，频率达到 800MHz，效率更高。单个 Direct RDRAM 传输率可达 1.6GB/s，两个的传输率可达 3.2GB/s。一个 Direct RAM 使用两个 8 位通道，传输率也可达 1.6GB/s，三个通道的传输率可达 2.4GB/s。

6.2.2 只读存储器（ROM）

下面详细讨论只读存储器 ROM。

1. 掩膜式 ROM（Mask ROM，MROM）

掩膜式 ROM 即工厂在制作集成芯片时，利用掩膜工艺固化在存储器中，只能读出，无法改写，所以这种存储器称为掩膜只读存储器。一般用于存放系统程序 BIOS 和微程序控制。大批量生产时成本低。

掩膜 ROM 一般可由单极型（MOS）电路或二极管、双极型晶体管电路构成，两种构成方法的工作原理相似。我们只讨论 MOS 型 ROM 电路。这类只读存储器通常有两种译码结构：一种是单译码（字译码）结构，如图 6-12 所示，另一种是复合译码结构，如图 6-13 所示。

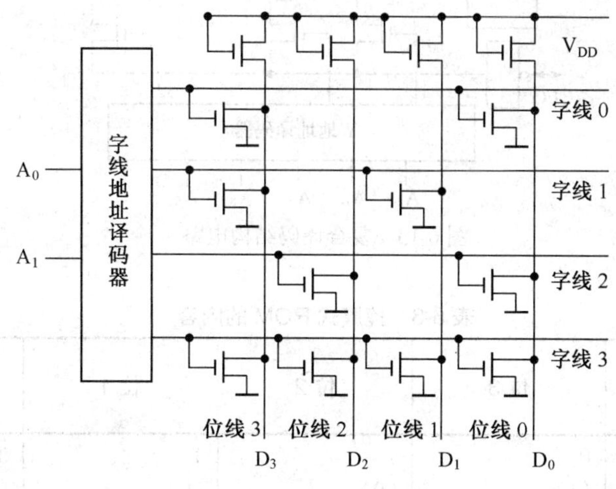

图 6-12　单译码结构电路

图 6-12 为一个简单的 4×4 位 MOS 管 ROM 单译码结构示意图，两位地址线 A_1、A_0 接译码器，可译出 4 种状态输出，经 4 条字（行）选择线，可分别选中 4 个单元，每个单元有 4 个二进制位，有 4 条位（列）选择线输出。若在位线上加上读出控制逻辑电平，4 条位线就可连到外部数据线上。

如图 6-12 所示，在行和列的交叉点上，有的有跨接管，有的则没有。这是工厂根据用户提供的程序对芯片图形（掩膜）进行二次光刻形成的，是由存储单元的内容所决定的。如果某位存储的信息为“0”，就在该位制作一个跨接管；如果某位存储的信息为“1”，则该位不制作跨接管。

若地址线 A_1A_0=00，则选中 0 号单元，即字线 0 为高电平；若有管子与其相连（如位线 3 和位线 0），其相应的 MOS 管导通，位线 0 输出为“0”，而位线 1 和位线 2 没有管子与字线相连，则输出为“1”（实际输出到数据总线上去是“1”还是“0”，取决与在输出线上有无反相），

故 $D_3D_2D_1D_0$=0110。图 6-12 中的存储矩阵的内容如表 6-3 所示。所以存储矩阵的内容取决于制造工艺，而一旦制造好以后，用户是无法变更的。

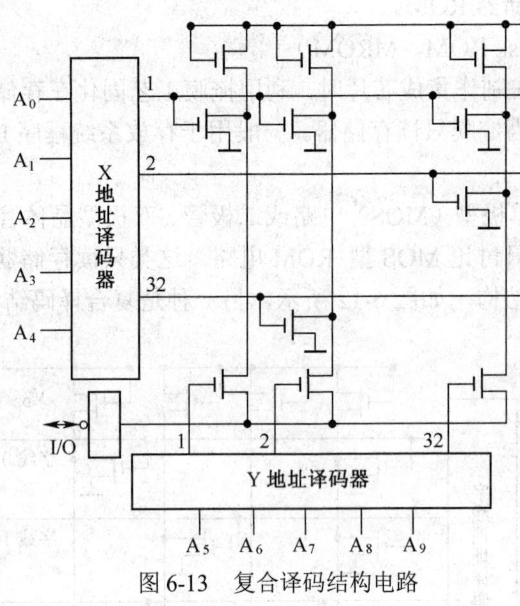

图 6-13　复合译码结构电路

表 6-3　掩膜式 ROM 的内容

字＼位	位 3	位 2	位 1	位 0
字 0	0 （1）	1 （0）	1 （0）	0 （1）
字 1	0 （1）	1 （0）	0 （1）	1 （0）
字 2	1 （0）	0 （1）	1 （0）	0 （1）
字 3	0 （1）	0 （1）	0 （1）	0 （1）

注：当输出线上有反相时，掩膜式 ROM 的内容就为括号中的值。

图 6-13 为一个复合译码的 1024×1 位 MOS 管只读存储器电路，10 条地址信号线分成两组，分别经过 X 和 Y 译码器译码，各产生 32 条选择线。X 译码输出选中某一行，值得注意的是：在选中的这一行中，具体哪一个单元能输出和 I/O 电路相连，这还要取决于列译码输出。所以，每次只选中一个单元。选用 8 个这样的电路，同时把它们的地址线并联，就可以得到 8 位信号输出。

2. 可编程的 ROM（Programmable ROM，PROM）

可编程 ROM 在出厂时内容为“空白”，用户通过专用设备来写入信息。一旦写入信息就不能再更改。它适用于小批量生产，比掩膜 ROM 的集成度低，价格较高。

PROM 常采用二极管或三极管做基本存储电路。如图 6-14 所示，是采用三极管作为基本存储电路的熔丝型 PROM。晶体管的集电极接 U_{CC}，基极连接字线，发射极通过一个熔丝与位线相连。

在读操作时，选中字线为高电平。若熔丝完好，可在位线得到输出电流，表示该位存“1”；若熔丝已断开，则在该位得不到输出电流，表示该位存“0”。

PROM 在出厂时，晶体管阵列的熔丝均为完好状态。当用户写入信息时，可在 U_{CC} 端加上高于正常工作电平的“写入电平”，通过编程地址使选中的字线为该电平。若某位写“0”，写入逻辑使相应位线呈低电平，较大的电流使该位熔丝烧断，即存入“0”；若某位写“1”，相应位线呈高电平，使熔丝保持原状，即存入“1”。显然，熔丝一旦烧断，就不能再复原。因此，用户对这种 PROM 只能进行一次编程。

如图 6-15 所示，为采用二极管作为基本存储电路的 PROM，该 PROM 存储器在出厂时，存储体中每条字线和位线的交叉处都是两个反向串联的二极管的 PN 结，字线与位线之间不导通。如果用户需要写入程序，则通过专门的 PROM 写入电路，产生足够大的电流把要写入“1”的那个存储位上的反向二极管击穿，造成这个 PN 结短路，只剩下顺向的二极管跨连字线和位线，这时，此位就意味着写入了“1”。

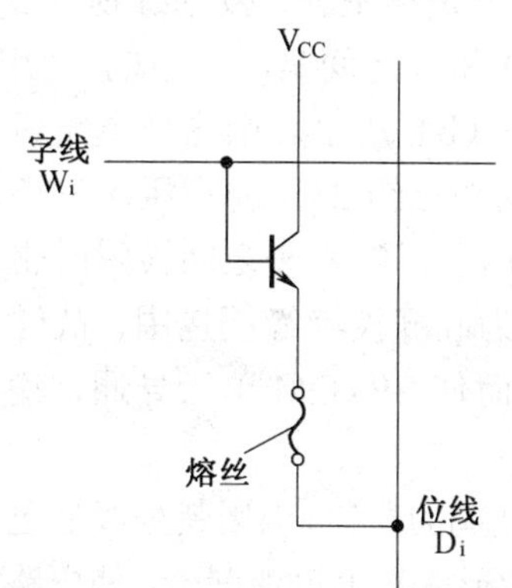

图 6-14　熔丝型 PROM 存储电路

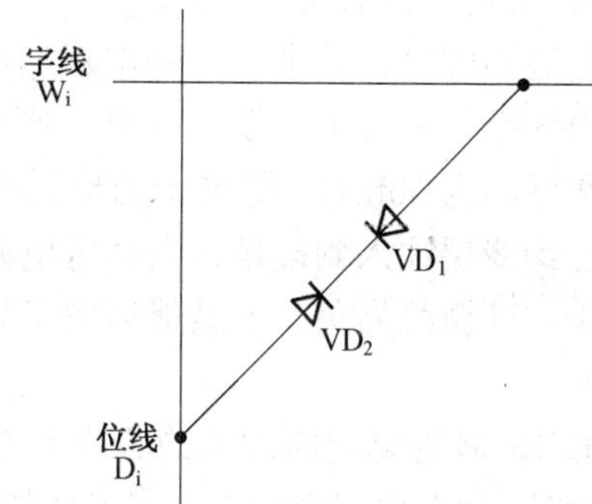

图 6-15　二极管破坏型 PROM 存储电路

PROM 的电路和工艺比 ROM 复杂，又具有可编程逻辑，因此价格较贵。一般在非批量使用时，用 PROM；在批量使用时，则用掩膜式 ROM。

3. 可擦除可编程的 ROM（EPROM）

由于 PROM 信息只能写入一次而受到限制，在 20 世纪 70 年代初产生了能够重复擦写的 EPROM 电路。它的一个基本电路图如图 6-16 所示。这种存储器利用编程写入后，信息可长久保持。当其内容需要变更时，可利用擦除器（由紫外线灯照射 15～20min）将其所存储信息擦除，使各单元内容复原，再根据需要利用 EPROM 编程器编程，因此这种芯片可反复使用。EPROM 是目前应用较广泛的一种 ROM 芯片，它的单芯片容量和运行速度也在不断提高。

通常 EPROM 存储电路是利用浮栅 MOS 管构成的，又称 FAMOS 管（即浮栅雪崩注入 MOS 管），其基本电路图如图 6-16（a）所示。该图给出的是 P 沟道 EPROM 的结构示意图，它和普通 P 沟道增强型 MOS 管相似，只是它的栅极没有引出端，而被 SiO_2 绝缘层所包围，即处于浮空状态，故称为“浮栅”。

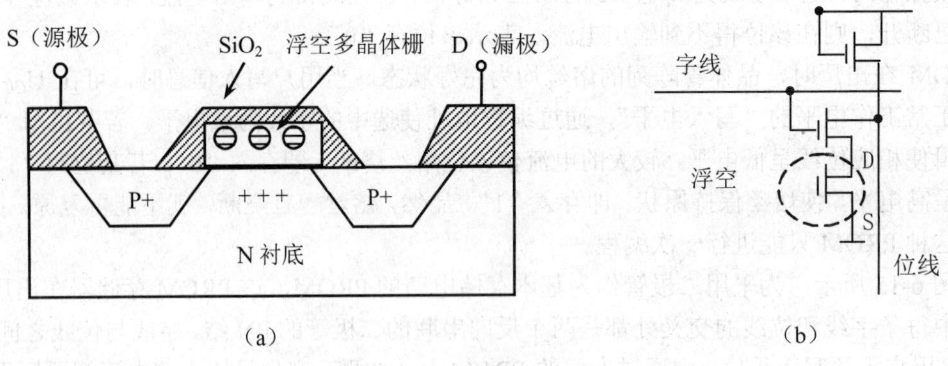

图 6-16　EPROM 结构示意图

其工作原理如下：在 N 型的基片上生产了两个高浓度的 P 型区，分别引出源极（S）和漏极（D），在 S 和 D 之间有一个由多晶硅做的栅极，但它是浮空的，被绝缘物 SiO_2 所包围。在制造好时，硅栅上没有电荷，则管子内没有导电沟道，D 和 S 之间是不导电的。当用 EPROM 管子组成存储矩阵时，其中一个基本存储电路如图 6-16（b）所示。则这样电路所组成的存储矩阵输出为全 1（或 0）。要写入时，则在 D 和 S 之间加上约 25V 的高压，另外加上编程脉冲（其宽度约为 50ms），所选中的单元在这个电源作用下，D 和 S 之间被瞬时击穿，就会有电子通过绝缘层注入到硅栅，当高压电源去除后，因为硅栅被绝缘层包围，故注入的电子无处泄漏走，硅栅就为负，于是就形成了导电沟道，从而使 EPROM 单元导通，输出为“0”（或“1”）。

用该 EPROM 存储电路做成的芯片上方有一个石英玻璃的窗口，当用紫外线通过这个窗口向芯片照射时，所有电路中的浮空多晶体栅上的电荷就会形成光电流泄漏走，使电路恢复起始状态，从而把写入的信号擦去。这样经过照射后的 EPROM 就可以实现重写。由于写的过程是很慢的，所以，这样的电路在使用时，仍是作为只读存储器使用的。

这样的 EPROM 芯片的工作速度比双极型的要慢 5～10 倍（如 Intel 2716 读出速度为 350～450ns）。常用的 EPROM 芯片的集成度为 16K 位（如 Intel 2716）、32K 位（2732）、64K 位（2764）、128K 位（27C128）、256K 位（27C256）、512K 位（27C512）、1M 位（27C010）、2M 位（27C020）、4M 位（27C040）和 8M 位（27C080）等。

EPROM 芯片虽然可多次使用，但是整个芯片只要写错一位，也必须把芯片从电路板上取下，把整个内容全部擦掉再重新写入，在实际应用上很不方便。在实际应用中，往往只需改写几个字节的内容。而且一块芯片经多次插拔之后，由于操作不当等会导致其外部管脚损坏，于是 EEPROM 应运而生。

4. 电可擦可编程的 ROM（Electrically Erasable PROM，EEPROM 或 E^2PROM）

电可擦除的 PROM 也是一种可以多次擦除、改写的 ROM。其特点是：可以以字节或块为单位擦除和改写，字节的编程和擦除都只需要 10ms，并且不需要把芯片拔下来插入编程器编程，在用户系统中就可以直接在线操作，用电擦除，因而非常方便。E^2PROM 可作为非易失性 RAM 使用，它既能像 RAM 那样随机地进行改写，又能像 ROM 那样在掉电的情况下非易失地保存数据，兼有 RAM 和 ROM 的双重优点。

一个 E^2PROM 管子的结构示意图如图 6-17 所示。它的工作原理与 EPROM 类似，当浮空栅上没有电荷时，管子的漏极和源极之间不导电，若设法使浮空栅带上电荷，则管子就导通。在 E^2PROM 中，使浮空栅带上电荷和消去电荷的方法与 EPROM 中是不同的。在 E^2PROM 中漏极上面增加了一个隧道二极管，它在第二栅与漏极之间的电压 V_G 的作用下，可以使电荷通过它流向浮空栅（即起编程作用）；若 V_G 的极性相反也可以使电荷从浮空栅流向漏极（起擦除作用）。而编程与擦除所用的电流是极小的，可用极普通的电源供给 V_G。

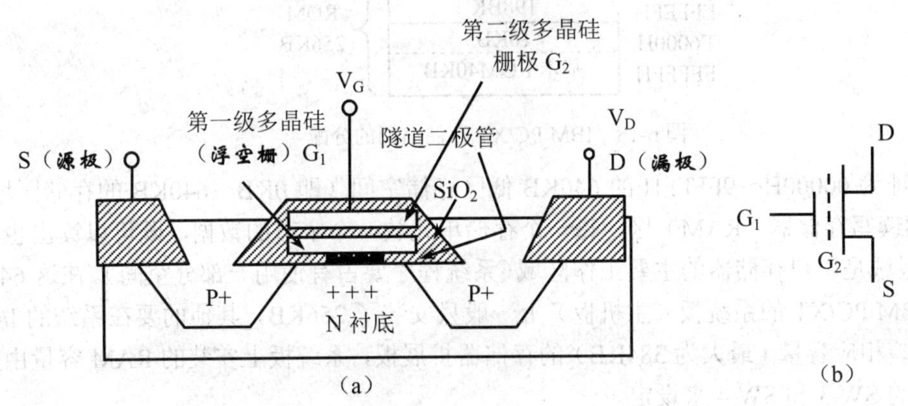

图 6-17 E^2PROM 结构示意图

5. 闪速存储器（Flash Memory）

闪速存储器，又称快擦写存储器，是由 Intel 公司推出、应用极为广泛的新型存储芯片。它是从 EPROM 演化而来的，是一种可更新的非易失性存储器。它的主要特点是在不加电的情况下能长期保持存储的信息。就其本质而言，Flash Memory 属于 E^2PROM 类型，它既有 ROM 的特点，又有很高的存取速度，而且易于擦除和重写，功耗很小。可使用电信号进行删除操作，整块闪速存储器可以在数秒内删除，而且可以选择删除芯片的一部分内容，但还不能进行字节级别的删除操作。

6.3 IBM-PC/XT 中的存储器、扩展存储器及其管理

6.3.1 存储空间的分配

在 IBM PC/XT 中，CPU 是 8088，它共有 20 条地址线，因此可以寻址的物理空间为 2^{20} 字节（即 1M 字节），其线性地址范围为 00000H～FFFFFH。IBM PC/XT 的 1M 存储空间可以分为三个区域：RAM 区、ROM 区和保留区。整个存储空间的分配如图 6-18 所示。

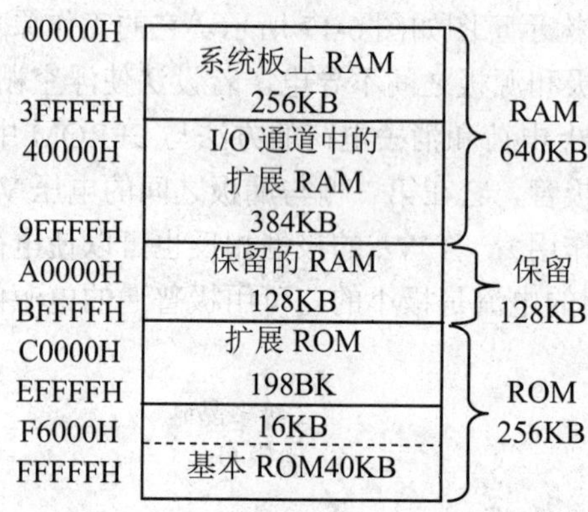

图 6-18 IBM PC/XT 存储空间的分配

图中地址为 00000H～9FFFFH 的 640KB 低区存储空间（即 0KB～640KB 的存储区域），是 PC/XT 的读写存储器（RAM）区，每一个存储单元放一个字节的数据，既可以读出也可以写入，这个区域是用户存储器的主要工作区域（系统程序要占有使用一部分空间）。在这 640KB RAM 中，IBM PC/XT 的系统板（主机板）上一般只安装了 256KB，其他的要在系统的 I/O 扩展通道上安装相应容量（最大为 384KB）的存储器扩展板，系统板上安装的 RAM 容量由系统配置开关中的 SW-3 和 SW-4 来设定。

地址为 A0000H～BFFFFH 的 128KB 存储空间，是系统保留作为字符/图形的显示缓冲区域，对于不同的显示适配器，实际使用的存储区域各不相同。IBM 单色字符显示适配器只使用 4KB 容量的缓冲区，其地址为 B0000H～B0FFFH。IBM PC/XT 中的彩色字符图形显示适配器，需要用 16KB 作为显示缓冲区，其所使用的地址为 B8000H～BBFFFH。如果使用高分辨率的显示适配器，则需要用更大容量的存储空间作为显示缓冲区。

地址为 C0000H～FFFFFH 的最后的 256KB 存储空间，是系统的 ROM 区，这个区域里安装的存储器都是只读存储器（ROM），其中前 192KB 的区域安装系统中的控制 ROM。高分辨率显示适配器的控制 ROM 安放在 C8000H 开始的区域内。如果用户要安装固化在 ROM 中的程序，可以使用这 192KB ROM 区中尚未使用的地址区域，这 192KB 的 RAM 都在系统的 I/O

扩展通道内，系统最后64KB的存储器是基本系统ROM区的。IBM PC/XT一般在系统板上安装了40KB的基本ROM，其中8KB为基本的输入/输出系统BIOS，另外32KB为ROM BASIC。

6.3.2 ROM子系统

计算机系统在加电之后要能够自动启动，那么就必须把初始化程序和引导程序存放到ROM中，IBM PC/XT一般在系统板上安装40KB的ROM，它们分布在存储器的最高端地址。其中有32KB为ROM BASIC，8KB是基本输入输出系统BIOS，占用地址为FE000H～FFFFFH。BIOS对IBM PC/XT进行初始化，也是高层软件和硬件之间的接口。其功能为：

（1）系统冷启动、热启动和自测试。

（2）基本外部设备的输入/输出驱动程序。这些驱动程序都要调用某种类型的中断。

（3）硬件中断管理程序。

（4）系统配置分析程序。

（5）字符图形发生器。

（6）时钟管理程序。

（7）DOS引导程序。

系统板上的ROM电路如图6-19所示。

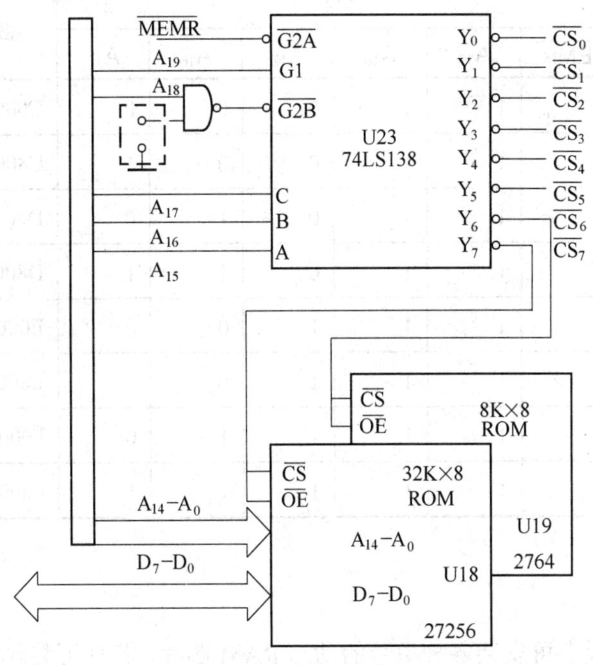

图6-19　系统的基本ROM电路示意图

系统板上有两块ROM芯片，一块是8KB的芯片，内装固化的BASIC程序中的前8KB，地址为 F6000H～F7FFFH；另一块是 32KB 的芯片，内装固化的 BASIC 程序中的后 24KB，剩下的 8KB 空间是 BIOS，地址范围为 F8000H～FFFFFH。

系统地址总线 A_{19}～A_0，经过缓冲器缓冲后，形成 ROM 子系统中的地址总线，其中的 A_{14}～A_0（32KB 地址）直接与 ROM 芯片的地址线 A_{14}～A_0 相连（8KB 的芯片则为 A_{12}～A_0），高位地址线和控制信号一起作为 ROM 芯片的片选信号。用 $\overline{CS_6}$ 连接到 8KB ROM 的 $\overline{CS}$ 和 $\overline{OE}$ 端，用 $\overline{CS_7}$ 连至 32KB ROM 的 $\overline{CS}$ 和 $\overline{OE}$ 端。

片选信号由 3-8 译码器 74LS138 产生，它的三个允许的控制端：G_1 直接连接到 A_{19}；$\overline{G_{2A}}$ 直接连接到系统存储器的读控制信号 $\overline{MEMR}$；$\overline{G_{2B}}$ 与非门相连，非门的两个输入端一个是 A_{18}，另一个是跨接线，通常情况下跨接线是断开的，非门的输出就是 A_{18} 的反相信号。译码器 74LS138 能正常工作的条件为：在存储器读周期，并且 A_{18}=A_{19}=“1”，即它的工作条件为 A19＆A18＆$\overline{MEMR}$。如果跨接线接地，那么非门的输出为高电平，这就禁止译码器 74LS138 工作，此时也就禁止了系统板上的基本 ROM 的工作。用户也可以自己编写 BIOS，插入 I/O 通道内工作。译码器 74LS138 的译码输入端 A、B、C 分别连接至地址总线 A_{15}、A_{16}、A_{17}，故它的 8 个译码输出端所管理的存储区域如表 6-4 所示。

表 6-4　ROM 子系统中译码器管理的存储器地址

片选信号	条件						管理的存储区域
	$\overline{MEMR}$	A_{19}	A_{18}	A_{17}	A_{16}	A_{15}	
$\overline{CS_0}$	0	1	1	0	0	0	C0000～C7FFFH
$\overline{CS_1}$	0	1	1	0	0	1	C8000～CFFFFH
$\overline{CS_2}$	0	1	1	0	1	0	D0000～D7FFFH
$\overline{CS_3}$	0	1	1	0	1	1	D8000～DFFFFH
$\overline{CS_4}$	0	1	1	1	0	0	E0000～E7FFFH
$\overline{CS_5}$	0	1	1	1	0	1	E8000～EFFFFH
$\overline{CS_6}$	0	1	1	1	1	0	F0000～F7FFFH
$\overline{CS_7}$	0	1	1	1	1	1	F8000～FFFFFH

6.3.3　RAM 子系统

IBM-PC/XT 系统板上可安装各种型号的动态 RAM 芯片，芯片可装入 4 组，每组 9 片（包括 8 位数据和 1 位奇偶校验位）。通常，IBM-PC/XT 机中安装 4164 动态 RAM 芯片。系统板上的 RAM 子系统示意图如图 6-20 所示。它由 RAM 芯片组、片选译码器、数据收发器、地址多路器，DRAM 刷新逻辑以及奇偶校验逻辑组成。片选译码电路用来产生 $\overline{RAS}$ 和 $\overline{CAS}$ 以及控制地址多路器的选通。

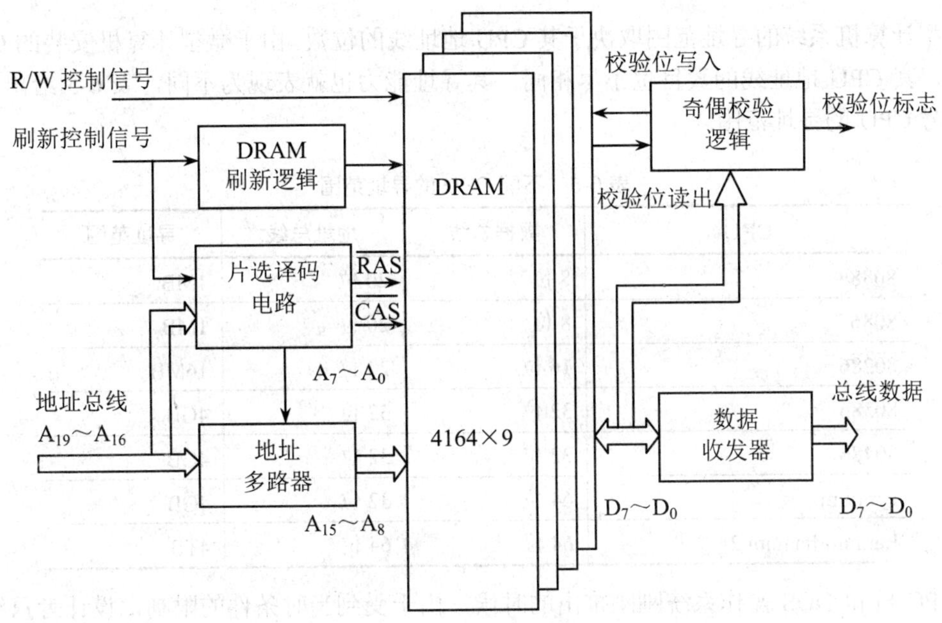

图 6-20 IBM-PC/XT 的 RAM 子系统示意图

系统板上 RAM 子系统为 256KB，每 64KB 为一组，采用 9 片 4164 DRAM 芯片，8 片构成 64KB，另一片用于奇偶校验。因为系统板上的 RAM 地址是最低 256KB 的内存地址，故四组 RAM（每组 64KB）对应的高四位地址为 0000～0011B。接存储芯片时，数据输入端和数据输出端相连，然后每列的数据端相连，接到存储器局部数据总线上。每组中的第 9 片是奇偶校验位，它们的数据输入端相连，数据输出端相连，作为奇偶校验用。

为了实现动态 RAM 刷新，PC/XT 设置系统板上 8253-5 电路的通道 1，每隔 15.12μs 产生一个信号，请求 DMA 控制器 8237-5 的通道 0 执行 DMA 操作，对全部动态 RAM 芯片进行刷新。在刷新时由于没有有效的 $\overline{CAS}$ 信号，因此在刷新时信息不会在数据总线上传送。

系统板上有 256KB DRAM，采用 Intel 4164 芯片组成，共有 36 片，所有芯片的对应的地址引脚相连，数据输入端与数据输出端相连，每组共有九块芯片，第九块芯片用于奇偶校验。奇偶校验电路的功能是实现对 DRAM 写入和读出数据进行奇偶校验。当写入时，给存储单元的奇偶校验写一个奇偶校验码；当读出时，对读到的 9 位数据进行校验，如果检测到数据中有偶数个“1”，则表示数据有错，在电路中输出一个校验错标志，而且立刻产生不可屏蔽中断请求 NMI。

值得注意的是，无论是 PC/XT 还是 PC/AT，其 DRAM 与 CPU 的连接线路都是比较复杂的，近几年来由于采用专用集成电路 ASIC 和高集成度大容量存储器，使得上述应用线路变得简单很多。而且利用专用的存储器控制器芯片，它与内存条直接相连，使用和维护都非常方便。

6.3.4 寻址范围

微型计算机系统的寻址范围取决于其 CPU 地址线的位数。由于微型计算机安装的 CPU 不尽相同，其 CPU 地址线的数目也不尽相同，其寻址能力也就表现为不同，表 6-5 给出了一些常用型号 CPU 的寻址范围。

表 6-5 不同 CPU 的寻址范围

CPU	数据总线	地址总线	寻址范围
8088	8 位	20 位	1MB
8086	8 位	20 位	1MB
80286	16 位	24 位	16MB
80386	32 位	32 位	4GB
80486	32 位	32 位	4GB
Pentium	64 位	32 位	4GB
Itanium/Itanium 2	64 位	64 位	4TB

在 PC 机和 DOS 操作系统刚刚推出的时候，由于受到当时条件的限制，设计者只给配置了 640KB 内存。随着时代的发展和微型计算机的广泛应用，要想运行一些高级软件，640KB 的内存就大大地满足不了要求，于是又配置了扩展存储器。

为了保持彼此的兼容性，我们把地址范围为：00000H～9FFFFH 的 640KB 内存叫做主存储区；把 A0000H～FFFFFH 的 384KB 的内存叫内存保留区，留给视频适配器和 ROM-BIOS 使用。

内存保留区的 384KB 有不少是闲置的，采用单色显示器时，大约有 250KB 的空闲，采用彩色显示器，也有 160KB 的空闲。虽然 DOS 可以管理 1024KB 内存，但内存保留区的 384KB 存储空间分别附在各种不同类型的接口卡上，如：VGA 卡、汉字卡、硬盘卡等，因此不可用来存放普通数据。

地址在 100000H 以上的存储区称为扩展内存区（Extended Memory），也叫 XMS，用来访问基本的 1MB 以外的内存空间，采用线性内存寻址，直接对 1MB 以外内存进行数据存取。

例如：一台 CPU 为 286 的 PC，配置 1MB 存储器，其实际主存储区 640KB、640～1024KB 之间的内存为内存保留区、1024～1408KB 之间的 384KB 内存为 XMS。XMS 必须通过“扩展内存管理程序”（Extended Memory Manager）来实现。由于 DOS 是无法看到 1MB 以外的内存空间的，因此必须要有另外的“扩展内存管理程序”来管理这段扩大的内存空间。使用最多的“扩展内存管理程序”是 HIMEM.SYS。该程序必须在计算机启动时装入内存，然后由它规划 640KB 以外的内存空间。

6.3.5 存储器的管理

不同类型的CPU，其地址线的数目不同，所支持的工作方式也不尽相同。如：8086/8088只支持实地址工作方式；80286支持实地址、虚地址保护两种工作方式；80386/80486支持实地址方式、虚地址保护方式和虚拟8086三种工作方式。下面详细介绍实地址方式、虚地址保护方式和虚拟8086这三种工作方式。

1. 实地址方式

实地址方式是80286～80486最基本的工作方式，与8086/8088工作方式相同，寻址范围只能在1MB范围内，因此不能管理和使用扩展存储器。它在复位时，启动地址为FFFF0H，在此安装一个跳转指令，进入上电自检和自举程序。另外，保留00000～003FFH的中断向量区。可以认为这种工作方式只适用低20位地址线，寻址1MB，与8086/8088工作情况是一致的，DEBUG调试程序只能在实地址方式下使用。80386的指令除了9条保护方式指令外，其余的均可以在实地址方式下运行，通过指令前缀字节，可以改变后面跟着的那条指令的某些特性，允许32位寻址方式，编写32位运算的程序。

2. 虚地址保护方式

80286～80486在实地址工作方式下，实际上相当于快速的8086，其CPU的高性能并未发挥出来。而CPU能够可靠地支持多用户系统，即使是单用户，也可以支持多任务操作，这便要求采用新的存储器管理机制——虚地址保护方式。

虚拟存储器（Virtual Memory）是为满足用户对存储空间不断增大的需求而提出来的一种计算机存储技术。在实践中，往往存在一个程序及数据比内存储器RAM的容量还大，致使程序无法运行的情况，即使在内存容量高达数千兆字节的高档微型计算机中，这种情况也时有发生。如果完全靠增加实际可寻址的内存空间的方法来解决这一矛盾，则不仅造价高、存储器利用率低，而且还会给计算机设计的其他方面带来许多难以克服的困难（如地址线位数太多等）。而采用虚拟存储器则圆满地解决了这一矛盾。

（1）虚拟存储器管理机制。

虚拟存储器是一种通过硬件和软件的综合来扩大用户可用存储空间的技术。该技术提供比物理存储器大得多的存储空间。使编程人员在写程序时，不用考虑计算机的实际容量就可以写出比任何实际配置的物理存储器大很多的程序。

虚拟存储器靠存储器管理机制以及一个大容量的快速硬盘或光盘存储器支持。虚拟存储器地址是一种概念性的逻辑地址，并非实际物理地址。虚拟存储系统是在存储体系层次结构（高速缓存－内存－外存）基础上，通过存储器管理部件MMU，进行虚拟地址和实地址间自动变换而实现的，对每个编程者是透明的。通常，用户编写的程序放在磁盘/光盘存储器上，在程序运行时，只把虚拟地址空间的一小部分映射到内存储器，其余部分则仍存储在磁盘或光盘上；当访问存储器的范围发生变化时，再把虚拟存储器的对应部分从磁盘或光盘调入内存，覆盖原先存在的部分后继续运行。程序所执行的指令地址是否在内存中，操作系统能够察觉出来，如果要找的地址不在内存中，而在某个磁盘或光盘中，则操作系统将自动启动该盘，把包含所需地址的存储区域调入内存储器。可见，所谓“虚拟”有两层含义：一是在物理上是不存在的；二是用户看不见切换过程。当用户所要访问的那部分内存地址不在实空间时，则由操作系统经 MMU 将其从磁盘/光盘调入实空间，用户对这种存储交换是觉察不到的。于是可放心地在虚拟空间中随意安排自己的程序，仿佛真有这么大的内存空间一样。

目前，在各种 16 位、32 位微型计算机系统中，大多采用了虚拟存储器技术。其存储器管理部件有的集成在 CPU 芯片中（如 80386/80486/Pentium、Z80000 等），有的则是在 CPU 之外用辅助芯片来实现（如 MC68020 等）。

实现虚拟存储器的关键是自动而快速地实现虚拟地址（即程序中的逻辑地址）向内存物理地址的变换。通常把这种地址变换叫做程序定位或地址映像。

目前普遍采用的地址映像方式有三种：页式、段式和段页式。这三种方式都是使用驻留在存储器中的各种表格，规定各自的转换函数，在程序执行过程中动态地完成地址变换。这些表格只允许操作系统进行访问，而不允许应用程序对其进行修改。一般操作系统为每个用户或每个任务、进程提供一套各自不同的转换表格，其结果是每个用户或每个任务、进程有不同的虚拟地址空间，并彼此隔离、分时操作和受到保护。

页式映像的虚拟存储器是将虚拟存储空间、内存空间和辅存（外存）空间划分成固定大小的块——页，然后以页为单位来分配、管理和保护内存。每个任务或进程对应一个页表（Page Table），页表由若干页表项（PTE）组成，每个页表项对应一个虚页，虚页内含有关地址映像的信息和一些控制信息。页表在内存的位置由页表基址寄存器定位。

段式映像的虚拟存储器以各级存储器的分段来作为内存分配、管理和保护的基础，段的大小取决于程序的逻辑结构，可长可短，一般将一个具有共同属性的程序代码和数据定义在一个段中。每个任务和进程对应一个段表（Segment Table），段表由若干段表项（STE）组成，每个段表项对应一个逻辑段，内含地址映像信息（段基址和段长度）等内容。段表在内存的位置由段表基址寄存器指明。

段页式映像的虚拟存储器是在分段的基础上再分页，即每段分成若干个固定大小的页，每个任务或进程对应有一个段表，每段对应有自己的页表。在访问存储器时，由 CPU 经页表对段内存储单元进行寻址。在段页式虚拟存储器中，从虚地址变换为实地址要经过两级表的转换，使访问效率降低，速度变慢。为此，常为每个进程引入一个由相联存储器构成的转换后援缓冲器 TLB，相当于 Cache 中的地址索引机构（通常是一个快速地址变换表），里面存放着最近访问的内存和单元所在的段、页地址信息。由此建立了虚拟空间到主存空间之间虚页到实页的对应关系（映射）。虚拟存储系统利用计算机 CPU 中的一组寄存器堆作为快速地址变换表基址寄存器，它与快速地址变换表一起给出用户程序地址。

通常，先把虚拟（逻辑）地址通过分段机制，转换为线性地址；再通过分页机制，把线性地址转换为物理地址。段机制是必用的，分页机制则根据需要允许或禁止。如果禁用分页机制，则经过段机制转换的线性地址就是物理地址。

（2）保护。

所谓的保护有两个含义：①任务内的保护机制，保护操作系统的存储段和其专用处理寄存器不被应用程序所破坏；②为每一个任务分配不同的虚地址空间，从而使不同任务之间完全隔离，实现任务的保护。

通常操作系统存储在一个单独的任务中，并被其他任务共享，每个任务有自己的段表和页表。在同一任务内，定义 4 种特权级别，0 级最高，特权级可以看作 4 个同心圆，内层最高，外层最低。定义为最高级中的数据只能由任务中最受信任的部分进行访问。特权级的典型用法是把操作系统的核心放在 0 级，操作系统的其余部分放在 1 级，而应用程序放在 3 级，留下的部分供中间软件用。

3. *虚拟 8086 方式*

在实地址方式下，可以运行 DOS 应用软件，但不能执行多程序多任务系统，在保护虚地址方式下，又不能运行 DOS 软件，能不能做到在 8086 方式下，既能运行 DOS 软件，又能处理多程序多任务系统呢？于是，就产生了虚拟 8086 方式。虚拟 8086 方式是 80386、80486 的一种新的工作方式，该方式支持存储管理、保护及多任务环境中执行 8086 程序。当创建一个在虚拟 8086 方式下执行的 8086 程序任务时，好像该任务的环境就是一个 8086 程序的环境。于是，可以使 CPU 同时执行三个任务：以 32 位虚地址保护方式执行第一个任务的 80386 程序；以 16 位虚地址保护方式执行第二个任务的 80286 程序；以虚拟 8086 方式执行第三个任务的 8086 程序。

6.3.6 高速缓冲存储器 Cache

当 80386/80486 CPU 在较高的工作频率下工作时，遇上慢速的外设，CPU 就必须停下等待（即插入等待周期），这样一来 CPU 的工作速度降低了，出现了“瓶颈”。为了解决这一问题，在保证系统性能价格比的前提下，使用高性能的 SRAM 芯片组成高速的、小容量的缓冲存储器，使用最低价格和最小体积提供更大的存储空间的 DRAM 芯片（或内存条）组成主存储器。

高速缓冲存储器是为了弥补主存储器速度的不足，而设置在 CPU 与主存储器之间，构成 CPU—Cache—主存—辅存层次结构。从 CPU 角度来看，微型计算机速度接近 Cache，而容量却是主存。CPU 访问高速缓冲存储器，能访问到所需要的信息的百分比称为命中率，当高速缓冲存储器的容量为 32KB 时，其命中率为 86%；而当高速缓冲存储器的容量为 64KB 时，其命中率为 92%，92%的命中率可以解释为：CPU 用 92%的时间处理不需要插入等待周期访问高速缓冲存储器中的代码和数据。因为大多数的程序有一个共同的特点，即第一次访问某个存储区域后，还要重复访问这个区域。CPU 第一次访问低速的 DRAM 时，要插入等待周期。当 CPU 进行第一次访问时，也把数据存到高速缓存区。之后，当 CPU 再次访问这一区域时，CPU 就可以直接访问高速缓存区，而不需要再去访问低速主存储器。由于高速缓冲存储器容量远小于低速大容量主存储器，所以它不可能包含后者的所有信息。

6.4 外存储器

外存储器是 CPU 通过 I/O 接口电路才能访问的存储器，其特点是存储容量大、速度较低。外存储器用来存放当前暂时不用的数据信息。CPU 不能够直接用指令对外存储器进行读/写操作，如果要访问外存储器存放的数据信息，必须先将该数据信息由外存储器调入内存储器。外存储器按使用的器件和媒介不同分为：磁存储器和光存储器。目前，常见的有：软盘、硬盘、光盘、U 盘等，下面我们就对软盘、硬盘、光盘等进行讨论。

6.4.1 软盘

1971 年，IBM发布了全球首款软驱，而在 1981 年索尼推出了首款 3.5 英寸软盘，成为个人计算机产业的技术标准，并且在接下来的 20 年中得到广泛的应用。

软磁盘存储器由软磁盘（盘片）、软盘驱动器和软盘控制器组成。软磁盘是存储数据信息的载体；软盘驱动器是控制软盘旋转、磁头平移寻道和定位的读/写装置；软盘控制器实现软盘驱动器与主机之间的信息交换。

软盘的盘片厚度为 60μm～100μm，按盘片直径的大小可分为：8 英寸、5.25 英寸（又称“5 寸盘”）和 3.5（又称“3 寸盘”）英寸三种。软盘盘片的记录面有单面的和双面的；记录密度分为：单密度、双密度和高密度三种，代表了盘片的存储容量。如双面高密的 3.5 寸盘片容量为：1.44M。

3 寸盘的盘片是装在硬质塑料板保护套内。保护套中心为主轴孔，可使盘片固定在软盘驱动器的主轴上并随之转动。在保护套上有许多孔，它们分别是：用于装卡盘片的“中心孔”、用于定位的“索引孔”、用于磁头读写盘片的“读写孔”及“写保护孔”等。3 寸盘使用拨动写保护开关就可设置写保护，设置后，只能读出软磁盘中的数据信息而不能写入任何数据信息。另外，为方便使用，在保护套上还贴有标签，标记盘片的信息内容。

软盘盘片的结构如图 6-21 所示。为了便于对磁盘进行信息存取，把磁盘上的记录面划分为若干个同心圆，每个圆称为一个磁道（Track）。每个磁道有一个编号对应，编号次序从外到内依次递增，最外边的为 0 磁道。如：3 寸盘盘片有 80 个磁道，最里边的为 79 磁道，最外边的为 0 磁道。沿磁盘径方向单位长度上的磁道数称为“道密度”。常用每英寸磁道数来表示，记为 TPI（Track Per Inch）。低密度软盘的道密度一般为 48TPI，而高密度软盘的道密度为 96TPI。在磁道上数据的记录密度称为“位密度”。常用每英寸长度上所记录的位单元数

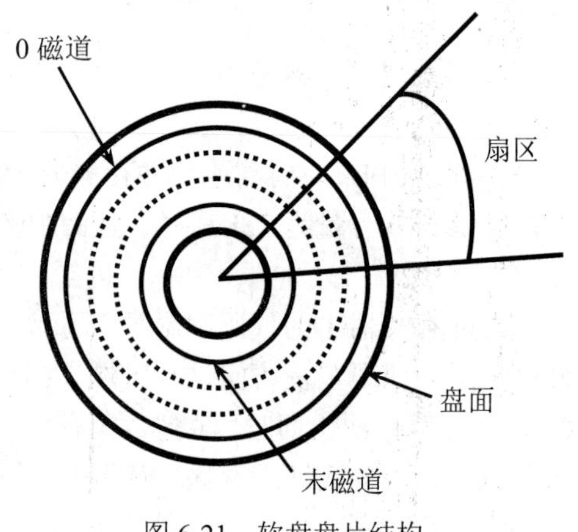

图 6-21 软盘盘片结构

来表示，分别记为 bPI（bit Per Inch）和 BPI（Byte Per Inch）。由于外边磁道的圆周长比里边磁道的圆周长要长，而它们又要记录同样多的信息。故里外磁道记录信息的密度是不一样的。位密度规定为记录面最里边磁道上的记录密度。

每个磁道平均划分为若干个弧段，每个弧段称为一个扇区（Sector）。每个磁道上的扇区数目通常是相同的。扇区是磁盘存储信息的最小单位。一张软盘在使用前必须进行格式化。格式化是对盘片表面进行磁道和扇区的划分，并登记各扇区的地址标记。格式化后的软盘存储容量计算公式如下：

磁盘存储容量 = 盘面数×磁道数/面×扇区数/磁道×字节数/扇区

以常用的 3.5 英寸双面高密度软盘为例：其每面有 80 个磁道，每个磁道有 18 个扇区，每个扇区有 512 个字节，则其存储容量为：2×80×18×512 = 1474560（字节）。

6.4.2 硬盘

硬盘是一种磁表面存储器，是以厚度为 1～2mm 的非磁性的铝合金材料或玻璃、陶瓷等做盘基，在表面涂抹一层磁性材料作为记录介质。磁层既可采用甩涂工艺制成，此时磁粉呈不连续的颗粒存在，也可以用电镀、化学镀或溅射等方法制成。为了获得较大的容量，硬盘通常由多个盘片组成一组，每组盘片固定在同一根主轴上，盘面上由外向里有许多同心圆构成相互分离的磁道，通过磁化磁道可以存储信息。相邻盘片之间留有 10～20mm 的空隙，以便磁头能平行插入。盘片以 3600 转/min、5400 转/min、7200 转/min 或更高的速度旋转，通过悬浮在盘片上的磁头进行读写操作。

硬盘的分类有多种，根据磁头和盘片的不同结构和功能分为：固定磁头磁盘机、活动磁头固定盘片磁盘机和活动磁头可换盘机三类。根据采用的技术可分为：温彻斯特磁盘（Wenchster，简称“温盘”）和非温彻斯特磁盘。从外型尺寸上可分为：14 英寸、8 英寸、5.25 英寸、3.5 英寸、2.5 英寸、1.8 英寸、1 英寸等。还可以从其容量大小等角度来进行分类。

目前计算机系统中广泛采用的一种硬盘是温彻斯特磁盘。温彻斯特磁盘是由 IBM 公司在美国加州坎贝乐市温彻斯特大街的研究所研制成功的，于 1973 年首先应用于 IBM3340 硬磁盘存储器中，故称作“温彻斯特技术”。所谓温彻斯特技术是将盘片、磁头以及执行机构都密封在一个容器内与外界环境隔绝，这样不但可避免空气灰尘的污染，而且可以把磁头与盘面的距离减少到最小，加大数据存储密度，从而增大了存储器的容量。

如图 6-22 所示，硬盘存储介质由多个盘片组成。类似软盘，每个盘面上由外向里分成许多同心圆，即“磁道”，最外边的是 0 号磁道。每个磁道再分成同样大小的段，一个盘面上各个磁道的同一段构成一个“扇区”。由于各个磁道的半径不同，各磁道的存储密度也不一样。不同的盘面上的同一磁道构成一个圆柱面，可连续存放多于一个磁道的信息，即当一次写入信息超过一个磁道时，可继续写入同一柱面上另一盘面的同一个磁道上。硬盘容量的计算公式如下：

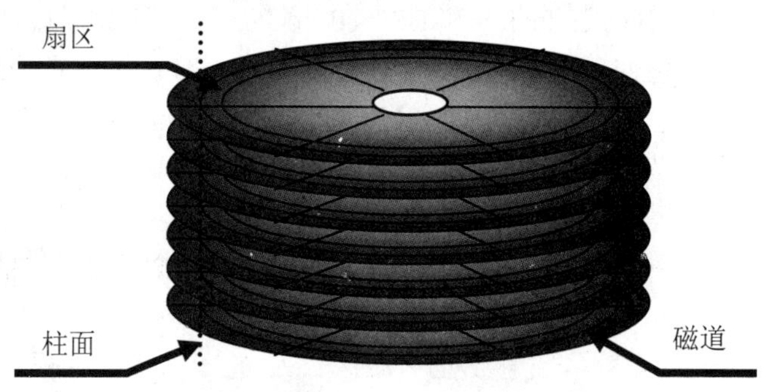

图 6-22　硬盘盘片组示意图

硬盘存储容量 = 磁头数 × 柱面数 × 每道扇区数 × 每道扇区字节数

其中：磁头数 = 盘面数，柱面数 = 每个盘面的磁道数。例如：某 IDE 接口硬盘有 255 个磁盘面、9729 个柱面、63 个扇区，每个扇区的大小为 512 个字节，则该硬盘的存储容量为：255× 9729× 63× 512 = 80023749120（字节）。

硬盘格式化分为低级格式化（又称“物理格式化”）和高级格式化（又称“逻辑格式化”）两种。硬盘必须先经过低级格式化、分区、高级格式化才可使用。一般硬盘在出厂时已经做过低级格式化，其主要作用是将硬盘划分为磁道和扇区。分区是把硬盘划分为几个逻辑盘，盘符分别标识为 C、D、E 等，并设立主分区（即活动分区）。高级格式化的主要作用是建立文件系统。

硬盘与主机连接通常采用以下几种接口（详见第 8 章）：

（1）IDE（Integrated Drive Electronics）。

（2）EIDE：增强型 IDE 接口。

（3）SATA（Serial ATA）。

（4）SCSI（Small Computer System Interface，小型计算机系统接口）。

目前微型计算机系统中所使用的硬盘，其容量越来越大，常用的有 10G～160G 等多种规格；其速度也越来越快，常见的有 3600 转/分钟、5400 转/分钟、7200 转/分钟、10000 转/分钟、15000 转/分钟等多种转速；其外型尺寸也越来越小，常用的有 14 英寸、8 英寸、5.25 英寸、3.5 英寸、2.5 英寸、1.8 英寸、1 英寸等多样外型。并逐步朝着大容量、高速度、高可靠性、低成本以及小型化的方向不断发展。

6.4.3　光盘

光盘存储器是 20 世纪 70 年代发展起来的一种新型数据信息存储设备，由于其容量大、寿命长、成本低、使用安全可靠且易于携带等特点，深受用户的欢迎并迅速得到普及和推广。光盘存储器的结构主要包括光盘盘片、光盘驱动器和光盘控制器。

光盘片一般采用丙烯树脂材料，在其上溅射碲合金薄膜或涂上其他物质材料。当向光盘写入数据信息时，利用激光能量可以高度集中的特点，使用功率较强的激光照射在光盘片介质表面上，根据写入的数据信息来调制激光点的强弱，使介质表面的微小区域温度升高，产生微小的凹凸或其他几何变形，改变盘片介质表面的光反射性质；当要从光盘中读出数据信息时，利用激光照射光盘片介质，根据反射光强弱变化，经信号处理即可读出数据。

光盘片可以分为多种类型。按盘片直径大小可分为：3.5 英寸、5.25 英寸、8 英寸、12 英寸等几种；还可以按容量、读写方式等来进行分类。

1. CD（Compact Disk）光盘

每片光盘单面可存储信息的容量为 600~650M。CD 驱动器从最早的单倍速，到 2 倍速、4 倍速、6 倍速、8 倍速、10 倍速、12 倍速、18 倍速、32 倍速、40 倍速、52 倍速等多种速率。这个“倍速”是以基准数据传输速率 150KB/s 来计算的，如：8 倍速（又可写为 8X）CD 驱动器的传输速率为：8×150KB/s＝1200KB/s。CD 驱动器其读写速度不断提高。从 CD 读写方式可以分为下面三种：

1）CD-ROM（CD Read Only Memory）：只读型光盘。只能读出，不能写入。这种光盘出厂前由厂家预先写入信息，写完后信息将永久保存在光盘上，用户只能进行读操作。

2）CD-R（CD Recordable）：一次写入型光盘。只能写一次，以后可以反复读出。该类型的光盘允许用户将自己的数据信息写入到盘片上，不过只能写一次，写入后不能擦除和修改。

3）CD-RW（CD Rewritable）：多次重写型光盘。可以由用户任意进行读、写和擦除操作，就像操作一般的硬盘一样。

2. DVD（Digital Versatile Disc）数字通用光盘

DVD 是一种新的大容量存储设备。其容量视盘片的结构制作而不同，采用单面单层（DVD-5）结构的容量为 4.7G；采用单面双层（DVD-9）结构的容量为 8.5G；采用双层单面（DVD-10）结构的容量为 9.4G；采用双面双层（DVD-18）结构的容量为 17G。DVD 驱动器的速度有 2 倍速、4 倍速、5 倍速等多种速率类型。这里的“倍速”与 CD 光盘驱动器的“倍速”是不同的，其基准数据传输速率为 1.385MB/s，比 CD 驱动器快得多。DVD 驱动器向下兼容，可读音频 CD 和 CD-ROM。从 DVD 读写方式可以分为：DVD-ROM（只读型）、DVD-R（一次写入型）、DVD-RW（多次重写型）、DVD-RAM（可擦写型）等多种。

3. 其他类型光盘

1）MO（Magneto-Optical Disk）。即磁光盘，它是一种主流的可擦写大容量存储器。MO 有 3.5 英寸和 5.25 英寸两种尺寸。3.5 英寸 MO 其最大容量为 640MB，也有 230MB 和 120MB 的。MO 主要用于数据的备份。

2）蓝光技术光盘。现行的 DVD 利用红色激光（波长为 650nm）来读取或写入数据，而蓝光技术光盘采用波长较短（405nm）的蓝色激光读取和写入数据。通常来说波长越短的激光，能够在单位面积上记录或读取的信息越多，可以对光盘进行高密度记录与读取。因此，蓝光技术极大地提高了光盘的存储容量，在光盘存储方面提供了一个跳跃式发展的机会。目前，HD-DVD（High Density DVD）和 BD（Blue-ray Disc，即蓝光盘）均具有单层和双层两种格式：

HD-DVD 有 15G 和 30G 的，蓝光盘有 25G 和 50G 的。当然，HD-DVD 和蓝光盘的播放器都可以读 DVD 光碟。采用蓝光技术的光盘按读写方式也可分为：只读型、一次写入型、可擦写型等几种。

微型计算机常用的光盘控制器是与 CD-ROM/DVD 驱动器连接的控制电路，通常采用如前面所介绍过的 IDE、SCSI 接口，它们也是硬盘驱动器的主要接口。如图 6-23 所示的光盘塔是利用多个 SCIS 接口，将多个 CD-ROM 驱动器串联而成的，光盘预先放置在 CD-ROM 驱动器中。用户访问光盘塔时，可以直接访问 CD-ROM 驱动器中的光盘，因此光盘塔的访问速度较快。但是，速度相比于硬盘来说慢了一些，而且光驱数量有限，数据源很少，所以供同时使用的用户数量也很少，但是由于光驱的价格很低，作为低端产品，它还是能够适用于一些用户的要求。目前，很多图书馆都采用光盘塔。除此之外，还有光盘库、光盘网络镜像服务器等光盘应用技术。

图 6-23　光盘塔

光盘是目前安全性最佳、容量较高、最可靠的存储手段，适用于原始资料数据备份和离线服务。最值得关注的“蓝光盘”存储容量在 25GB～200GB 之间，将会引起存储领域的一场革命。

6.4.4　移动存储器

所谓移动存储器，是指可以随身携带的存储器。如：软盘是容量最小的移动存储器。目前常用的移动存储器还有：移动硬盘、ZIP 盘、USB 闪存盘（俗称“U 盘”）等。

1. 移动硬盘

移动硬盘也称活动硬盘，置于机箱之外，主要指采用计算机外设标准接口（USB/IEEE1394）的硬盘，如图 6-24 所示。作为一种便携式的大容量存储系统，它有许多出色的特性：容量大、单位存储成本低、速度快、兼容性好。

图 6-24　移动硬盘

USB 接口移动硬盘，目前几乎每台计算机都配备有 USB 接口，因此采用 USB 接口的外置式活动硬盘盒可以方便地在计算机之间传输数据。USB 接口移动硬盘还具有极高的安全性，一般采用玻璃盘片和巨阻磁头，并且在盘体上精密设计了专有的防震、防静电保护膜，提高了抗震能力、防尘能力和传输速度，不用担心锐物、灰尘、高温或磁场等对 USB 硬盘造成伤害。IEEEl394 接口移动硬盘，具有高达 400Mb/s 的数据传输速率。

2. LS-120 盘

它是由 3 寸软盘驱动器发展而来的，其速度是标准软驱的 5 倍。LS-120 盘片的存储容量可达 120M。由于 LS-120 驱动器的结构与 1.44M 的 3 寸软盘驱动器相似，因此它能够兼容标准的 3 寸软盘。

3. ZIP 盘

它是由 3 寸软盘驱动器发展而来的，其速度是标准软驱的 20 倍。目前只有 3.5 英寸 ZIP 盘，有并行口、IDE 和 SCSI 三种接口。ZIP 盘的容量可达 100MB，而且携带方便，其外型与 3 寸软盘相似，只是要厚一些。ZIP 盘的外壳十分坚硬，比一般的软盘可靠。

4. USB 闪存盘

简称闪存，又称闪盘、U 盘或优盘。近几年来，已成为移动存储器的主流产品。它是一种新型半导体存储器，是一种基于 USB 接口的无须驱动器的微型高容量活动盘，可以简单方便地实现数据交换。U 盘体积非常小，容量比软盘大很多（目前一般为 64MB～1GB），如图 6-25 所示。它不需要驱动器，无外接电源，使用简便，即插即用，带电插拔；存取速度快，约为软盘速度的 15 倍；可靠性好，可擦写 100 百万次以上，数据可保存 10 年以上；采用 USB 接口，并可带密码保护功能。

图 6-25　优盘

目前，市场上基于闪存的存储器或驱动器的产品很多，如朗科优盘（Only Disk）、清华紫光、爱国者迷你王、MP3 卡等。随着闪存技术的日渐成熟，带有各种附加属性的优盘层出不穷，如加密型（对其中的数据进行加密）、启动型（引导系统启动）等。

6.5　CPU 与存储器的连接

6.5.1　CPU 与存储器连接时应注意的问题

存储器芯片同 CPU 连接时应注意以下 4 个问题：①CPU 总线的负载能力问题；②存储器的组织、地址分配以及片选问题；③CPU 的时序与存储器芯片存取速度之间的配合问题；④控制信号的连接问题。下面就这四个问题进行简要的讨论。

1. CPU 总线的负载能力

通常 CPU 总线的负载能力为 1 个 TTL 器件或 20 个 MOS 器件。现在的存储器多为 MOS 电路，直流负载很小，主要为电容负载，所以在小型系统中，CPU 可直接与存储器相连，而在较大的系统中，就要考虑 CPU 能否带得动，如果带不动，就需要加上缓冲器和驱动器，以增加 CPU 的负载能力。常用的驱动器和缓冲器有单向的 74LS244、74LS367 以及 Intel 的 8282 等；双向的 74LS245 以及 Intel 的 8286、8287 等。

2. 存储器的组织、地址分配以及片选问题

在各种微型计算机系统中，字长有 4 位、8 位、16 位、32 位以及 64 位等之分。可是存储器均以字节为基本存储单元，如果要存储一个 16 位或者 32 位的数据，就要放在连续的几个内存单元中，这种存储器称为“字节编址结构”。80286、80386 的 CPU 是把 16 位或 32 位数的低字节放在低地址（偶地址）存储单元中。

内存通常分为 ROM 和 RAM 两大部分，而 RAM 又分为系统区（即机器的监控程序或操作系统占有的区域）和用户区，用户区又分为数据区和程序区，所以内存地址分配是一个重要问题。另外，目前生产的存储器，单片的容量仍是有限的，如果要组成一个存储器系统，需要多片存储器芯片，这也就要求正确地解决片选问题。

3. CPU 的时序与存储器芯片的存取速度之间的配合

存储器同 CPU 连接时，要保证 CPU 对存储器的正确、可靠的存取，必须考虑两者的工作速度是否能匹配。CPU 的取址周期和存储器的读写都有固定的时序，由此决定了对存储器存取速度的要求。具体地说，CPU 对存储器进行读操作时，CPU 发出地址和读命令后，存储器必须在限定的时间内给出有效数据；而当 CPU 对存储器进行写操作时，存储器必须在写脉冲规定的时间内将数据写入指定的存储单元，否则就无法保证迅速、准确地传送数据。

4. 控制信号的连接

CPU 在与存储器交换信息的时候，有以下几个控制信号（对 8088 而言）：$IO/\overline{M}$、$\overline{WR}$、$\overline{RD}$ 以及 $\overline{WAIT}$ 信号。不同的信号组合，将会实现不同的控制作用。用户应把这些信号与存储器要求的控制信号相连，实现所需的读写控制操作。

6.5.2 存储器片选信号的产生方式和译码电路

1. 片选信号的产生方式

微型计算机的存储器系统通常由 ROM 和 RAM 两部分组成，而 ROM 和 RAM 又是由若干个芯片组成，每个芯片都有一个或多个片选信号。为了保证 CPU 能够正确地访问到存储器中的所有存储单元，如何获得片选信号是存储器接口的关键所在。

通常按用途将地址线分为高位地址线和低位地址线两部分。高位地址线与 CPU（如：8086）的控制信号（如：$M/\overline{IO}$）结合，产生存储器芯片的片选信号，以实现片间寻址；低位地址线直接连到所有存储器的芯片，实现存储器芯片的片内寻址。低位地址线的根数等于芯片地址引脚数，即 A_0～A_n，n 的值取决于芯片的单元数。如：某芯片单元数为 1K，则连到芯片的低位地址为 A_0～A_9；芯片单元数为 2K，则连到芯片的低位地址为 A_0～A_{10}；若芯片单元数为 4K，则连到芯片的低位地址为 A_0～A_{11}。由此推出芯片单元数与地址引脚号 n 之间的关系为：2^{n+1} = 存储单元数。高位地址线若单独使用，则是线选方式；若组合使用，则为部分译码或全译码方式，在连接时应注意它们的地址分布和重叠区。

（1）线选法（线选方式）。

线选法是指高位地址线不经过译码，直接作为存储芯片的片选信号。每根高位地址线接一块芯片，用低位地址线实现片内寻址。线选法的优点是：连接简单，无须专门的译码电路；缺点是：整个存储器的地址不连续，CPU 寻址能力的利用率太低，造成地址空间大量浪费，而且由于部分地址线未参加译码，会出现地址重叠，使一个地址码可能选中两个或两个以上的存储单元。因此，在存储器容量比较小且不要求扩充的系统中，采用线选法是一种非常经济的地址选择方法。当线选法中所需的片选信号比可用的高位地址线多时，线选法就不适用了。

（2）全译码法（全译码方式）。

全译码法是指全部高位地址线都要参加译码，译码输出作为各芯片的片选信号。采用这种译码选择方式时，每个存储单元的地址都是唯一的，不存在地址重叠，但译码电路较复杂，连线也较多。全译码法可以提供对全部存储空间的寻址能力，不会浪费存储器地址空间，且各芯片之间地址是连续的。当译码地址未用完时，可以非常方便的扩充存储器系统。当存储器容量小于可寻址的存储空间时，可从译码器输出线中选出连续的几根作为片选控制，多余的令其空闲，以便需要时扩充。

（3）局部译码法（局部译码方式）。

局部译码法又称部分译码法，是指将高位地址线中的一部分（而不是全部）进行译码，产生片选信号。该方法只对部分高位地址总线进行译码，以产生片选信号，剩余高位地址线空着或直接用作其他存储芯片的片选控制信号，因此局部译码法是线选法和全译码法的混合。局部译码法由于未参加译码的高位地址线与存储器地址无关，因此存在地址重叠问题。当选用不同的高位地址线进行部分译码时，其译码对应的地址空间不同。该方法常用于不需要全部地址空间的寻址能力，但采用线选法时地址线又不够用的情况。

2. *存储地址译码电路*

存储器的译码电路可以用小规模集成的门电路组合而成，但当需要多个片选信号时，更多的是采用专用于译码的中规模集成电路，如：74LS138（3～8 译码器）、74LS154（4～16 译码器）等。为解决软件的保密性和提高使用的灵活性，目前常用 74LS138、74LS139、CD4556、CD4514、PROM、PAL 及 GAL 等芯片作为可编程译码器。

74LS138 经常用来作为存储器的译码电路。74LS138 有 G_1、$\overline{G2A}$、$\overline{G2B}$ 三根片选输入端，A、B、C 三根二进制码输入端，$\overline{Y_0}$ ～ $\overline{Y_7}$ 八根译码状态输出端。图 6-26 给出了该译码器的引脚图。

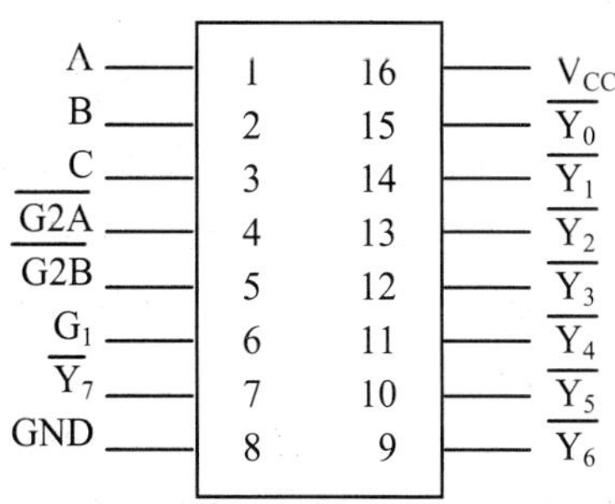

图 6-26　74LS138 引脚

74LS138 的工作条件为 G1=1，$\overline{G2A}=\overline{G2B}$=0。因为规定 CS 端（片选端）为低电平时表示选中该存储器芯片，所以译码器输出也是低电平有效。当不满足译码条件时，74LS138 输出全为高电平，相当于芯片还未工作，表 6-6 给出了它的功能表。

表 6-6 74LS138 的功能表

$\overline{G2B}$ $\overline{G2A}$ G1	C B A	$\overline{Y_7}$ ～ $\overline{Y_0}$	有效输出
0 0 1	0 0 0	11111110	$\overline{Y_0}$
0 0 1	0 0 1	11111101	$\overline{Y_1}$
0 0 1	0 1 0	11111011	$\overline{Y_2}$
0 0 1	0 1 1	11110111	$\overline{Y_3}$
0 0 1	1 0 0	11101111	$\overline{Y_4}$
0 0 1	1 0 1	11011111	$\overline{Y_5}$
0 0 1	1 1 0	10111111	$\overline{Y_6}$
0 0 1	1 1 1	01111111	$\overline{Y_7}$
其他值	×××	11111111	无效

注：×表示不定。

6.5.3 CPU 与存储器的连接

在微型计算机中，CPU 对存储器进行读/写操作，首先要由地址总线给出地址信号，选择要进行读/写操作的存储单元，然后通过控制总线发出相应的读/写控制信号，最后才能在数据总线上进行数据交换。CPU 与存储器芯片之间的连接，实质上就是与系统总线连接。RAM 与 CPU 的连接，主要包括：地址线的连接、数据线的连接、控制线的连接。下面举例来具体说明两者之间如何进行连接，以及在连接过程中应注意的一些问题。

1. 1KB RAM 与 CPU 相连

对于不同类型的芯片来说，组成 RAM 的存储器芯片具有 1 位、4 位、8 位等不同的结构。如：1K 位的存储器芯片，具有 1024×1 位、256×4 位和 128×8 位等几种不同的结构（这里的 1 位、4 位和 8 位通常是指芯片的 I/O 数目）。8088 CPU 的数据总线为 8 位，存储器芯片与这类微处理器相连时，可以采用位并联或地址串联的方法来满足存储体所需要的容量和位数。

（1）存储体所需芯片数目的确定。

如果所选存储器芯片的容量不够，应增加容量。则可以按容量要求计算出所需的芯片数目，即：总片数=总容量/（容量/片）。对于 8088CPU 的 8 位微处理器来说，1KB RAM 是指 1024×8 位的容量。因此，采用容量为 1024×1 位的芯片组成 1KB RAM 共需该类芯片数为：（1024×8 位）/（1024×1 位/片）=8 片；若采用 256×4 位的芯片组成 1KB RAM 共需该类芯片数为：（1024×8 位）/（256×4 位/片）=8 片。

（2）构成数据总线所需的位数和存储体所需的容量。

按照要求，如果要组成 1K×8 位，可采用的 1024×1 位的芯片，也可以采用的 256×4 的芯片，两种芯片与 CPU 的连接方式分别如图 6-27 和图 6-28 所示。

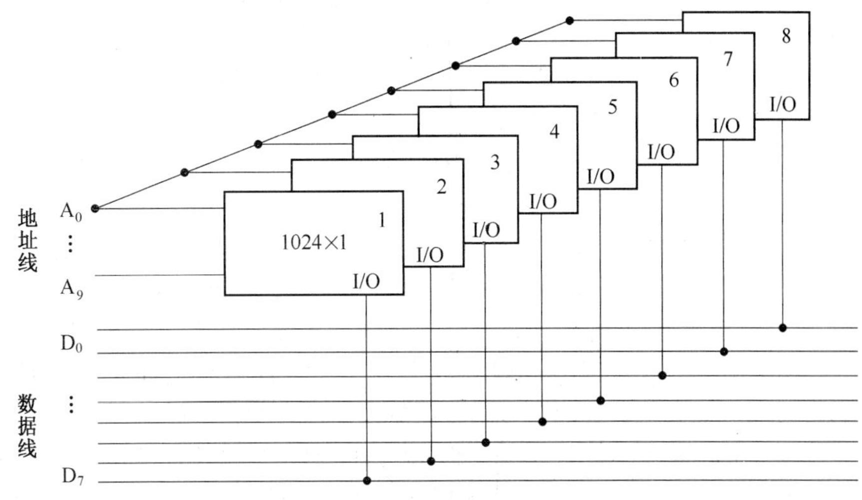

图 6-27　用 1024×1 位的芯片组成 1KB RAM 的方框图

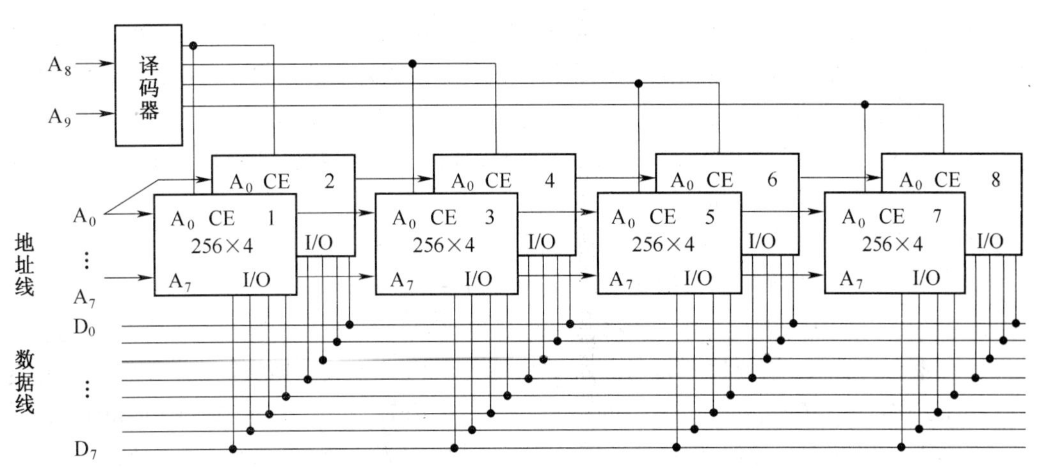

图 6-28　用 256×4 位的芯片组成 1KB RAM 的方框图

在图 6-27 中，每一片芯片的容量是 1024×1，因此其地址线有 10 条（2^{10}= 1024），满足整个存储体容量的要求。每一片芯片只有一条数据线，相对应于 CPU 的一位数据线，因而只要把每片芯片的数据线分别对应的接到 CPU 数据总线上的相应位即可。8 片同样的芯片并联构成所要求的 8 位数据总线。对芯片没有片选要求的，如果芯片有片选输入端（$\overline{CS}$或$\overline{CE}$），可把它们直接接至 IO/$\overline{M}$。在这种连接方法中，每一条地址总线接有 8 个负载。每一片芯片共有 11 个地址和数据引脚。

在图 6-28 的电路中，每一片芯片的容量是 256×4，所以片上的地址线有 8 条（2^8= 256）。

又因为每一片芯片的 I/O 线为 4 条，因而需要将两片并联，从而构成微处理器要求的八位数据总线。因此，总的存储体容量 1K（1024=256×4）就要被分为 4 个部分（又称为页），直接将地址总线上的 A_0～A_7 与各芯片的地址输入端相连，就可以在 256 范围内寻址（即实现页内寻址）；由 A_8、A_9 经过译码输出的四条线，代表 1K 的不同的 4 个部分（即 4 个页），即：0～255 为第一页；256～511 为第二页；512～767 为第三页；768～1023 为第 4 页。由于每一片芯片上的数据为 4 位（4 条数据线），故可用 2 片来组成一页。因此共需四条页寻址线，每一条同时接两片。

一页内两片芯片的数据线，一个接到数据总线的 D_0～D_3，另一个接到数据总线的 D_4～D_7，然后将各页的数据线加以并联就可以了。采用这种连接方法，地址总线上的 A_0～A_7 每一条都要接 8 个负载，而 A_8 和 A_9 的负载轻，只需接到译码器；数据总线上每一条带有 4 个负载（虽然每一次只有一个被选中，另外三个为高阻状态，但由于连线多，连线之间分布电容就是负载）。

从以上分析可知，如果从负载的角度来看：前一种方法较后一种方法强；如果从片子封装的角度来看：每一片的地址、数据引脚越多，封装的引线也就越多，那么合格率就会下降，从而使成本相应地提高。因此，在容量较大的存储器中，一般采用一片一位的结构方式。

（3）控制线、数据线和地址线的连接。

对于控制线来说，将读/写等信号线对应相连即可；数据线对应相连，如果 CPU 驱动能力不够，可以加上相应的驱动器。下面给出了一个地址线的连接较为复杂的例子（4KB RAM 的连接）。

2. 4KB RAM 与 CPU 相连

按照前面的方法，采用 Intel 2114 1K×4 位的芯片构成一个 4KB RAM 存储器。

（1）存储体所需芯片数目的确定。

由于每片 Intel 2114 为 1024×4 位，因此 4KB RAM 共需要 8 片该芯片。

（2）构成数据总线所需的位数和存储体所需的容量。

Intel 2114 共有 10 条地址线和 4 条数据线，一个 $\overline{WE}$ 和片选 $\overline{CS}$ 端，为了满足微处理器的数据总线为 8 位的要求，需要每 2 片芯片的数据端并联构成 8 位数据线，整个存储区便分为四组（页）：0000H～03FFH 为第一组（页）；0400H～07FFH 为第二组（页）；0800H～0BFFH 为第三组（页）；0C00H～0FFFH 为第四组（页）。CPU 的 A_0～A_9 直接与 8 片存储器芯片 Intel 2114 的 A_0～A_9 相连，其他的地址选择线将采取别的方式与存储器芯片的片选 $\overline{CS}$ 相连。

（3）控制线、数据线和地址线的连接。

因为 CPU 的地址总线和数据总线及存储器与各种外部设备相连，只有在 CPU 发出的 $IO/\overline{M}$ 信号为低电平时，才能与存储器进行数据交换。所以要求 $IO/\overline{M}$ 与地址信号一起组成片选信号，控制存储器的工作。

通常存储器只有一个读/写控制端 $\overline{WE}$，当它的输入信号为低电平时，则存储器实现写操作；当它为高电平时，则实现读操作。故可用 CPU 的 $\overline{WE}$ 信号作为存储器的 $\overline{WE}$ 的控制信号。CPU 的数据线 D_0～D_7 分别与一个存储器芯片的 D_0～D_3，另一个存储器芯片的 D_4～D_7 对应相连。对于地址线 A_0～A_{15} 来说，它与存储器相连的方法有线选法、局部译码法和全局译码法之分。下面分别对这几种方式加以介绍。

1）线选法。在系统 RAM 为 4KB 的情况下，将整个存储体分为四组，为了区分不同的四组，可以用 A_{10}～A_{15} 中的任何一位来控制某一组的片选端，例如用 A_{10} 来控制第一组的片选端，用 A_{11} 控制第二组的片选端，用 A_{12} 来控制第三组的片选端，用 A_{13} 来控制第四组的片选端，如图 6-29 所示。其中，A_0～A_9 作为片内寻址，A_{15}、A_{14} 取 00，则其地址分布如表 6-7 所示。

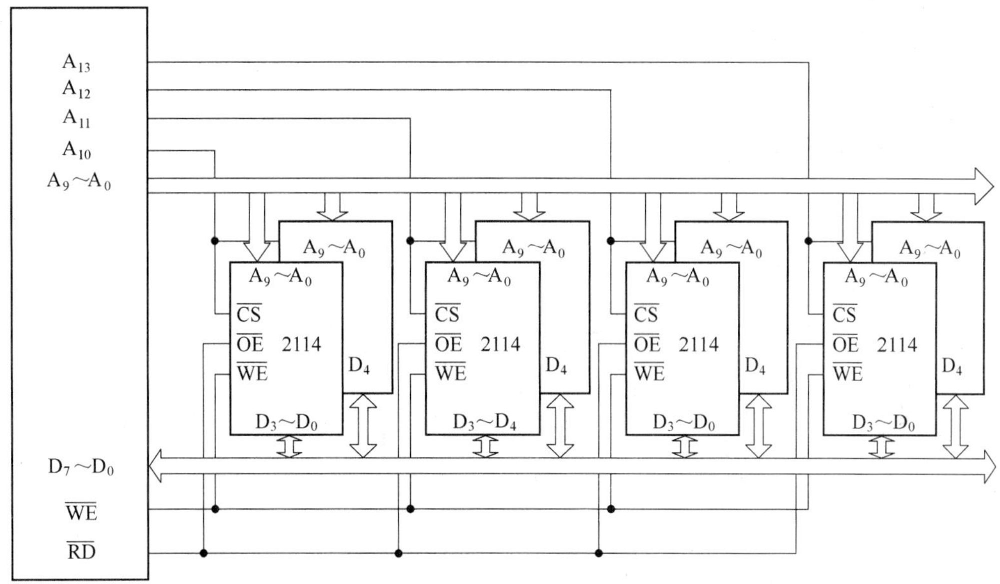

图 6-29 用 2114 芯片组成 4KB RAM 线选控制译码结构图

表 6-7 线选方式地址分布

A15	A14	A13	A12	A11	A10	地址分布
0	0	1	1	1	0	第一组：3800H～3BFFH
0	0	1	1	0	1	第二组：3400H～07FFH
0	0	1	0	1	1	第三组：2C00H～2FFFH
0	0	0	1	1	1	第四组：1C00H～1FFFH

因 A_{15}、A_{14} 没有接芯片，所以无论取什么值，都只能访问已配置的单元。但从地址码来看，好像是其他地址，几个不同地址占有同一个单元，形成地址重叠。

采用线选法不仅出现了地址重叠的问题，而且如果用不同地址线作为片选控制，那么它们的地址分配也不同，并且地址分配不连续。但是，线选法节省了译码电路。由于出现了地址的重叠，故在连接地址线时，必须考虑存储器的地址分布情况。

2）局部译码选择方式。

当系统 RAM 的容量为 4KB（或更多）的时候，若还用 2114 组成，则必须分为四组（或更多）。此时可以经过译码器进行译码，既可以采用图 6-30 所示的局部译码法，也可以采用全译码法。如图 6-30 所示，其中 A_0～A_9 作为片内寻址，而 A_{10}、A_{11} 经过译码作为组选择，则其地址分布为：

第一组：0000H～03FFH

第二组：0400H～07FFH

第三组：0800H～0BFFH

第四组：0C00H～0FFFH

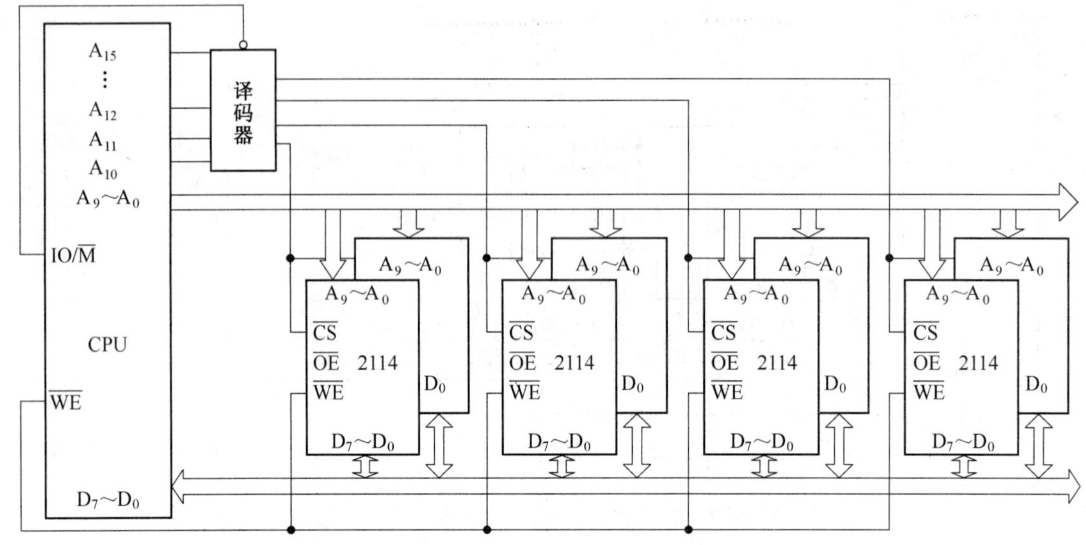

图 6-30　用 2114 芯片组成 4KB RAM 局部译码结构图

但是，实际上 A12～A15 为任意值时仍可以表示选中了这几组，所以每组仍有 16K 地址的重叠区（每组占有 16K 地址，地址的最高位由 0 变到 F 都是重叠的范围）。

显然，也可以用 A10～A15 中的任意两条线组成译码器，作为组控制线。例如用 A14、A15 来代替 A10、A11，则它们的地址分布就变为：

第一组：0000H～03FFH

第二组：4000H～43FFH

第三组：8000H～83FFH

第四组：C000H～C3FFH

与线选法一样，也出现了地址重叠的问题。如果用不同地址线作为译码控制，那么它们的地址分配也是不同的，并且多组芯片地址不连续。

3）全译码法。如图 6-31 所示，采用全译码法来构成 4KB RAM。系统总共有 4KB RAM，则可看成 4 组（页），利用片选信号来区分这不同的 4 组。用 A_{10}～A_{15} 经过译码后来控制片选端。A_{10}～A_{15}经过6-64译码器产生64条选择线以控制64个不同的组，每组为1KB。现在RAM为4KB，因此只需用4条选择线就可以实现4KB RAM的寻址。如果用地址最低的4条，即用000000、000001、000010和000011。则此4组存储器的地址分配情况如下：

第一组：	A_{15}——A_{10}	A_9——A_0
地址最低	000000	0000000000
地址最高	000000	1111111111

即为：0000～03FFH

第二组：	A_{15}——A_{10}	A_9——A_0
地址最低	000001	0000000000
地址最高	000001	1111111111

即为：0400～07FFH

第三组：	A_{15}——A_{10}	A_9——A_0
地址最低	000010	0000000000
地址最高	000010	1111111111

即为：0800～0BFFH

第四组：	A_{15}——A_{10}	A_9——A_0
地址最低	000011	0000000000
地址最高	000011	1111111111

即为：0C00～0FFFH

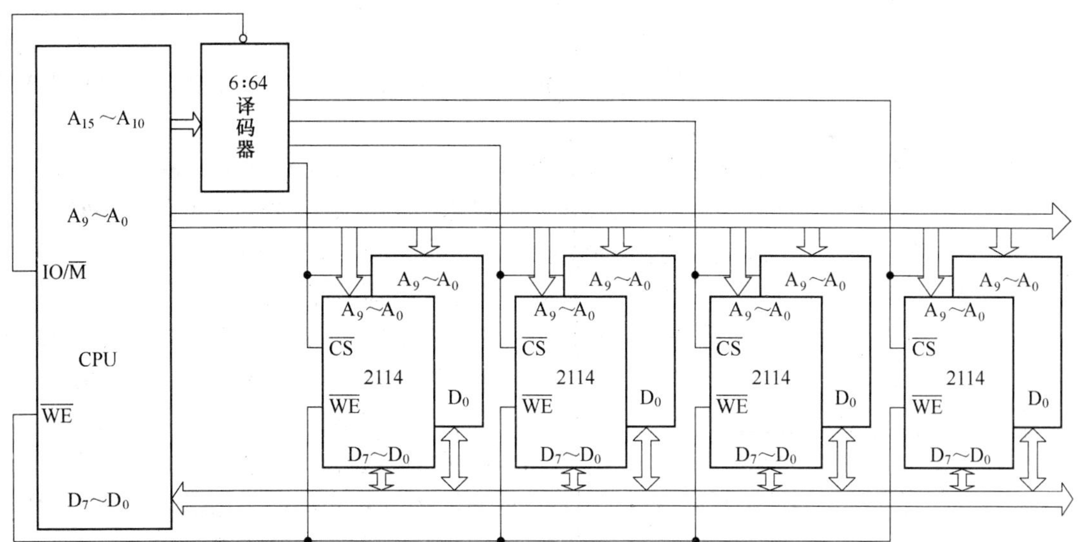

图6-31 用2114芯片组成4KB RAM全局译码结构图

全译码法的译码电路较为复杂，但是每一组的地址是确定的，而且也是唯一的。对于图

6-31 来说，所需的 4 根选择线可以从 64 根译码输出线中任意选出 4 根，只要选定后，地址也就固定下来了。

总之，对于 16 位 CPU 的 16 条地址线可以寻址 0～64K。目前仍然需要由许多片芯片组成，可以由所选用的片子的字数进行分组。有一部分地址线（通常是用低位）连接到所有芯片，实现片内寻址；另外一部分地址线或者单独选用（线选），或者组成译码器（局部译码或全译码），译码器的输出控制芯片的片选端（当然在实际中，片选信号还要考虑 CPU 的控制信号等），以实现组的寻址，在连接时需要注意它们的地址分布的重叠区。

通常的微型机系统的内存储器中，总有相当容量的 ROM，它们的地址必须和 RAM 一起考虑，分别给它们分配一定的地址。其连接原理和方法基本上和前面所述相同，不再赘述。

本章小结

本章主要介绍半导体存储器的分类、随机存储器 RAM（包括 SRAM 和 DRAM）和只读存储器 ROM（包括 PROM、EPROM 和 E^2PROM）的基本组成及工作原理、外存储器的分类、特点及应用、高速缓存的基本概念；以及 CPU 与存储器间的连接等。共分为 5 节：

第一节概述。主要讲解半导体存储器的定义、半导体存储器的作用、半导体存储器的基本概念和半导体存储器的分类。包括静态随机存储器 SRAM、动态随机存储器 DRAM、掩膜只读存储器 ROM、可编程只读存储器 PROM、可擦除可编程的只读存储器 EPROM、电可擦可编程的只读存储器 EEPROM 等内容以及选择存储器件的考虑因素。

第二节内存储器。主要讲解 RAM、ROM 的基本存储电路单元结构、芯片实例。包括静态随机存储器 SRAM 和动态随机存储器 DRAM、掩膜 ROM、可擦除可编程的只读存储器 EPROM、电可擦可编程的只读存储器 EEPROM 以及几种现在常用的、新型的 RAM 技术及芯片类型。

第三节 IBM-PC/XT 中的存储器、扩展存储器及其管理。以 IBM-PC/XT 机的存储器结构为例，分析存储器系统的实例及存储器的管理，包括 RAM 子系统、ROM 子系统、PC/XT 机的存储器寻址范围以及实地址管理方式、虚地址保护管理方式、虚拟 8086 管理方式。

第四节外存储器。主要讲解软盘、硬盘、光盘、移动存储器的特点及应用。

第五节 CPU 与存储器的连接。主要讲解存储器芯片容量扩充的方法、存储器子系统与 CPU 的连接方法。包括存储器的组织、地址分配与片选问题等内容，以及存储器片选信号的产生方式：线选方式（线选法）、局部译码方式（局部译码法）、全译码方式（全译码法）等。

通过本章的学习，初步掌握以下内容：①半导体存储器的分类；②选择存储器件应考虑的因素；③随机存储器的基本组成及工作原理；④SRAM、DRAM 芯片的组成特点、工作过程以及典型芯片的引脚信号；⑤存储器的管理及寻址范围；⑥Cache 的基本概念、特点、在系统中的位置；⑦外存储器分类、特点及应用；⑧CPU 与半导体存储器间的连接方法。

习题六

一、选择题

1．某主存的地址线有 11 根，数据线有 8 根，则该主存的存储空间大小为（ ）位。

A．8 B．88 C．8192 D．16384

2．同外存储器相比，内存储器的特点是（ ）。

A．容量大、速度快、成本低 B、容量大、速度慢、成本低

C、容量小、速度快、成本高 D、容量大、速度快、成本高

3．Intel 2114 为 1K×4 位的存储器，要组成 64KB 的主存储器，需要（ ）片该芯片。

A．16 B．32 C．48 D．128

4．Cache 是（ ）存储器，是为了解决 CPU 和（ ）之间速度上不匹配而采用的一项重要硬件技术。

A．用半导体材料做的内存；内存 B．高速缓冲；主存

C．内部；辅助存储器 D．外部；硬盘

5．虚拟存储器是（ ）。

A．可提高计算机运算速度的设备

B．扩大了主存容量

C．实际上不存在的存储器

D．可容纳总和超过主存容量的多个作业同时运行的一个地址空间。

6．下列存储器中速度最快的是（ ）。

A．硬盘 B．光盘 C．磁带 D．半导体存储器

7．表示主存容量的常用单位为（ ）。

A．数据块数 B．字节数 C．扇区数 D．记录项数

8．组合一个 32KB 内存，采用（ ）组件来组合最适合。

A．DRAM 256K×1 位 B．DRAM 64K×4 位

C．SRAM 64K×4 位 D．SRAM 16K×8 位

9．某计算机字长 32 位，其存储容量为 4MB，若按字编址，它的寻址范围是（ ）。

A．0～1M B．0～4MB C．0～4M D．0～1MB

10．存储容量用字节数表示的计算公式是（ ）。

A．存储容量=可寻址单元数×存储字长

B．存储容量=可寻址单元数×存储字长/8

C．存储容量=可寻址单元数

D．存储容量=存储字长/8

二、填空题

1．在多级存储体系中，Cache 存储器的主要功能是________，虚拟存储器的主要功能是________。

2．衡量存储器的性能有________、________、________、________、集成度、功耗等。

3．如果 CPU 的地址总线为 32 根，则可以寻址________的存储空间。

4．对存储器的要求是________、________、________。为了解决这方面的矛盾，计算机采用多级存储体系结构。

5．MOS 型 RAM 可分为________和________两大类。

三、简答题

1．试说明选择存储器时应考虑哪几个方面的问题？

2．存储器中用来存储固定不变数据的存储器是什么存储器？用来存储数据经常变化的存储器又是什么存储器？

3．微型计算机中常用的存储器有哪些类型？它们各有何特点？分别适用于哪些场合？

4．存储器与 CPU 连接时应考虑哪几个因素？存储器片选信号产生的方式有哪几种？

5．外存储器的主要作用是什么？它们有哪些特点？

四、应用题

1．对下列 RAM 芯片各需要多少个地址输入端？

（1）256×1 位　（2）512×4 位　（3）1K×1 位　（4）64K×1 位

2. 对下列 RAM 芯片组排列，各需要多少个 RAM 芯片？几个芯片一个组？共多少个组？多少根片内地址选择线？多少根芯片组地址选择线？

（1）512×4 位 RAM 组成 16K×8 存储容量。

（2）1K×4 位 RAM 组成 64K×8 存储容量。

7

中断系统

本章学习目标

本章主要讲解中断系统的基本概念、中断的过程、中断向量的设置和修改、中断主程序的编写方法和8259A可编程中断控制器、PCI中断和串行中断。通过本章的学习，应该掌握以下内容：

- 掌握有关中断的基本概念，包括一个完整中断的各个阶段，及各阶段的操作内容，CPU响应中断的条件。
- 掌握有关中断优先级、中断嵌套、中断屏蔽、中断向量、中断描述符（IDT）等的基本概念。
- 了解中断系统中的中断源分类，中断向量表以及中断服务程序入口地址的形成方法。
- 掌握可编程中断控制器8259A的功能、内部结构、工作方式及初始化命令和操作命令的定义、使用方法。
- 了解多功能接口82801BA芯片的结构和功能。
- 了解PCI中断，PCI中断响应周期、PCI中断的共享的概念。
- 了解串行中断，开始帧、数据帧、停止帧的概念及作用。

7.1 中断系统基本概念

中断技术是微机系统的核心技术之一，它不但提供了DOS（操作系统）、BIOS（基本输入/输出系统）等系统调用，为程序员提供了方便，同时也为实时检测与控制提供了有效的手段。因此，中断技术是微型计算机硬件接口及应用系统设计开发人员必须熟练掌握的关键技术。

7.1.1 中断的概念

20 世纪 50 年代中期，为了解决 CPU（高速）与外设（慢速）间的速度不相匹配的矛盾，计算机系统中引入了中断的概念。所谓中断，是指当计算机正在执行正常的程序时，计算机系统中的某个部分突然出现某些异常情况或特殊请求，CPU 这时就中止（暂停）它正在执行的程序，而转去执行申请中断的那个设备或事件的中断服务程序，执行完这个服务程序后，再自动返回到断点执行原来中断了的正常程序。这个过程或这种功能就叫做中断，如图 7-1 所示是中断处理示意图。

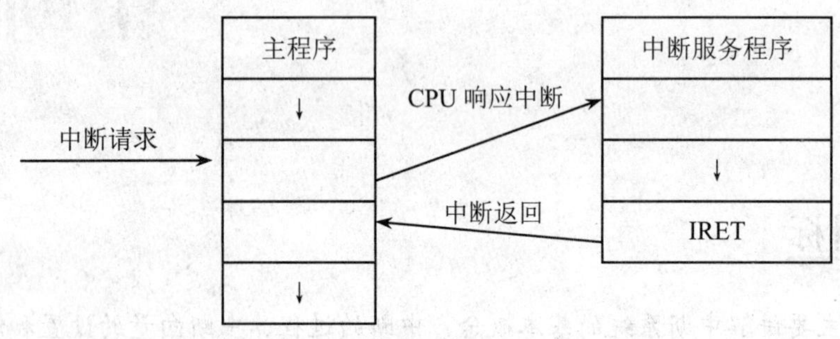

图 7-1 中断处理示意图

7.1.2 中断的作用和分类

1. 中断系统的作用

（1）分时处理。

有了中断系统，CPU 可以命令多个外部设备同时并行工作，这样就大大提高了 CPU 的吞吐率。中断成为主机内部管理的重要技术手段，使计算机执行多道程序，带多个终端，为多个用户服务，大大加强了计算机整个系统的功能。

（2）故障处理。

计算机在运行过程中，往往会出现一些故障，如电源掉电、存储出错、运算溢出等。有了中断系统，当出现上述情况时，CPU 可以转去执行故障处理程序，自行处理故障而不必停机。

（3）实时处理。

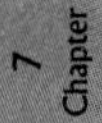

当计算机用于实时控制，系统要求计算机为它服务是随机的，若没有中断系统是很难实现的。

2. 中断的分类

（1）中断源。

引起中断的事件称为中断源。中断源有外部中断源和内部中断源。

常见的外部中断源有：

- 一般的外部设备，如外存、键盘、鼠标、扫描仪及打印机等；

- 故障请求中断：在机器运行过程中，有时硬件出现偶然性或固定性故障，如内存单元奇偶错、电源值上升下降超限、停电、元器件突然烧坏以及I/O通道错等。对这些错误所发生的中断依次称为内存奇偶错中断、电源故障中断、部件故障中断。这样一些同机器硬件错误有关的中断系统称为硬件故障中断。
- 实时时钟：定时器/计数器等。

常见的内部中断源有：

- 程序性中断：由于程序在运行过程中出现各种错误引起的中断，称为程序性中断，也称为异常。
- 由程序预先安排的中断指令（INT n）引起的中断。

（2）中断分类。

由外部中断源引起的中断称为外部中断；由内部中断源引起的中断称为内部中断。

外部中断又分为：外部硬件中断（也常称为可屏蔽中断 INTR）和不可屏蔽中断（NMI）。广义的包括系统初始化 INIT，更广义的包括系统管理中断 $\overline{\text{SMI}}$。

（3）外部中断。

1）不可屏蔽中断。不可屏蔽中断（NMI）是外部硬件引发的中断，中断的类型号固定为2，它是不可屏蔽的。和可屏蔽的中断相比，不可屏蔽中断有以下4个特点：

- 不可屏蔽中断的请求来自微处理器的 NMI 引脚，而不是 INTR 引脚。
- 对 NMI 输入的响应不受 IF 标志位的影响。
- NMI 由 0 跳变到 1 以后要维持至少 4 个连续的处理器时钟周期的高电平，否则该中断不能被识别；而且当 NMI 由 1 转变到 0 后，又要维持至少 4 个连续的处理器时钟周期的低电平，否则新的 NMI 请求不能被识别。
- NMI 中断的类型号固定为 2，NMI 中断到来后，当前指令执行一结束，就立即转到类型号 2 指定的入口地址开始执行不可屏蔽中断处理程序。

NMI 往往用于处理必须立即响应的外部事件或重要的外部事件，比如电源故障和存储器读数据出现奇偶错等。

2）可屏蔽中断 INTR。可屏蔽中断（INTR）是指从 CPU 的 INTR 引脚引入的外设中断请求信号，受中断允许标志 IF 的控制。当 IF=1 时，中断被响应；当 IF=0 时，中断被禁止（屏蔽）。

（4）内部中断。

1）由程序预先安排的中断指令（INT n）引起的中断。

INT n 是使用非常广泛的软件中断指令，在指令的第 2 字节给出指令指定的中断类型号。在 BIOS 以及 DOS 操作系统中就提供了不少这样的功能调用，如 DOS 调用（n = 20～3FH）和 BIOS 调用（n = 8～1FH，其中 08～0FH 是可屏蔽中断（INTR））。

INT 0 是除法出错中断。

INT 1 是单步中断。如果标志寄存器的单步标志位 TF=1，同时执行 INT 1 指令，则将产生类型 1 中断。CPU 处于单步工作方式，一般用于逐步调试程序。

INT 3 是断点中断指令，它是一条单字节指令，常被放在需要设置断点的指令前。如我们用 DEBUG 调试程序的时候，就可以将 INT 3 嵌入到指定断点处指令的第 1 字节位置上（原字节予以保存），当程序执行到 INT 3 指令处即发生类型 3 中断。我们可以在该中断处理程序中，显示当前寄存器内容以及指定存储位置的内容后，取回保存的原字节，恢复原指令流的执行。实际上，很多调试程序都是利用 INT 3 指令来完成断点跟踪功能的。

INTO 是 INT 4 溢出中断指令，如果标志寄存器的溢出标志位 OF=1，同时执行 INTO 指令，则将产生类型 4 中断。

BOUND 指令是边界检查指令，它有两个操作数：第 1 个操作数用来指定容纳数组索引的寄存器；第 2 个操作数必须是存储器操作数，其第 1 个字是数组下标的下限，第 2 个字是数组下标的上限。BOUND 指令执行时将检查数组的索引值，若小于下限或大于上限，则将发生类型 5 中断。

这些软件中断指令在执行时，不需要中断识别总线周期，它们的中断类型是固定的，可以立即启动相应的中断处理程序。

2）程序性中断。有时由于程序算法上的差错，程序在运行过程中有可能出现各种错误。如定点溢出、浮点溢出、非法除数（如零作除数等）、地址越界（指令中的操作数地址或程序计数器 PC 越出该程序的地址空间）、非法操作码（程序运行过程中出现未定义的操作码或在目态下执行了管态才能执行的特权指令）、存储器超量装载等。对上述各种错误所发出的相应中断，都是与用户程序错误有关的中断，统称为程序性中断，也称为异常。它是自动被测试，不仅不受 IF 中断允许标志位的影响，而且中断类型号是固定的，中断处理功能也是约定好的。根据出错位置的处理，可大致将这些内部中断和异常分为：失效（Fault）、陷阱（Trap）和终止（Abort）三类。

这三类中断的区别主要表现在两方面：一是发生异常的报告方式不同，二是异常处理程序的返回方式不同。失效是这样一种异常，即在引起失效的指令启动之后、执行之前被检测到，且在处理异常的程序执行完后返回该条指令，重新启动并执行完毕。例如，在虚拟存储器系统中，当处理访问的页或段不在物理存储器中时，便产生一个失效字，引起异常中断；其中断服务程序立即从盘上读取这个页或段至物理内存中，然后再返回主程序中重新启动并执行这条指令。陷阱是这样一种异常，即该异常是在产生陷阱的指令执行完后才被报告，且其中断服务程序结束后返回到主程序中该条指令的下一条指令。例如，Intel 8086/80x86 CPU 中用户自定义的中断指令 INT n 就属于此类异常。终止则是一种对引起异常的指令确切位置无法确定的异常，例如硬件错误或系统表中的非法数值等造成的异常即属此类。当出现此类严重异常时，原来的程序已无法继续执行，只好终止，由中断服务程序重新启动操作系统并重建系统表格。

注：关于目态与管态的概念请参看操作系统方面的书籍。

7.2 中断的过程

一般来说，中断过程分为以下几步：中断请求→中断优先级的判别（中断排队，中断源识别）→中断响应→中断处理（保护现场，中断服务，恢复现场）。

7.2.1 中断请求与中断屏蔽

1．中断请求与中断请求的条件以及中断屏蔽

内部中断请求，是由内部中断指令（或满足一定条件时），CPU 自动以中断方式挂起正在执行的程序。外部中断请求就是外部设备（中断源）用某种信号加在 CPU 的某个引脚（如 INTR）上，通知 CPU，某中断源正在请求 CPU 中断现行程序的执行。在具有中断处理能力的微处理器外部引线中，都有一根或多根中断请求线。例如，M6800 有 IRQ 可屏蔽中断请求线及 NMI 非屏蔽中断请求线；8086/8088 有 INTR 中断请求线和 NMI 非屏蔽中断请求线。

一台外设必须满足下列两个条件才能向 CPU 提出中断请求：

1）外设本身的准备工作已完成。每一个中断源的接口电路中都设有一个中断请求触发器（IRR），当中断请求触发器的输出端为高电平（即"1"），表示该外设提出了中断请求。中断请求触发器能将中断请求信号一直保持，直到 CPU 响应，才由 CPU 清除。

2）本台外设未被屏蔽，每台中断源的接口电路都还设置了一个中断屏蔽触发器（IMR），当在程序控制下，使中断屏蔽触发器输出端置"1"时，允许中断（EI），外设的中断请求能通过与非门被送到 CPU。当触发器输出端置"0"时，则禁止该中断源的中断申请。

2．中断优先级别

CPU 由它的 INTR 引脚引入这些中断请求。那么，CPU 是否接受这些中断请求呢？

1）CPU 是否有"空闲"接受中断。

只有当 IF=1 时，CPU 的 INTR 引脚收到有效的中断请求信号后才予以响应；如果 IF= 0，则不予响应，也就是说中断请求被"屏蔽"。因此，外部硬件中断也常称为"可屏蔽中断"。

2）CPU 是否有"兴趣"接受"这个中断"。

如果 CPU 当前有"空闲"接受中断，但是当"这个中断"请求的同时，系统有多个中断源也在请求中断，怎么办呢？还要看 CPU 是否有"兴趣"接受"这个中断"。

CPU 会使用 8259A 可编程中断控制器，根据任务的轻重缓急，给每个中断源指定一个优先级（也称优先权），使得当多个中断源同时请求中断时，CPU 按照它们的优先级顺序依次响应。依照计算机领域中的惯例，优先级按 0 级、1 级、2 级……从高到低排列。优先级最高的为 0 级。安排优先级别的原则是：先内部中断，后外部中断；先故障中断，后设备中断；先高速设备中断，后慢速设备中断；DMA 请求优先于一般 I/O 请求。

8259A 可编程中断控制器根据中断请求的优先级排队，选取一个当前具有最高优先级的中断请求送往 CPU 的 INTR 引脚。CPU 在 INTR 引脚上收到有效的中断请求信号后将予以响应；如果"这个中断"未被响应，也就是说"这个中断请求"被屏蔽。因此，外部硬件中断也常称为可屏蔽中断。

外部硬件中断有可能是 ISA 设备发出，也可能是 PCI 中断，现代微机中还支持串行中断技术，但最终到 CPU 的中断请求只有中断控制器发出的 INTR。

计算机的中断过程与“转子”指令的执行有些相似，但两者却有本质的差别：①调用子程序是事先知道某种需要而在程序中插入一条调用指令，它是程序员事先安排好的，而中断服务程序的执行则是由随机的中断事件引起的。②子程序的执行往往与主程序有关，而中断服务程序可能与被中断的正常程序毫无关系。③程序中不会出现同时有多个子程序要求执行的情况，但可能发生多个中断事件同时请求 CPU 服务的情况，这样，CPU 就需要进行判断，而后再决定为哪一个请求者服务，进而转入相应的中断服务程序去执行。所以，中断的处理要比“转子”指令的执行复杂，中断服务程序与子程序的功能和编写也不同。一般子程序是在计算机程序中能够完成一定功能的一串指令，它可以成为主程序的一部分，也可以在主程序中的不同地方使用，而中断服务程序的主要功能是完成某种外设与主机之间的信息传送，每种外部设备的传送都有自己专用的中断服务程序。中断服务程序的编写结构有特殊的要求，也就是它的前处理部分要有保存现场、交换屏蔽字和开放中断的功能，后处理部分应有关闭中断、恢复现场、恢复屏蔽字、开放中断等功能，且在前处理部分和后处理部分是不允许其他高级中断源中断的，而子程序在编写上没有一定的格式规范。

7.2.2 中断识别与中断优先级的管理

1. 单线中断处理和多线中断处理

中断处理分为单线中断处理（如图 7-2 所示）、多线中断处理（如图 7-3 所示）和多线多级中断处理（如图 7-4 所示）。

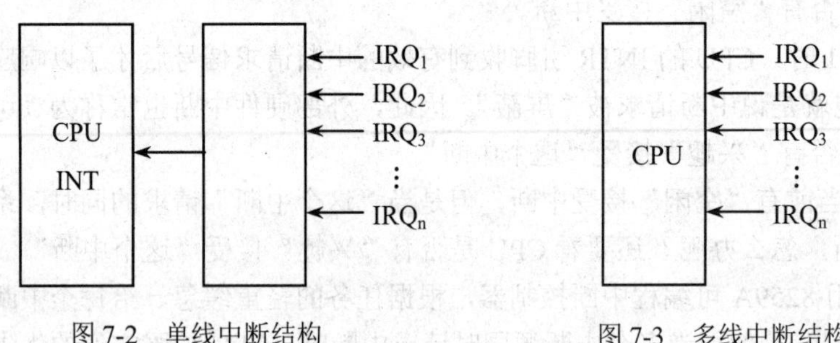

图 7-2 单线中断结构　　图 7-3 多线中断结构

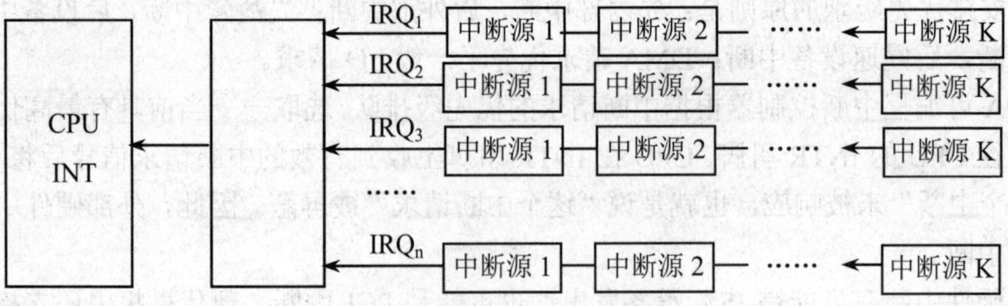

图 7-4 多线多级中断结构

对于多线中断结构，CPU 有多条中断请求线。各中断源独占一条中断请求线，由 CPU 直接处理。在任一时刻，处理机只接受优先级高的那个中断，并同时禁止比它级别低的中断。CPU 通常在一个寄存器里为每一个中断输入提供一个“中断允许”位或“中断禁止”位，以便分别开放（允许）或关闭（禁止）各个优先级的中断。显然，由于处理器的封装引脚数目有限，中断请求线的数目受到限制。一般为 2～3 根，最多 5～6 根。例如，Intel 8086/8088 CPU 只有 2 根中断请求线（INT 和 NMI），Intel 8051 有 5 根中断输入线。

单线中断处理方式中，CPU 只有一条中断请求线。当 CPU 正在处理某个中断时，不允许其他设备再中断 CPU 的程序，即使优先级高的设备也不能打断，只能等到这个中断处理完毕后，CPU 才响应其他中断。例如，当优先等级为：A 设备高于 B 设备，B 设备高于 C 设备。当 B 设备请求中断时，A 设备还没有请求，在 CPU 处理 B 设备中断程序的过程中，A、C 提出了中断请求，此时 CPU 运行方法如图 7-5（a）所示。

多线多级中断处理方式中，CPU 有多条中断请求线。中断源连成两层优先级别结构。CPU 接到中断请求后，先接受第一层优先级高的那个中断请求线，再在第二层中挑选优先级高的那个中断请求线。这样就允许优先级高的中断打断优先级低的中断服务程序，打断后，CPU 先处理优先级高的中断，处理完毕后再回到断点处理完被打断的中断程序。这样就形成了中断服务的嵌套。如图 7-5（b）所示。

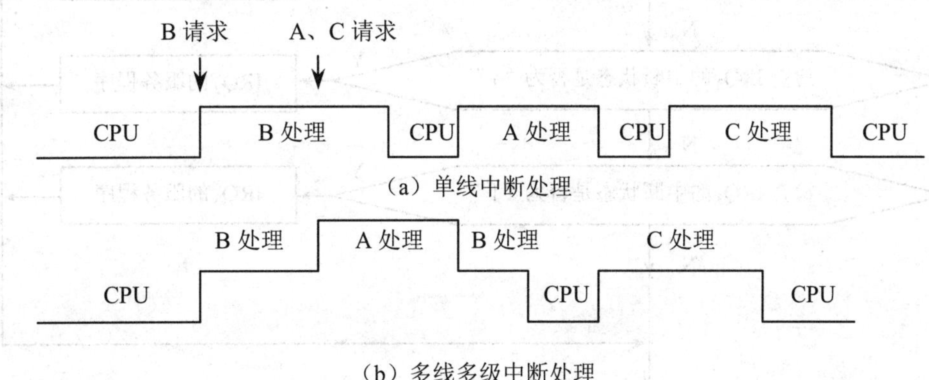

图 7-5　同时中断请求的处理方法

2. 中断排队与中断源的识别

当出现多个中断源同时提出中断请求，中断源识别的任务是确定该先处理哪一个中断，并引出中断入口，调用其对应的中断服务程序。多线中断和单级中断的中断源的识别方法是不同的。关于多线中断处理和多线多级中断处理的中断源的识别方法前已简述，更详细的解说比较繁杂，不予讨论。

对于单线中断结构，多个中断源共用一根中断请求线。如图 7-2 所示，它一方面要判别哪个中断优先级最高，另一方面要将程序引导到相应的中断处理程序入口，解决这种结构的中断源识别问题常常有三种处理方法，即软件查询法、硬件查询法和利用专门的中断优先权编码电路芯片支持的中断向量法。

（1）软件查询法（程序查询识别）。

CPU 一旦检测出有中断请求时，就自动从固定地址的单元取出一条指令，并执行以这条指令开始的一段中断识别程序，中断识别程序对连接于中断线上的每一台设备按照预先安排好的优先次序逐台查询，检查每台设备的接口的中断请求状态位。若某位为 1，表示此位对应设备有中断请求，则为其服务，程序转到与此位对应设备的中断服务程序入口地址（即把此地址送指令计数器 PC）。若此位为 0，就查询下一个优先级别的设备的中断请求状态位，若还为 0，再依次下查。如图 7-6 所示。

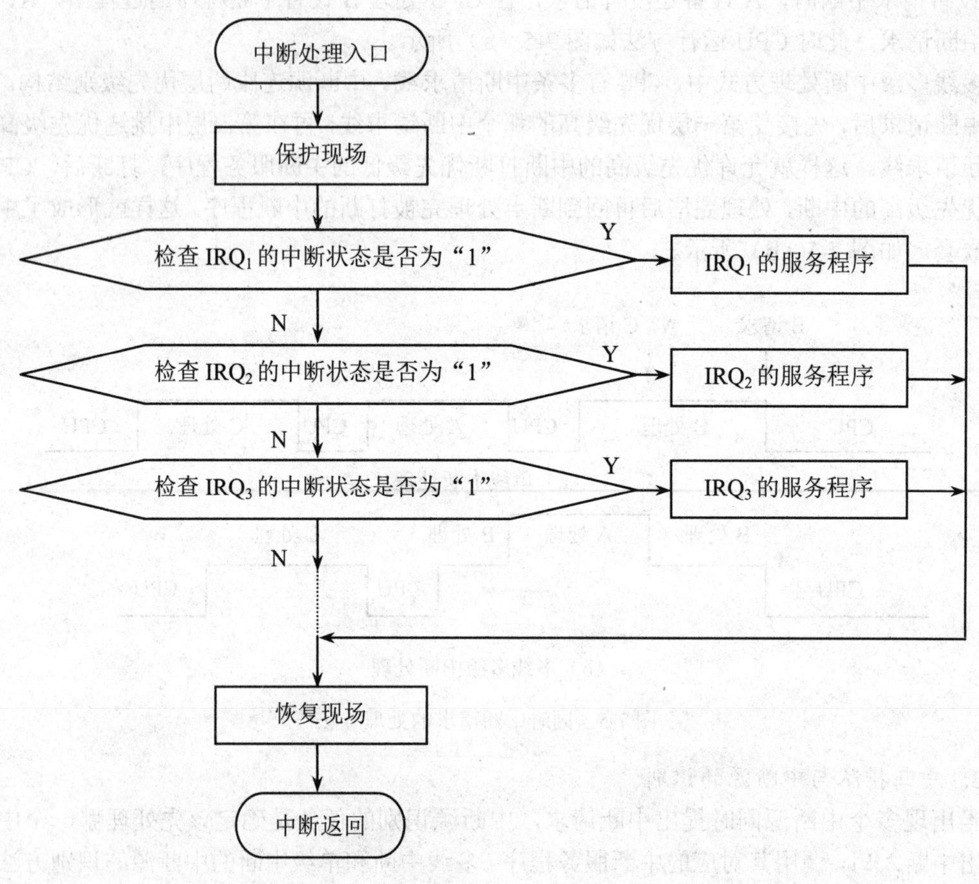

图 7-6 软件查询识别中断方法

（2）硬件查询法（单级串行顺序链识别）。

用“串行顺序链电路”来取代前面的软件程序。其基本原理是系统将中断询问指令预置在主存的固定单元 N 中，当中断请求被检测到时，指令计数器 PC 就指向 N 单元，CPU 执行指令，该指令发生查询信号 POL，沿着串行顺序链电路依次经过各设备接口，如果某一设备未发送中断请求信号，则放过 POL 信号，POL 传给下一个设备接口；如果传到的某设备已发送中断请求信号，则 POL 信号到此截止，并发生回答信号 SYN，同时将设备地址作为该设备的服务程序入口地址，调出对应服务程序为其服务。如图 7-7 所示。

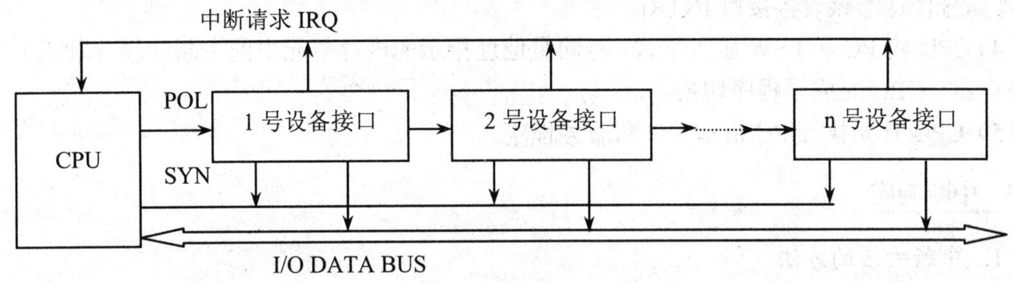

图 7-7 串行顺序链识别中断方法

（3）中断向量法识别。

中断过程实质上是主程序到中断服务程序的切换过程。程序切换时，需要保存原程序的程序计数器（PC）和程序状态字寄存器（PSW）的值。通常将它们保存到主存的连续单元中，代之以新的 PC 值和 PSW，这个新的 PC 值为某中断服务程序的入口地址，新的 PSW 是该中断服务程序所使用的程序状态字。新的 PC 值和 PSW 即为中断向量，它们在主存中的第一个单元地址称为向量地址。当 CPU 响应中断后，中断硬件机构自动地将向量地址送入 CPU，由 CPU 实现程序切换，这种方法称为中断向量法。

支持中断向量法识别中断源的关键部件是中断优先级编码电路，如图 7-8 所示。它不仅能按照优先级次序选择提出中断请求的最优设备，而且将该设备向量地址送给 CPU。具体过程如下：

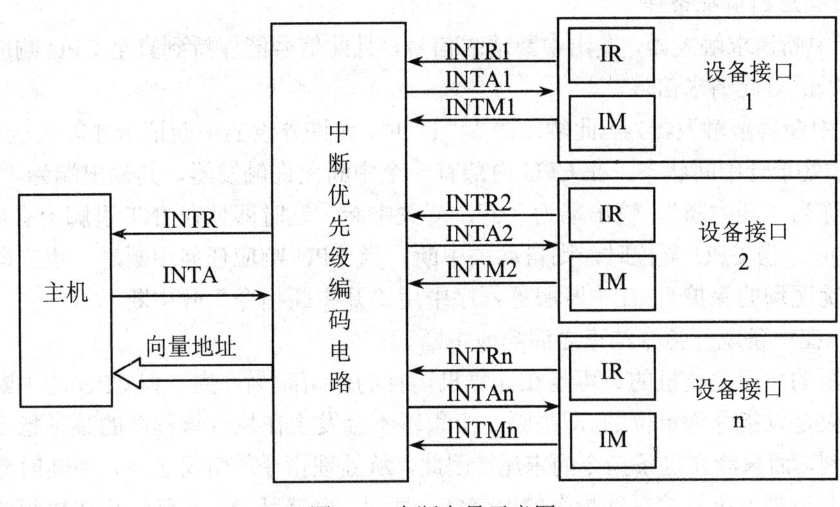

图 7-8 中断向量示意图

1）当设备需要中断请求时，通过各自的中断请求线向中断优先级编码电路发出中断请求信号 INTRi，经过中断优先级编码电路合并后向 CPU 申请 INTR。

2）CPU 响应后，由中断响应线 INTA 回答中断优先级编码电路。

3）中断优先级编码电路将提出中断请求的设备中优先级最高的向量地址送往 CPU，并把 INTA 信号传送给该设备接口 INTRi。

4）CPU 将 PC 和 PSW 压入堆栈，将向量地址指示的内存单元中的中断向量分别送入相应的寄存器。CPU 完成了程序切换。

5）CPU 开始执行 PC 指示的中断服务程序。

7.2.3 中断响应

1. 中断响应的方法

经中断排队后，CPU 收到一个优先级别最高的中断请求信号。如果允许 CPU 响应中断，当一条指令执行完毕，就中止往下执行程序，而响应中断请求转去执行中断服务程序。所谓中断响应就是如何找到中断服务程序入口的过程。这个过程是硬件与软件有机配合的过程，不同机器有不同的实现方法，一般有下面几种。

（1）中断隐指令。

当 CPU 响应中断后，由硬件电路向 CPU 直接提供调用指令的机器码，接着 CPU 执行这条指令，而转入中断服务程序入口。这条指令不是预先安排在程序里面，而是在 CPU 响应中断时，由硬件电路提供的，所以称为隐指令。

（2）中断向量法。

由请求中断的外部设备口向 CPU 提供向量，CPU 根据这个向量到向量表中查找中断服务程序入口地址，转入到不同的中断处理服务程序入口。这种方式很适合于多级中断结构。

2. 中断响应的前提条件

1）设置中断请求触发器，发出中断请求信号，且此信号能保持到直至 CPU 响应这个中断信号后才可以清除此请求信号。

2）设置中断屏蔽触发器，当此触发器为“1”时，允许外设的中断请求才能被送出至 CPU。

3）CPU 处于开中断状态。在 CPU 内部有一个中断允许触发器，其输出端为“1”时才能响应中断，称为“开中断”，输出端为“0”，即关中断，这时即使在 INT 引脚上有中断请求，CPU 也不响应。当 CPU 复位时，则自动关中断；当 CPU 响应任何中断时，也立即自动关中断（防止干扰现场的保护）。在中断服务程序中用“开中断指令”开中断。

4）CPU 在一条现行指令结束之后响应中断。

虽然中断的出现是随机的，可能在计算机运行的任何时刻产生，但 CPU 的中断扫描机构对中断的响应是以指令为单位的。即中断一个程序不会发生在执行该程序的某条指令的指令周期的中间时刻，而只能在这条指令的末尾。因此，从处理指令的意义上讲，中断时刻正好是刚执行完的指令与尚未执行的后继指令的“交接”时刻。也就是说，当到达正在执行的指令周期的最后一个机器周期的最后一个T状态时（即一条指令执行完毕后），CPU的扫描机构才扫描（采样）中断输入线INT。这时若发现有中断请求，并且CPU可以响应中断，就立即中止现行程序的执行，下一个机器周期不进入取指周期，而进入中断响应周期。

3. 中断响应的过程

（1）实模式下中断响应的过程。

当微处理器执行完当前指令后，它按下面给出的顺序来确定中断是否有效：内部中断、NMI、INTR、单步中断。CPU响应中断后，要依次做以下工作：

1）标志寄存器的内容压入堆栈。

2）清除中断标志（IF）和陷阱标志（TF），禁止INTR引脚和陷阱或单步中断。

3）代码段寄存器（CS）的内容压入堆栈，指令指针（IP）内容压入堆栈。

4）取出中断向量的内容，然后送入IP和CS中，使下一指令执行由中断向量寻址的中断服务程序。

5）中断处理程序结束后，从堆栈中依次弹出IP、CS、PSW，然后返回主程序断点处，继续执行原来的程序。

返回地址（CS：IP）在中断期间压入堆栈。有时，返回地址反映了程序中的下一个指令，有时指向程序中发生中断的地方。中断类型0、5、7、8、10、11、12和13压入堆栈的返回地址指向错误指令，而不是指向程序中的下一个指令，这就使得中断服务程序在某些错误情况下有可能重新执行该指令。

（2）保护模式下中断响应的过程。

保护模式下的中断与实模式下的中断几乎完全相同，只是中断向量表不同。保护模式使用一组存储在中断描述符表（Interrupt Descriptor Table，即IDT）中的256个中断描述符取代中断向量。中断描述符表在内存中最多占256×8字节（2Kb），每个描述符包含8个字节。中断描述符表由中断描述符表地址寄存器（IDTR）定位于系统中任一存储单元，如图7-9所示。

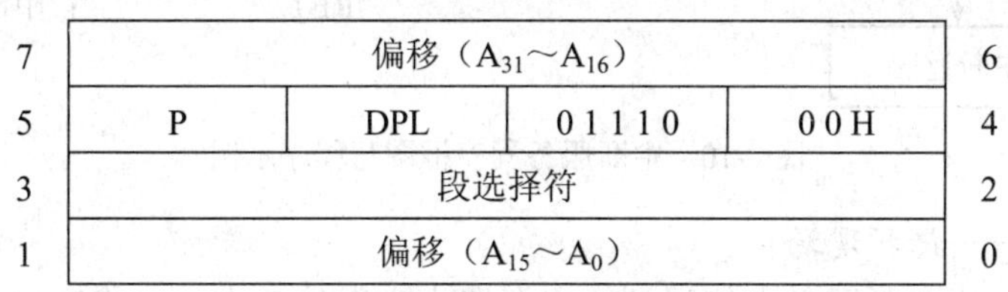

图7-9　保护模式中断描述符

IDT中每一项包含中断服务程序的地址，该地址形式为段选择符和32位偏移地址。IDT还包含P位（表示描述符有效）和描述中断优先级的DPL位。图7-9给出了中断描述符的内容。实模式中断向量可被转换成保护模式中断描述符，通过复制向量表中的中断服务程序入口地址，并将其转换成存储于中断描述符中的32位偏移地址来实现。

除了IDT和中断描述符外，保护模式中断功能与实模式中断相似，都是通过使用IRET指令从中断返回。唯一区别在于，在保护模式下微处理器访问 I DT 而不是中断向量表。

7.2.4 中断处理

中断响应后，进入中断处理阶段。CPU 响应中断的结果是转入中断服务程序，也就是说，中断处理就是执行中断服务程序，与此同时由硬件电路关闭了 CPU 内的允许中断触发器（对可屏蔽中断而言）。中断服务程序一般由三个部分组成：起始部分（也叫前处理部分）、主体部分和结尾部分（也叫后处理部分）。中断处理是由硬件和软件共同完成的，如图 7-10 所示。

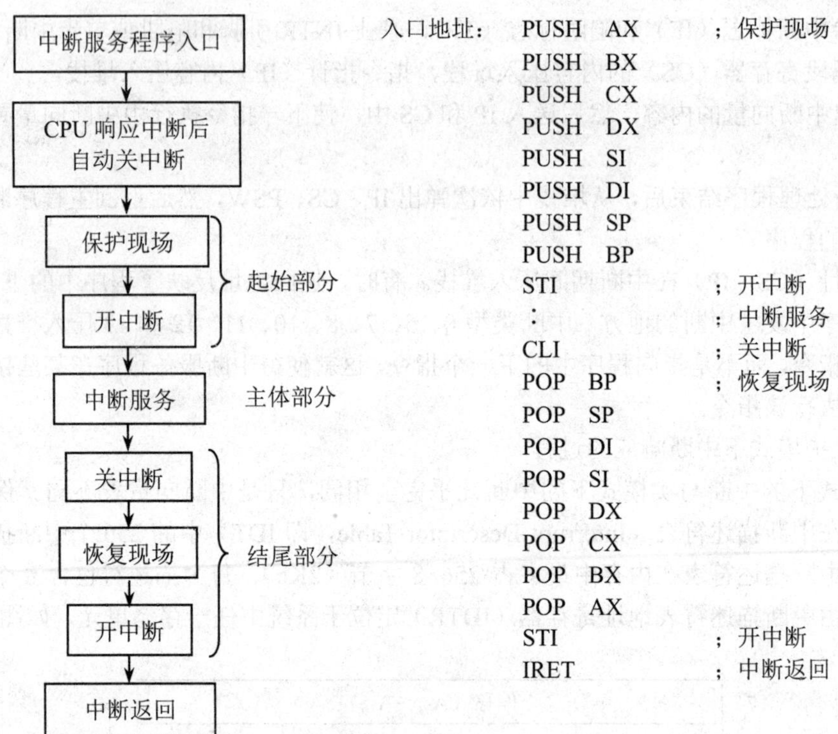

图 7-10　中断服务程序框图与程序示例

1．起始部分——保护现场

1）保护现场，把中断服务中使用到的寄存器内容保护起来，如将它们的内容压入堆栈；然后才进行与此次中断有关的相应服务处理。实现保护现场是通过 PUSH 指令完成的。

2）开放（允许）中断（IF=1）在中断响应时，CPU 内的中断允许触发器自动关闭。其目的是在替换新老屏蔽字和保护现场操作时禁止一切中断，否则会引起 CPU 现场混乱。现场保护以后就应开放中断，以便在本次中断处理过程中可以响应更高级的中断请求。若本次中断过程不允许再被中断，就可以不进行这一操作。

2. 主体部分——中断服务

起始部分完成后，接着进入中断处理程序的主体部分，即真正的服务程序，完成相应的操作。可根据不同的任务设计相应的服务程序段。有的是进行数据传送，有的是设备检查，有的是数据传送完毕后结束处理。根据不同情况，主体部分可以是一条指令，也可以是一段程序。

3. 结尾部分——恢复现场

1）关闭（禁止）中断（IF=0），防止恢复现场过程被其他中断所打扰。禁止中断是通过关闭中断指令来实现的。

2）恢复本次中断的现场，把保护现场中堆栈的内容弹回各个寄存器。

3）清除中断请求寄存器的相应位，表明本次中断服务程序已经结束。

4）开中断（IF=1）。在中断服务程序的最后要开中断，以便 CPU 在返回主程序后能响应新的中断。

5）中断返回。服务程序的最后一条指令通常是中断返回指令，当 CPU 执行这条指令时，把主程序的断点地址从堆栈中弹出送回 PC，这样 CPU 就重新执行被中断了的主程序。

7.3 中断向量及其操作

7.3.1 中断类型号和中断向量表

8086/8088/286/386/486/Pentium 系列 CPU 的中断机理是大同小异的，都是最多可以定义 256 种向量中断或异常。对每种中断都指定一个中断类型号代码，从 0～255，每一个中断类型号都可以与一个中断服务程序相对应。中断服务程序存放在存储区域内，而中断服务程序的入口地址存在内存储器的中断向量表内。80x86 系列的 CPU 根据中断类型号代码的索引，从中断向量表中取得中断服务程序入口地址。

中断向量表是中断类型号与它相应的中断服务程序入口地址之间的转换表。中断向量表占用存储器的最低地址区，因为每个中断向量号要占用 4 个字节单元。两个高字节单元用来存放中断服务程序入口的段地址 CS，两个低字节单元用来存放从段地址到中断服务程序入口地址的偏移值 IP。所以，256 个中断的中断类型号要占用 1024 个字节的存储器单元。地址号从主内存的 00000H 到 003FFH。中断向量表如图 7-11 所示。

CPU 获得中断类型号 n（n=0～255）后，通过简单的乘 4 操作（n×4）取得中断向量表里的入口地址 4n，然后把向量表 4n 地址开始的两个低字节单元的内容装入 IP 寄存器，即：

IP←（4n：4n+1）

再把两个高字节单元内容装入代码段寄存器 CS，即：

CS←（4n+2：4n+3）

例如，键盘中断的向量号为 09H，键盘中断对应的中断向量表位于 0000：0024H 开始的 4

个单元，如果在这 4 个单元中存放的数值是 25H，01H，A9H，0BH，它对应的中断服务程序的入口逻辑地址为 0BA9H：0125H。

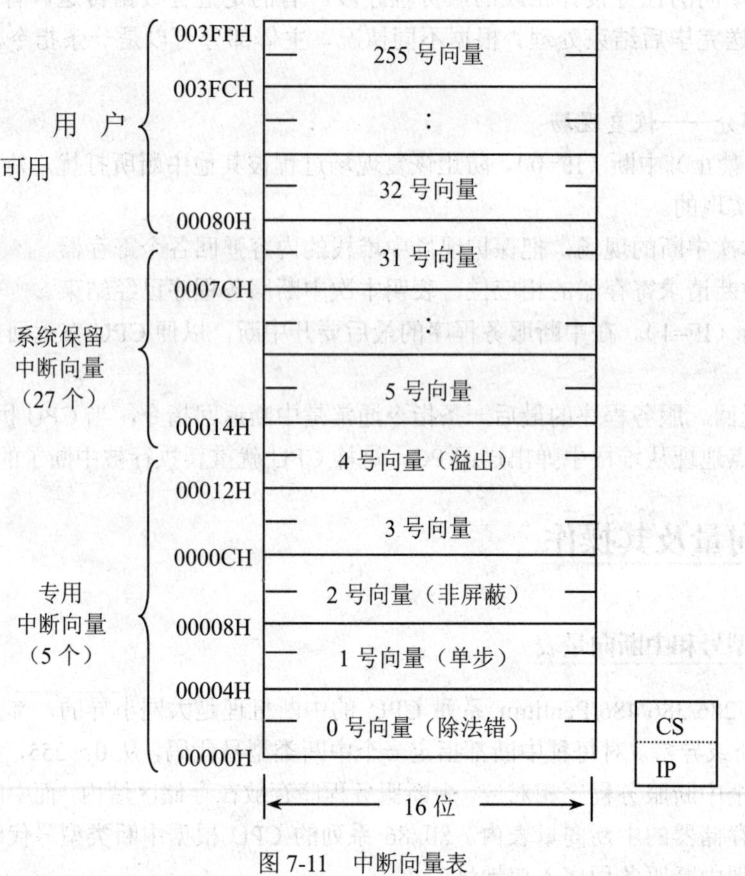

图 7-11　中断向量表

7.3.2　中断向量的设置

中断向量在开机通电时，由程序装入内存指定的中断向量表中。系统配置和使用的中断所对应的中断向量由系统软件负责装入。若系统中未配置系统软件，就要由用户自己装入中断向量。

（1）用 STOSW 指令设置。

例如，用指令设置如下的中断向量，假设中断类型号为 60H，中断服务程序的段基址为 SEGT，偏移地址为 OFFT（006DH），则中断向量表的程序段为：

```
……
CLI                              ；关中断
CLD                              ；清方向标志，使 DI 值加 1
MOV   AX，0
```

```
MOV   ES，AX
MOV   DI，4*60H                          ；中断向量指针送 DI
MOV   AX，OFFT                           ；中断服务程序偏移地址送 AX
STOSW                                    ；AX 送[DI] [DI+1]中，然后 DI 加 2
MOV   AX，SEGT
STOSW                                    ；中断服务程序的段基址送[DI+2] [DI+3]
STI                                      ；开中断
…
```

（2）用 MOV 指令将中断服务程序的入口地址直接写入中断向量表。

```
…
MOV   AX，00H
MOV   ES，AX
MOV   BX，60H*4
MOV   AX，006DH
MOV   ES：[BX]，AX
PUSH  CS
POP   AX
MOV   ES：[BX+2]，AX
```

7.3.3 中断向量的修改

实际上，我们在设置或检查任何中断向量时，总是避免直接使用中断向量的绝对地址，而是利用 DOS 功能调用 INT 21H 修改中断向量和恢复中断向量。此外要注意，在设置自己的中断向量时，应先保存原中断向量，再设置新的中断向量，在程序结束前恢复原中断向量。

1）修改中断向量。把由 AL 中指定中断类型号的中断向量 DS：DX，放置在中断向量表中。

预置：AL=中断类型号

　　DS：DX=中断服务程序入口地址

　　AH=25H　；DOS 子功能调用，设置中断向量

执行：INT 21H

2）恢复中断向量。从中断向量表中读取中断服务程序入口地址。把由 AL 中指定中断类型号的中断向量，从中断向量表中取到 ES：BX 中。

预置：AL=中断类型号

　　AH=35H　；DOS 子功能调用，读取中断向量

执行：INT 21H

返回：ES：BX=中断服务程序入口地址

例如：利用 DOS 功能调用修改中断向量和恢复中断向量。

```
MOV     AL，N                  ；取中断向量到 ES：BX 中
MOV     AH，35H
INT     21H
PUSH    ES                     ；存原中断向量
PUSH    BX
PUSH    DS
MOV     AX，SEG INTRAD         ；设置中断向量段地址在 DS
MOV     DS，AX
MOV     DX，OFFSET INTRAD
MOV     AL，N                  ；中断类型号 n
MOV     AH，25H                ；设置中断向量
INT     21H
POP     DS
…
POP     DX
POP     DS
MOV     AL，N
MOV     AH，25H
INT     21H
RET
INTRAD:                        ；中断服务子程序
…
IRET
```

7.3.4 中断类型号的获取

向量中断中，中断入口地址与中断类型号有关。中断类型号获取方式如下：

1）对于除法出错，单步中断，不可屏蔽中断 NMI；断点中断和溢出中断，CPU 分别自动提供中断类型号 0～4。

2）对于用户自己确定的软件中断 INT n，类型号由 n 决定。

3）对外部可屏蔽中断 INTR，可以用可编程中断控制器 8259A 获得中断类型号。

7.4 Intel 8259A 可编程中断控制器

为了管理众多的外部中断源，Intel 公司设计了专用控制芯片——8259A 可编程中断控制器（PIC）。其功能就是在有多个中断源的系统中，接收外部的中断请求，并进行判断，选中当前优先级最高的中断请求，再将此请求送到 CPU 的 INTR 端；当 CPU 响应中断并进入中断

服务子程序的处理过程后，中断控制器仍负责对外部中断请求的管理。如当某个外部中断请求的优先级高于当前正在处理的中断优先级时，中断控制器会让此中断通过而到达 CPU 的 INTR 端，从而实现中断的嵌套；反之，对其他级别较低的中断则给予禁止。

本节详细讨论 Intel 系列的可编程中断控制器（PIC）8259A 的结构、工作原理、工作方式和编程方法。

7.4.1 8259A 的框图和引脚

1. 功能及工作特点

Intel 8259A 是 80x86 系列的可编程的中断控制器，它有如下的主要功能和工作特点。

1）一片 8259A 管理 8 级外部中断源。如果采用主从级联方式，就可以扩大中断源数。例如用两片 8259A 级联，管理 15 级中断源。若用 9 片 8259A 级联，不必附加外部电路就能管理 64 级中断源。通过对 8259A 编程，可以选择多种优先级排序方法。例如，固定优先级、循环优先级、一般完全嵌套、特殊完全嵌套、一般屏蔽和特殊屏蔽等。

2）每一级中断都可以屏蔽或允许。

3）在中断响应周期，8259A 可提供相应的中断向量，从而能迅速地转至中断服务程序。

4）由于 8259A 是可编程的，所以使用起来非常灵活，在实际系统中，可以通过编程使 8259A 工作在多种不同的方式。

5）8259A 是用 NMOS 工艺制造的，工作时只需要一组+5V 电源。

2. 结构框图

8259A 的结构方框图如图 7-12 所示。一片 8259 A 有 8 条外界中断请求线 IRQ_0～IRQ_7，每一条请求线有一个相应的触发器来保存请求信号，从而形成了中断请求寄存器 IRR。正在服务的中断，由中断服务寄存器 ISR 保存。优先权判断电路对保存在 IRR 中的各个中断请求，经过判断确定最高的优先级，并在中断响应周期把它选通至中断服务寄存器。

中断屏蔽寄存器 IMR 的每一位可以对 IRR 中的相应的中断源进行屏蔽。但对于较高优先级的请求实现屏蔽并不会影响较低优先级的请求。

数据总线缓冲器是 8259A 与系统数据总线的接口，它是 8 位的双向三态缓冲器。凡是 CPU 对 8259A 编程时的控制字，都是通过它写入 8259A 的；8259A 的状态信息，也是通过它读入 CPU 的；在中断响应周期，8259A 送至数据总线的中断向量也是通过它传送的。

读/写控制逻辑，CPU 通过能实现对 8259A 的读出（状态信号）和写入（初始化编程）。级联缓冲比较器，实现 8259A 片子之间的级联，使得中断源可由 8 级扩展至 64 级。控制逻辑部分，对片子内部的工作进行控制，使它按编程的规定工作。

3. 8259A 的引脚

8259A 采用 DIP 双列直插式 28 根引脚封装的大规模集成电路专用芯片。其引脚配置如图 7-13 所示。

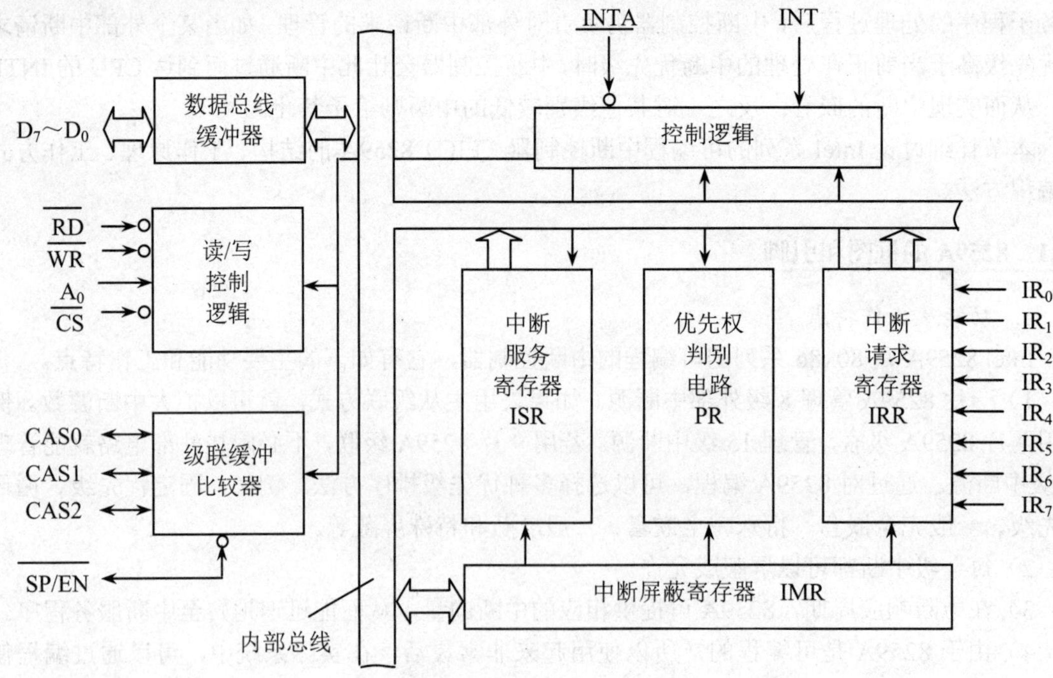

图 7-12　8259A 的结构框图

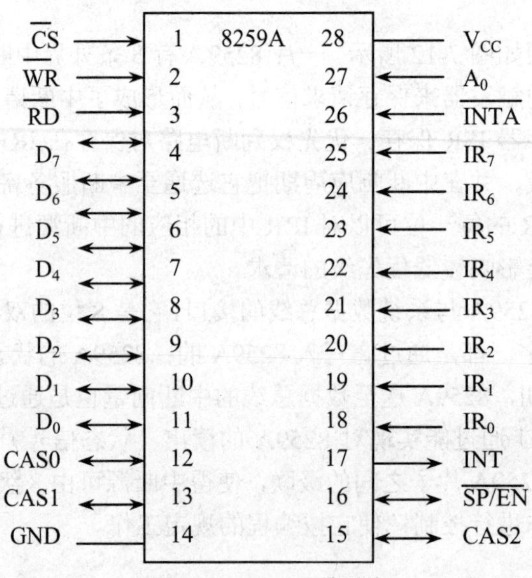

图 7-13　8259A 的引脚

1）D_7～D_0：8 位数据总线、双向三态。它是与 CPU 连接的数据信息通道，CPU 可以通过 I/O 读命令，从 8259A 中读取内部寄存器的内容，送到 D_7～D_0，用以了解 8259A 的工作情况，也可以通过I/O写命令，对8259A中的内部寄存器进行编程。在小系统中，可直接与CPU的数据总线连接；在较大系统中，需接总线驱动器。

2）$\overline{CS}$：片选信号，输入，低电平有效。有效时，表示正在访问该8259A。一般是接至地址译码器的输出，由地址高位控制。

3）A_0：地址线，输入，用于选择8259A的两个端口。

4）$\overline{RD}$：读信号，输入，低电平有效。当其有效时，控制数据由8259A读至CPU。

5）$\overline{WR}$：写信号，输入，低电平有效。当其有效时，控制数据由CPU写入至8259A。

6）$\overline{INTA}$：中断响应信号，输入，低电平有效。

7）INT：中断请求信号、输出。它用来向CPU发送中断请求信号。接至CPU的INTR引脚。

8）IR_7～IR_0：由外部I/O设备或诸如其他8259A输入的中断请求信号。

9）CAS2～CAS0：级联信号线，当8259A作为主片时，这三条线为输出线；作为从片时，则此三条线为输入线。这三条线与SP/EN线相配合，实现8259A的级联。

10）$\overline{SP/EN}$：主或从设备的设定/缓冲器读写控制。

4. 8259A的工作原理

8259A对外部中断请求的工作原理（处理过程）如下：中断请求寄存器IRR接收外部的中断请求，IRR共有8位，它们分别和引脚IR_7～IR_0相对应。8259A接收来自某一引脚的中断请求后，IRR寄存器中的对应位便置1，也就是对这一中断请求作了锁存。锁存之后，逻辑电路根据中断屏蔽寄存器IMR中的对应位决定是否让此请求通过。如果IMR中的对应位为0，则表示对此中断未加屏蔽，所以让它通过而进入中断优先级裁决器作裁决；相反，如果IMR中的对应位为1，则说明此中断在当前是受到屏蔽的，所以，会对它进行封锁，而不让其进入中断优先级判别电路。

中断优先级判别电路把新进入的中断请求和当前正在处理的中断进行比较，从而决定哪一个优先级更高。如果判断出新进入的中断请求具有足够高的优先级，那么，中断裁决器会通过相应的逻辑电路使8259A的输出端INT为1，从而向CPU发出一个中断请求。

如果CPU的中断允许标志IF为1，那么，CPU执行完当前指令后，就可以响应中断。这时，CPU（对8088而言）从$\overline{INTA}$线上往8259A回送两个负脉冲。

第一个负脉冲到达时，8259A要做三件事：

1）使IRR的锁存功能失效。这样，在IR_7～IR_0，线上的中断请求信号就不予接受，直到第二个负脉冲到达时，才使IRR的锁存功能有效。

2）使当前中断服务寄存器ISR中的相应位置1，以便为中断优先级裁决器以后的工作提供判断依据。

3）使IRR寄存器中的相应位（即刚才设置的位）清零。

4）如果8259A主控，则用CA0～CA2送去级联的从片地址。

第二个负脉冲到达时，8259A完成下列动作：

1）将中断类型寄存器中的ICW2，送到数据总线的D_7～D_0，CPU将此作为中断类型号。

2）如果 ICW4（方式控制字）中的中断自动结束位为 1 表明 8259A 工作在 AEOI（自动结束）模式，那么在第二个 $\overline{\text{INTA}}$ 脉冲结束时，8259A 会将第一个 $\overline{\text{INTA}}$ 脉冲到来时设置的当前中断服务寄存器 ISR 的相应位清零。

5. 8259A 寄存器及 I/O 端口的识别

8259A 的引脚只有一个 A0，这样 8259A 的端口只有两个：偶地址端口（偏移为 0）和奇地址端口（偏移为 1）。如表 7-1 所示。

表 7-1 8259A 读写操作及地址

$\overline{CS}$	$\overline{RD}$	$\overline{WR}$	A_0	功能	8259A 端口	PC/XT 机端口
0	0	1	0	读 IRR，ISR	偶地址	20H
0	0	1	1	读 IMR	奇地址	21H
0	1	0	0	写 ICW1、OCW2、OCW3	偶地址	20H
0	1	0	1	写 ICW2、ICW3、ICW4、OCW1	奇地址	21H
0	1	1	×	无操作		
1	×	×	×	无操作		

7.4.2 中断触发方式和中断响应过程

1. 中断触发方式

按照中断请求的引入方法来分，8259A 有几种中断触发方式。

（1）边沿触发方式。

当选用边沿触发方式时，中断请求的实现是通过 IRi 输入的电平从低电平到高电平跳变，并一直保持高电平，直到中断被响应时为止。即在第一个 $\overline{\text{INTA}}$ 脉冲下降沿出现后为止。中断请求被响应后，边沿检测器的锁存作用被解除。只有当 IRi 变为无效后，边沿检测器才能重新进入待命状态，接受其他请求。

边沿触发方式，最好用负脉冲的后沿实现。边沿触发方式是通过初始化命令字 ICW1 来设置的。边沿触发方式，适用于不希望产生重复响应及中断请求信号是一个短暂脉冲的情况。边沿触发方式和自动 EOI 方式一起采用时，就不会发生“重复嵌套”现象。

（2）电平触发方式。

当选用电平触发方式时，8259A 通过采样 IRi 端上输入的持续一定时间的高电平，来识别外部输入的中断请求信号。完全由 IR 端输入的有效电平来触发 8259A，而与有效电平出现的方式和瞬间无关。

电平触发方式是通过初始化命令字 ICW1 来设置的。在电平触发方式下，要注意的一点是当中断输入端出现一个中断请求并得到响应后，输入端必须及时撤除高电平，如果在 CPU 进入中断处理过程并且开放中断前未去掉高电平信号，则可能引起不应该有的第二次中断。

（3）中断查询方式。

中断查询方式一般用在多于64级中断的场合，也可以用在一个中断服务程序中的几个模块分别为几个中断设备服务的情况，在这两种情况下，CPU 用查询命令得知中断优先级后，可以在中断服务程序中进一步判断运行哪个模块，从而转到此模块为一个指定的外部设备进行服务。

中断查询方式既有中断的特点，又有查询的特点。中断查询方式的特点是：

1）设备仍然通过往8259A发中断请求信号要求CPU服务，但8259A不使用INT信号向CPU 发中断请求信号。8259A 输入端的中断请求信号可以是上升沿，也可以是高电平，这决定于8259A初始化命令字ICW1中的LTM位。

2）CPU内部的中断允许触发器复位，关中断，禁止外部对CPU的中断请求。

3）CPU要使用软件查询来确认中断源，从而实现对设备的中断服务。

CPU 执行的查询软件中必须有查询命令，才能实现查询功能。查询命令是通过往 8259A发送相应的操作命令字OCW3来实现的。

当CPU往8259A的偶地址端口发出查询性质的OCW3时，如果这之前正好有外设发出过中断请求，那么8259A就会在当前中断服务寄存器中设置好相应的ISR位，于是，CPU就可以在查询命令之后的下一个读操作时，从当前中断服务寄存器中读取这个优先级。

从CPU发出查询命令到读取中断优先级期间，CPU所执行的查询程序段应该包括下面几个环节：

1）系统关中断。

2）用输出指令将OCW3送到8259A的偶地址端口。

3）用输入指令从偶地址端口读取8259A的查询字。

在采用中断查询方式的系统中，除了中断控制器 8259A 以外，一般总是要有一些附加电路来帮助完成最后的查询任务，所以，从根本上来讲，中断查询是用 8259A 来替代完全查询式系统中的大部分查询电路的一种工作方式。

2. 中断响应过程

8259A中断控制器能实现向量中断。它是在中断响应期间，由8529A向CPU送出中断类型号，而引导CPU找到中断服务程序的入口地址。

单个8259A的中断响应过程如下：

1）当它的一条或多条中断请求线（IR_7～IR_0）变为高电平时，它就使中断请求锁存器IRR相应的位置1。

2）8259A分析这些请求，如果中断屏蔽寄存器相应的IMR位不被屏蔽、请求中断的级别高于正在服务的中断程序的级别等条件都满足了，它就向CPU发出高电平有效信号INT，请求中断服务。

3）当前一条指令执行完毕，且IF=1时，CPU响应中断请求，进入中断响应总线周期。一个中断响应共需要两个连续的总线周期。时序如图7-14所示。

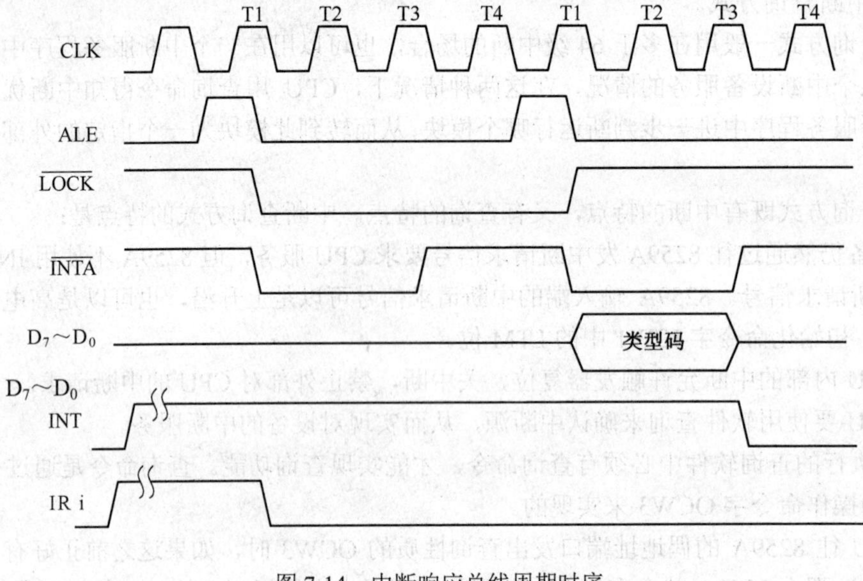

图 7-14　中断响应总线周期时序

CPU（或总线控制器）在第一个总线周期输出第一个 $\overline{INTA}$ 脉冲，通知 8259A。CPU 使地址/数据总线处于高阻状态；并使 LOCK 信号为有效低电平，使总线处于封锁状态，防止其他 CPU 或 DMA 占用总线。

4）8259A 接到来自 CPU 的第一个 $\overline{INTA}$ 脉冲，把允许中断的最高优先级请求位，置入服务寄存器 ISR，并把 IRR 中对应的位清零。

5）CPU 在第二个总线周期，再次发出一个 $\overline{INTA}$ 脉冲，8259A 接到第二个 $\overline{INTA}$ 脉冲，送出中断类型号，CPU 读取该类型码。若是自动 EOI（AEOI）方式，在 $\overline{INTA}$ 脉冲结束时，芯片硬件电路自动使 ISR 相应位复位；如果是其他方式，则由中断服务程序结束时，由软件发出的 EOI 命令才能使 ISR 复位。第二个中断响应周期，总线封锁撤销。

7.4.3　工作方式

8259A 有多种工作方式，这些工作方式都可以通过编程方法来设置，所以，使用起来很灵活。但是，正是由于可以设置的工作方式多，使一些读者感到 8259A 的编程和使用不大容易掌握。为此，在讲述 8259A 的编程之前，我们先对 8259A 的工作方式分类进行简单的介绍。按照优先级设置方法来分，8259A 有如下几种工作方式。

1．一般完全嵌套方式

一般完全嵌套方式是 8259A 最常用的工作方式，除非对 8259A 进行初始化以后设置了其他优先级方式。

在一般完全嵌套方式中，中断请求按优先级 0～7 进行处理，0 级中断的优先级最高。

当一个中断被响应时，中断类型号被放到数据总线上，当前中断服务寄存器 ISR 中的对应位 ISRn 被置 1，然后进入中断服务程序。一般情况下（除了自动结束中断方式外），在 CPU 发出中断结束命令（EOI）前，此对应位一直保持“1”。这样做，可以为中断优先级裁决器的裁决提供依据，因为中断优先级裁决器总是将新收到的中断请求和当前中断服务寄存器中的 ISR 位进行比较，判断新收到的中断请求的优先级是否比当前正在处理的中断的优先级高，如果是，则实行中断嵌套；如果不是，则不响应新收到的中断请求。当处理某一级中断时，如果有同级的中断请求，也不会给予响应。

2. 特殊完全嵌套方式

特殊完全嵌套方式和一般完全嵌套方式基本相同，只有一点不同，就是在特殊完全嵌套方式下，当处理某一级中断时，如果有同级的中断请求，那么也会给予响应。从而实现一种对同级中断请求的特殊嵌套。

特殊完全嵌套方式一般用在 8259A 级联的系统中，在这种情况下，对主片编程时，让它工作在特殊完全嵌套方式，但从片仍处于其他优先级方式。这样，当来自某一从片的中断请求正在处理时，一方面和一般全嵌套方式一样，对来自优先级较高的主片其他引脚上的中断请求进行开放；另一方面，对来自同一从片的较高优先级请求也会开放，对同一从片中这样的请求，在主片引脚上反映出来，是与当前正在处理的中断请求处于同一级的，但是，在从片内部看，新来的中断请求一定要比当前正在处理的请求的优先级别高，否则，通过从片中的中断优先级裁决电路裁决之后，就不会发出 INT 信号，从而也就不会在主片引脚上产生中断请求信号。

系统中采用一般完全嵌套方式还是特殊完全嵌套方式，由 8259A 的初始化命令字 ICW4 决定。

3. 优先级自动循环方式

优先级自动循环方式一般用在系统中多个中断源优先级相等的场合，在这种方式下，优先级队列是在变化的，一个设备受到中断服务以后，它的优先级自动降为最低。在优先级自动循环方式中，初始优先级队列规定为 IR0、IR1、IR2、IR3、IR4、IR5、IR6、IR7，如果这时 IR4 端正好有中断请求，则进入 IR4 的中断处理子程序。处理完 IR4 后，IR5 为最高优先级，依次为 IR5、IR6、IR7、IR0、IR1、IR2、IR3、IR4，依次类推。

系统中是否采用自动循环优先级，由 8259A 的操作方式命令字 OCW2 决定。

4. 优先级特殊循环方式

优先级特殊循环方式和优先级自动循环方式相比，只有一点不同，就是在优先级特殊循环方式中，一开始的最低优先级是由编程确定的，从而最高优先级也由此而定，比如，确定 IR5 为最低优先级，那么 IR6 就是最高优先级。而在优先级自动循环方式中，一开始的最高优先级一定是 IR0。

优先级特殊循环方式也是由 8259A 的操作方式命令字 OCW2 设定的。

7.4.4 屏蔽中断源的方式

8259A 有多种工作方式，按照对中断源的屏蔽方法来分，8259A 有两类屏蔽中断源的方式，这些屏蔽中断源的方式可以通过编程方法来设置。

1. 普通屏蔽方式

8259A 内部有一个屏蔽寄存器，在普通屏蔽方式中，它的每一位对应一个中断请求输入。当某一位为“1”时，对应的这一级中断就受到屏蔽。程序设计时，可以通过设置操作命令字 OCW1，使屏蔽寄存器中任一位或几位置“1”。

对中断的屏蔽总是暂时的，过了一定的时间，程序中又需要撤消对某些中断的屏蔽或者需要撤消对所有中断的屏蔽，这时，可以通过对 OCW1 的重新设置来实现。

2. 特殊屏蔽方式

在有些场合，希望一个中断服务程序能动态地改变系统的优先级结构。例如，在执行中断处理程序的某一部分时，希望禁止较低级别的中断请求；在执行中断处理程序的另一部分时，又能够开放比本身的优先级别低的中断请求。

为了达到这样的目的，自然会想到一个办法，就是在此中断服务程序中用操作命令字 OCW1 将屏蔽寄存器中本级中断的对应位置 1，使本级中断受到屏蔽，这样便可以开放低级中断请求。

设置了特殊屏蔽方式后，用 OCW1 对屏蔽寄存器中某一位进行置位时，就会同时使当前中断服务寄存器 ISR 中的对应位 ISRn 自动清 0。这样，不仅屏蔽了当前正在处理的这级中断，而且真正开放了其他级别较低的中断。

使用了这种方式后，尽管系统当前仍然在处理一个较高级的中断，但由于 8259A 的屏蔽寄存器 IMR（OCW1）中对应于此中断的数位被设置为 1，并且当前中断服务器 ISR 中的对应位 ISn 被清 0，从外界看来，好像不再处理任何中断。因而，这时即使有最低级的中断请求，也会得到响应。

7.4.5 结束中断处理的方式

按照对中断处理的结束方法来分，8259A 有两类结束方式，即自动结束方式和非自动结束方式。而非自动结束方式又分为两种，一种叫一般的中断结束方式，另一种叫特殊的中断结束方式。

当一个个中断请求得到响应时，8259A 都会在中断服务寄存器 ISR 中设置相应位 ISn，这样，为以后中断裁决器的工作提供了依据。当中断处理程序结束时，必须使 ISn 位清 0，这个使 ISn 位清 0 的动作就是中断结束处理。

1. 中断自动结束方式

这种方式只能用在系统中只有一片 8259A，并且多个中断不会嵌套的情况。

在中断自动结束方式中，系统一进入中断过程，8259A 就自动将当前中断服务寄存器 ISR 中的对应位 ISn 清 0，这样，尽管系统正在为某个设备进行中断服务，但对 8259A 来说，当前中断服务寄存器 ISR 中却没有对应位作指示，好像已经结束了中断服务一样。这是最简单的中断结束方式，主要是怕没有经验的程序员忘了在中断服务程序中给出中断结束命令而设立的。

中断自动结束方式的设置方法很简单，只要在对 8259A 初始化时，使初使化命令字 ICW4 的 AEOI 位为"1"就行了。在这种情况下，当第二个中断响应脉冲 $\overline{INTA}$ 送到 8259A 后，8259A 就会自动清除当前中断服务寄存器 ISR 中的对应位 ISn 位。

2. 一般的中断结束方式

一般中断结束方式用在一般完全嵌套情况下。当 CPU 用输出指令往 8259A 发出一般中断结束命令时，8259A 就会把当前中断服务寄存器 ISR 中的最高的 IS 位复位。因为在一般完全嵌套方式中最高的 IS 位对应了最后一次被响应的和被处理的中断，也就是当前正在处理的中断。所以，最高的 IS 位的复位相当于结束了当前正在处理的中断。

一般中断结束命令的发送是很简单的，只要在程序中往 8259A 的偶地址端口输出一个操作命令字 OCW2，并使得 OCW2 中的 EOI=1，SL=0，R=0 即可。

3. 特殊的中断结束方式

在非一般完全嵌套方式下，用当前中断服务寄存器 ISR 是无法确定哪一级中断为最后响应和处理的，也就是说，无法确定当前正在处理的是哪级中断，这时就要采用特殊的中断结束方式。

采用特殊中断结束方式反映在程序中就是要发一条特殊中断结束命令，这个命令中指出了要清除当前中断服务寄存器 ISR 中的哪个 IS 位。特殊中断结束命令实际上也是通过往 8259A 偶地址端口输出操作命令字 OCW2 来发送的，并使得 OCW2 中的 EOI=1，SL=1，R= 0 即可，此时，OCW2 中的 L2、L1、L0 这三个位指出了到底要对哪一个 IS 位进行复位。

7.4.6 中断级联方式

8259A 有多种工作方式，在多片 8259A 级联的大系统中，按照 8259A 和系统总线的连接来分，有下列两种级联方式。

1. 缓冲方式

在多片 8259A 级联的大系统中，8259A 通过总线驱动器和数据总线相连，这就是缓冲方式。如图 7-15 所示。

在缓冲方式下，有一个对总线驱动器的启动问题。为此，将 8259A 的 $\overline{SP/EN}$ 端和总线驱动器的允许端相连，因为 8259A 工作在缓冲方式时，会在输出状态字或中断类型号的同时，从 $\overline{SP/EN}$ 端输出一个低电平，此低电平正好可作为总线驱动器的启动信号。往 8259A 输送数据时，情况也类似。缓冲方式可以通过对 ICW4 的重新设置来实现。

2. 非缓冲方式

非缓冲方式是相对于缓冲方式而言的。当系统中只有单片 8259A 时，一般将它直接与数据总线相连。在另外一些不太大的系统中，即使有几片 8259A 工作在级联方式，只要片数不多，也可以将 8259A 直接与数据总线相连。如图 7-16 所示。

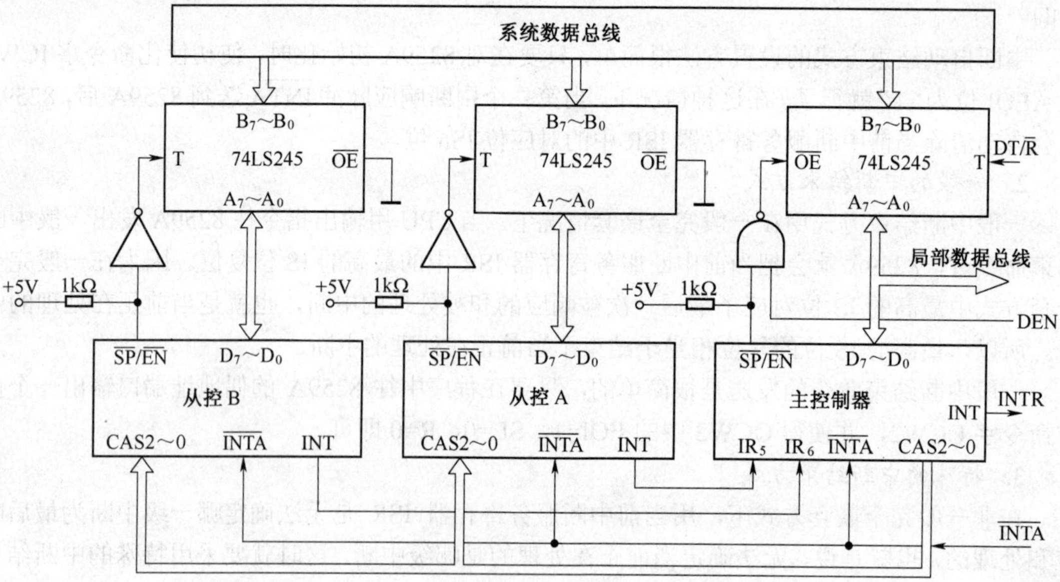

图 7-15　8259A 缓冲方式下的级联结构

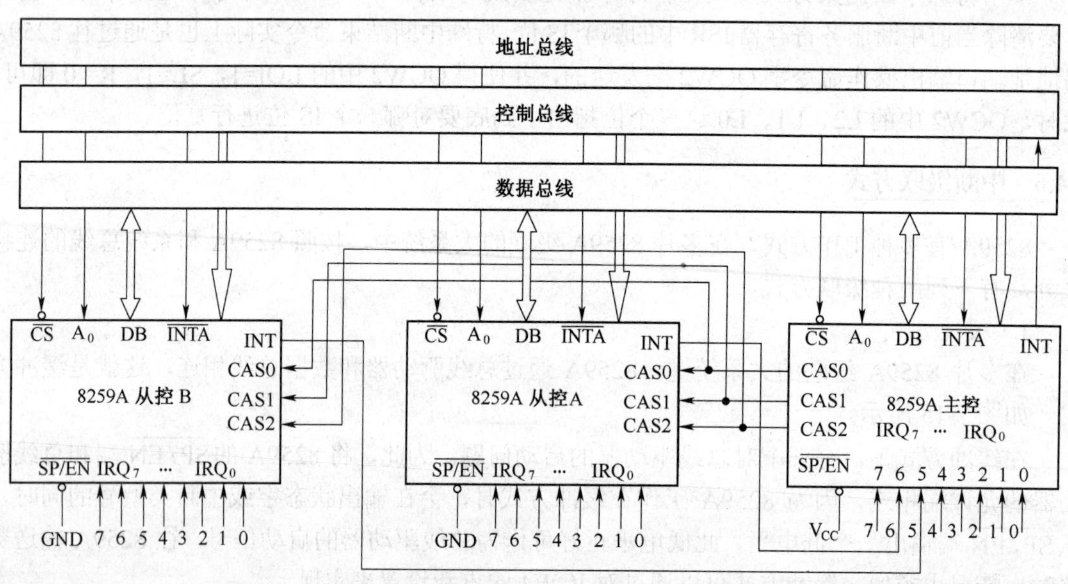

图 7-16　8259A 非缓冲方式下的级联结构

非缓冲方式也是通过 8259A 的初始化命令字 ICW4 设置的。

在非缓冲方式下，8259A 的 $\overline{SP}/\overline{EN}$ 端作为输入端。当系统中只有单片 8259A 时，此 8259A 的 $\overline{SP}/\overline{EN}$ 端必须接高电平；当系统中有多片 8259A 时，主片的 $\overline{SP}/\overline{EN}$ 接高电平，从片的 $\overline{SP}/\overline{EN}$ 端接低电平。

7.4.7　8259A 初始化命令字和操作方式命令字

8259A 的工作状态和操作方式，根据接收到的 CPU 命令而确定。CPU 送给 8259A 的命令分两类：一类是初始化命令字，也称预置命令字 ICW。8259A 在开始操作之前，必须对它写入初始化命令字，使它处于预定的初始状态。另一类是操作命令字，也称操作控制字 OCW。用来控制 8259A 执行不同的操作方式，如中断屏蔽、中断结束、优先级循环和 8259A 内部寄存器状态的读出和查询等，操作控制字可以在初始化后的任何时刻写入 8259A。可以用它来动态地控制 8259A 的中断管理方式。

1. 初始化命令字 ICW

8259A 的初始化命令字共有 4 个：ICW4～ICW1，初始化命令字必须顺序填写，但并不是任何情况下都要预置 4 个命令字，用户可根据具体使用情况而定。8259A 有两个端口地址，一个为偶地址，一个为奇地址。

当 CPU 向 8259A 送入一条地址线 A_0=0、数据位 D_4=1 的命令时，该命令被译码为初始化命令字 ICW1，它启动 8259A 的初始化过程，自动完成下列操作：

1）清除中断屏蔽寄存器 IMR。

2）设置以 IR7 为最低优先级的一般完全嵌套方式，固定中断优先级排序。

3）将从 8259A 设备标志码 ID 置成 7。

4）清除特殊屏蔽方式。

5）设置读 IRR 方式。

下面先介绍各个初始化命令字的功能。

（1）ICW1——芯片控制初始化命令。

初始化命令字 ICW1，又称中断请求触发方式，占偶地址端口。其格式如图 7-17 所示。

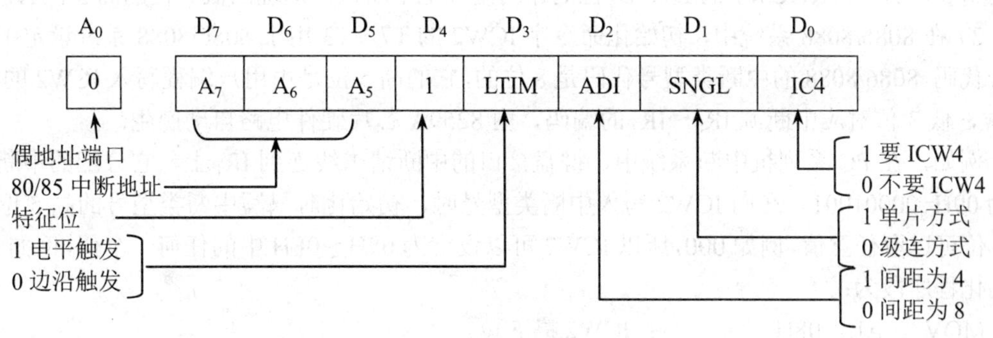

图 7-17　ICW1 命令字

A_0：确定写入命令字的端口地址。A_0=0，ICW1 必须写入偶地址端口中。

D_7、D_6、D_5（A_7、A_6、A_5）：8086/8088 系统中此三位无意义。

D_4：特征位。为 1 时，表示对偶地址端口写数据是写给初始化命令字 ICW1 的。

D_3（LTIM）：设定中断请求 IR 端的触发方式。D_3=1 时，表示用高电平触发方式；D_3=0 时，表示用上升沿触发方式。

D_2（ADI）：8086/8088 系统中该位无意义。

D_1（SNGL）：为 1，单片 8259A 方式；为 0，多片 8259A 级联方式。

D_0（IC4）：写 ICW4 位。为 1 时，初始化时要设 ICW4；为 0，初始化时不写入 ICW4。在 8086/8088 系统中，必须在 ICW1 之后送入 ICW4 命令字。所以，D_0 总是 1。

例如，在 8086/8088 为 CPU 的系统中，用单片 8259A 来管理 8 级中断源，端口地址为 20H，21H，IRi 是高电平信号触发有效，则对该 8259A 的初始化 ICW1 程序段为：

```
MOV   AL，1 B H           ；ICW1 的内容为 00011011B=1B H
OUT   20H，AL             ；写入 ICW1，地址 A0=0
```

（2）ICW2——设置中断类型号初始化命令。

初始化命令字 ICW2，占奇地址端口。其格式如图 7-18 所示。

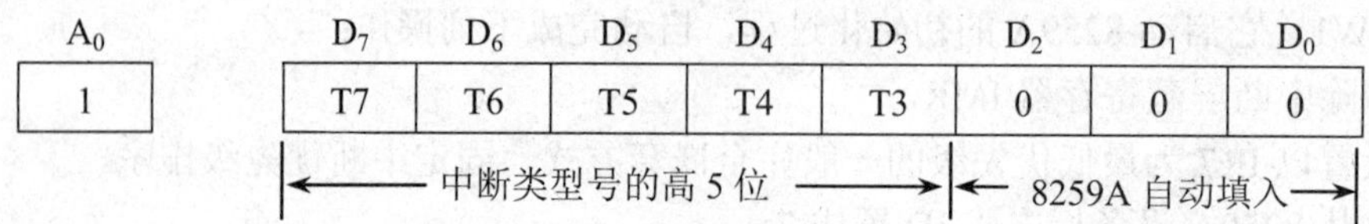

图 7-18　ICW2 命令字

A_0：A_0=1，ICW2 必须写到 8259A 的奇地址端口中。

D_7～D_0：有两种含义。

1）在 MCS80/85 系统中，中断指针为 16 位，ICW2 的 D_7～D_0 位的作用是设定中断入口地址的高 8 位 A_{15}～A_8，ICW1 的 D_7～D_5 位的作用是设定中断入口地址的低 8 位的高 3 位 A_7～A_5。

2）在 8086/8088 系统中，初始化命令字 ICW2 的 T7～T3 用于 8086/8088 系统设定中断类型号代码，8086/8088 的中断类型号代码是 8 位的，它的高 5 位是由用户编程写入 ICW2 的 D_7～D_3 位，低 3 位对应中断源 IR_0～IR_7 的编码，由 8259A 芯片硬件电路自动产生。

例如，在 PC 系列机中断系统中，键盘接口的中断请求线连到 IR_1 上，它分配的中断类型号为 09H=00001001。在向 ICW2 写入中断类型号时，初始化时只写中断类型号的高 5 位，而低 3 位可以取任意值，例如 000，所以 ICW2 可以设定为 08H～0FH 中的任何一个值，例如 08H，初始化程序段为：


```
MOV     AL，08H            ；ICW2 高 5 位。
OUT     21H，AL            ；写入 ICW2 的端口地址 A0=1
```

当 CPU 响应键盘中断请求时，8259A 的硬件电路根据中断申请自动产生，把 IR1 的编码 001 作为中断向量的最低 3 位和 ICW2 的高 5 位构成一个完整的 8 位中断类型号 09H，在第二个中断响应周期，经数据总线送给 CPU。

（3）ICW3——标识主片/从片初始化命令。

初始化命令字 ICW3，又称中断级联方式设置命令，占奇地址端口。专用于级联方式的初始化编程。

当初始化命令字 ICW1 中，D_1 位（SNGL）=0 时，8259A 工作于级联方式，8259A 初始化时，必须有 ICW3 命令。对于主设备和从设备 ICW3 的定义不同。

1）主设备的 ICW3 初始化命令字格式，如图 7-19 所示。

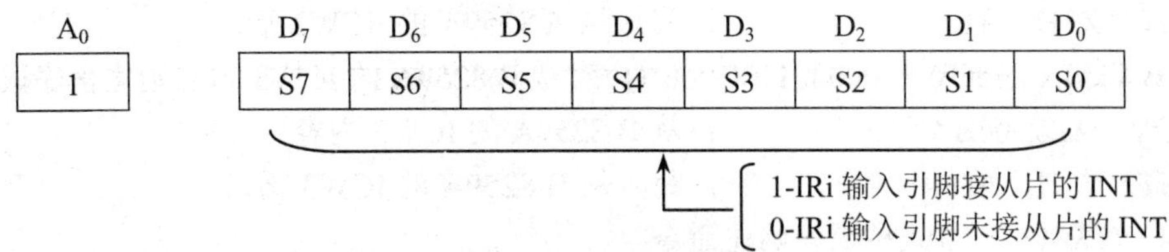

图 7-19　主 8259A 的 ICW3 命令字

A_0：A_0=1。奇地址端口。

当 Si=1 时，表示对应的 IRi 输入，是接从 8259A 的 INT 输出。

当 Si=0 时，表示对应的 IRi 输入直接接中断源。

例如，图 7-15 中，主 8259A 的 IR_6、IR_5 接从 8259A，而其余未接从 8259A。则主 8259A 的 ICW3=60H。

2）从设备的 ICW3 初始化命令字格式，如图 7-20 所示。

A_0	D_7	D_6	D_5	D_4	D_3	D_2	D_1	D_0
1	×	×	×	×	×	ID2	ID1	ID0

图 7-20　从 8259A 的 ICW3 命令字

A_0：A_0=1。奇地址端口。

ID2～ID0：对应时从设备地址号的二进制编码（称从片的标识码），即连到主片的 IRi 的二进制编码。它用来说明从 8259A 是接在主 8259A 的哪个 IRi 端上。

例如，图 7-15 中，接在主 8259A 的 IR_6 上的从控 B 8259A，它的 ID 码应为 6（110），这时应设定从 A 8259A 的命令字 ICW3 为 ID2=1，ID1=1，ID0=0。

接在主 8259A 的 IR_5 上的从控 A 8259A，它的 ID 码应为 5（101），这时应设定从控 A 8259A 的命令字 ICW3 为 ID2=1，ID1=0，ID0=1。

在中断响应过程中，主设备把优先级最高的 IRi 地址编码送上级联线 CAS2～CAS0，从设备把接收到的设备号编码和初始化设定的从设备号编码 ID2～ID0 进行比较，比较结果与该编码相符的从设备，把中断向量代码送上数据总线。

初始化程序段为：

主片 ICW=01100000B=60H，因为主片 IR5 接从 A 8259A，主片 IR5 接从 B 8259A，所以对主片 ICW3 的初始化程序段为：

```
MOV   AL，60H                ；主片 ICW3 内容
OUT   21H，AL                ；写入主片 ICW3 端口 A0=1
```

从 A 8259A 的 ICW3=00000101B=05H，对从 A 8259A 的 ICW3 的初始化程序段为：

```
MOV   AL，05H                ；从 A 8259A 的 ICW3 内容
OUT   X1H，AL                ；写入从 A 8259A 的 ICW3 端口
```

从 B 8259A 的 ICW3=00000110B=06H，对从 B 8259A 的 ICW3 的初始化程序段为：

```
MOV   AL，06H                ；从 B 8259A 的 ICW3 内容
OUT   Y1H，AL                ；写入从 B 8259A 的 ICW3 端口
```

（4）ICW4——方式控制初始化命令。

初始化命令字 ICW4，又称缓冲器方式，占奇地址端口。其格式如图 7-21 所示。

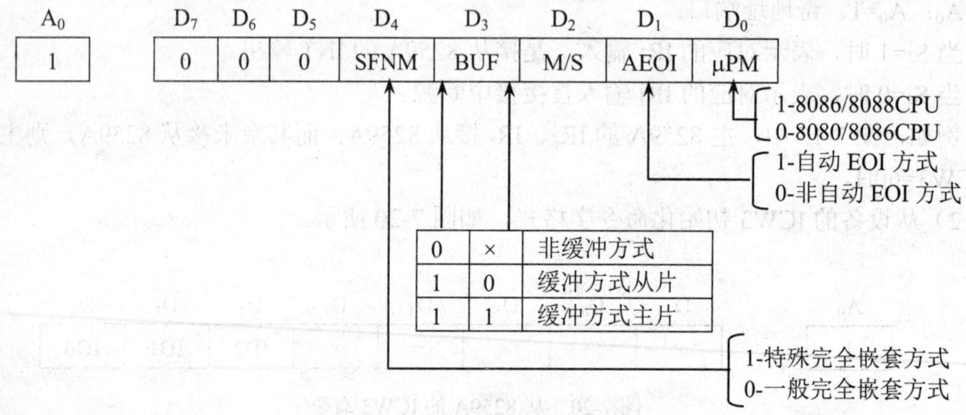

图 7-21　ICW4 命令字

A_0：A_0=1。ICW4 必须写入 8259A 的奇地址端口。

D_7～D_5：未用。

μPM：μPM=1，表示 8259A 与 8086～Pentium 系统配合工作。

AEOI：规定中断结束方式。AEOI=1，中断自动结束方式，CPU 响应中断请求过程中，向 8259A 发第 2 个 $\overline{INTA}$ 脉冲时，清除中断服务寄存器中本级对应位，这样在中断服务子程序结束返回时，不需要其他任何操作，一般不常采用。AEOI=0，为非自动结束方式，必须在中断服务子程序中安排输出指令，向 8259A 发操作命令字 OCW3，清除相应中断服务标志位，才表示中断结束。

BUF 和 M/S：表示 8259A 是否采用缓冲方式。BUF=1，采用缓冲方式，8259A 通过总路线驱动器与数据总线相连，$\overline{SP}/\overline{EN}$ 作输出端，控制数据总线驱动器启动，此时 $\overline{SP}/\overline{EN}$ 线中

EN 有效，EN=0，允许缓冲器输出；EN=1，允许缓冲器输入。M/S=1，表示该片是 8259A 主片，M/S=0，表示该片是 8259A 从片。BUF=0，采用非缓冲方式，$\overline{SP}/\overline{EN}$ 线中 SP 有效，SP=0，该片是 8259A 从片；SP=1，该片是 8259A 主片，此时，M/S 信号无效。

SFNM：定义级联方式下的嵌套方式。SFNM=1，选择 8259A 工作在特殊完全嵌套方式；SFNM=0，工作在一般完全嵌套方式。

初始化命令字设置的顺序是固定的，必须从 ICW1 开始依次 ICW2，并分别根据 ICW1 中的 SNGL 和 IC4 位决定是否设置 ICM3 和 ICM4。级联时要设置 ICW3，并且主片和从片的 ICW3 设置不同。

例如，在 PC/XT 机中，CPU 为 8088，采用单片机 8259A 管理中断，8259A 与系统总线之间采用缓冲连接；非自动结束，一般完全嵌套，则 8259A 的 ICW4=00011001B=19H，写 ICW4 的程序段为：

```
MOV    AL，19H        ；ICW4 的内容
OUT    21H，AL        ；写入 ICW4 的端口
```

（5）初始化命令字的编程顺序。

CPU 对 8259A 写入预置命令字，预置操作过程有一定的顺序（见图 7-22）。

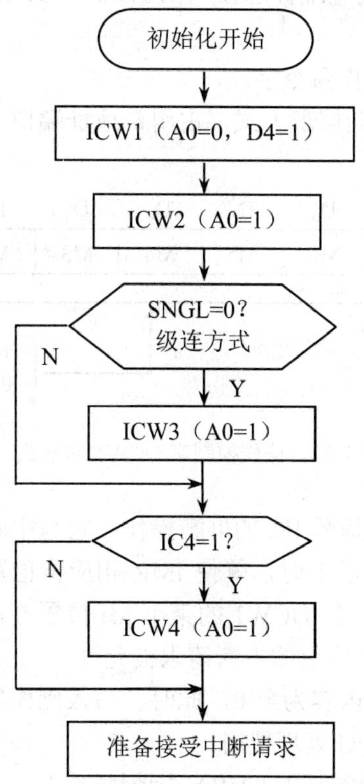

图 7-22　8259A 初始化命令字的顺序

1）在预置操作过程的开头，总要依次写入命令字 ICW1 和 ICW2。

2）只有当 ICW1 中的 D_1(SNGL)位=0，才需送 ICW3。对于主设备和从设备均需送 ICW3，而且它们的格式不同。

3）只有当 ICW1 中的 D_0(IC4)=1 时，才需送 ICW4。对于 8086/8088 系统，ICW4 总是需要设置的。

在系统中，单片 8259A 与 8086/8088 配置时，初始化要写入的预置命令字是：ICW1、ICW2 和 ICW4；但如果系统运行在非缓冲方式，非 AEOI 操作，就只需送 ICW1 和 ICW2。

而级联方式系统要写入的预置命令字是：ICW1、ICW2、ICW3 和 ICW4；但如果系统运行在非缓冲方式，非 AEOI 操作，就只需送 ICW1、ICW2 和 ICW3。

2. 操作方式命令字 OCW

当按照一定的顺序对 8259A 预置完毕后，8259A 就进入设定的工作状态，准备好接收由 IRi 输入的中断请求信号，按固定优先级完全嵌套来响应和管理中断请求。为了在系统运行中，进一步对 8259A 的管理中断的规则进行修改，可通过对它写入操作控制字来实现。

8259A 共有三个操作控制字：OCW1、OCW2 和 OCW3。和初始化命令字 ICW 不同，OCW 不是按照既定的流程写入，而是由 CPU 按照用户程序的需要写入的。

每个操作控制字，都有自己的寻址标志位。因此，每个 OCW 操作控制字都可以单独操作。三个操作控制字的标志位如下。

（1）OCW1——中断屏蔽操作命令字。

操作控制字 OCW1，决定中断屏蔽方式，占用奇地址端口。其格式如图 7-23 所示。

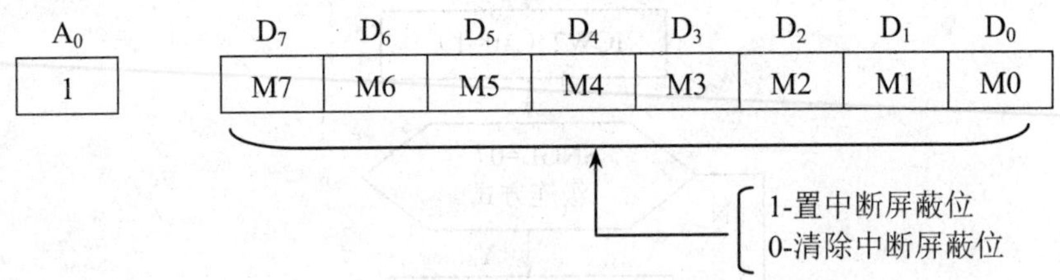

图 7-23 操作控制字 OCW1 的格式

OCW1 用来设置 8259A 输入信号 IRi 的屏蔽操作。它与中断屏蔽寄存器 IMR 中的各位一一对应，使 OCW1 的某个 Mi 位置 1 时，就使 IMR 相应位也置 1，从而屏蔽相应的输入 IRi 信号，对应位的中断请求被禁止；使 OCW1 的某个 Mi 位置 0 时，就使 IMR 相应位也置 0，从而开放相应的输入 IRi 信号，对应位的中断请求被允许。

送控制字 ICW1 后，IMR 的内容为全 0，此时，写入操作控制字 OCW1，可以改变 IMR 的内容。IMR 可以读出，以供 CPU 处理使用。

A0：A0=1，OCW1 命令字必须写入 8259A 奇地址端口。

（2）OCW2——优先级循环方式和中断结束方式命令字。

操作控制字 OCW2，决定中断结束方式，中断排队方式，占用偶地址端口。如图 7-24 所示。

OCW2 用来控制中断结束时，清 ISR 中的置位，改变优先级的排序结构。这些操作命令通常是以组合方式出现，而不是按位设置。

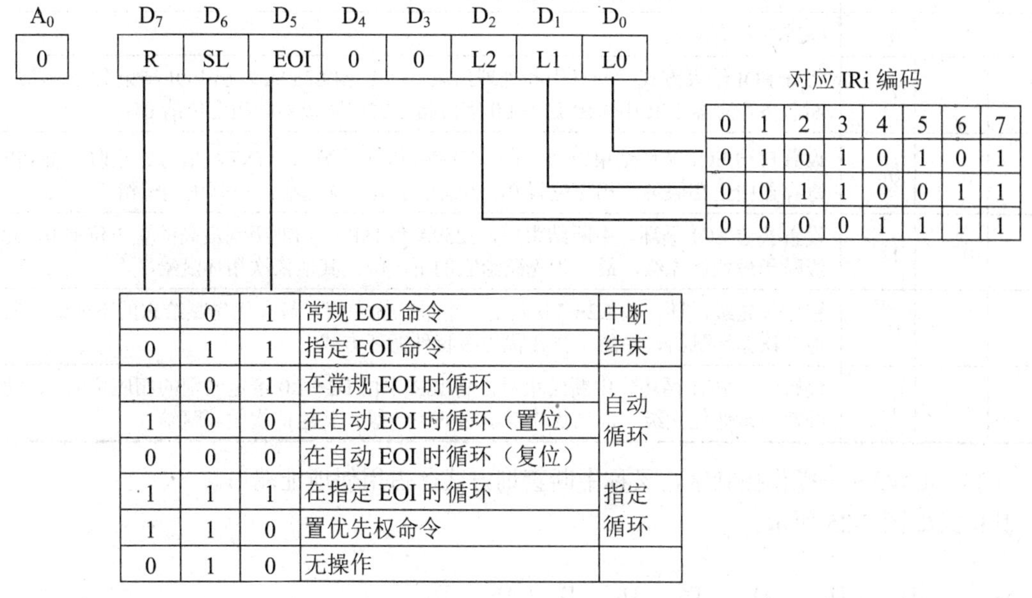

R	SL	EOI		
0	0	1	常规 EOI 命令	中断结束
0	1	1	指定 EOI 命令	
1	0	1	在常规 EOI 时循环	自动循环
1	0	0	在自动 EOI 时循环（置位）	
0	0	0	在自动 EOI 时循环（复位）	
1	1	1	在指定 EOI 时循环	指定循环
1	1	0	置优先权命令	
0	1	0	无操作	

图 7-24　操作控制字 OCW2 的格式

A_0：A_0=0，OCW2 命令字必须写入 8259A 偶地址端口。

L2～L0：SL=1 时，L2～L0 有效。当 OCW2 设置为特殊 EOI 结束命令时，L2～L0 指出清除中断服务寄存器中的哪一位；当 OCW2 设置为特殊优先级循环方式时，L2～L0 指出循环开始时设置的哪个中断源优先级最低。D_4 D_3=00 是 OCW2 的标志位，用以区别 ICW1 和 ICW3。因为它们也是写入偶地址端口。

EOI：指定中断结束命令位。EOI=1，用作中断结束命令，使中断服务寄存器中对应位清 0，在非自动结束方式中使用。EOI =0，不执行结束操作命令，如果初始化时，ICW4 的 AEOI=1，设置为自动结束方式，此时 OCW2 中的 EOI 位应为 0。

SL：指明 L2～L0 是否有效。SL=1，OCW2 中 L2～L0 有效；SL=0，L2～L0 无意义。

R：R=1，中断优先级是按循环方式设置的，即每个中断级轮流成为最高优先级。当前最高优先级服务后就变成最低级，它相邻的下一级变成最高级，其他依次类推。R=0，设置为固定优先级，0 级最高，7 级最低。

OCW2 的功能含两个方面，一个是决定 8259A 是否采用优先级循环方式。另一个是中断结束采用普通的还是特殊的 EOI 结束方式。表 7-2 给出了 R、SL、EOI 三位的组合功能。

表 7-2 R-L-EOI 组合功能表

R	SL	EOI	功能
0	0	0	取消自动 EOI 循环
0	0	1	普通 EOI 结束方式。一旦中断处理结束，CPU 向 8259A 发出 EOI 结束命令，将中断服务寄存器 ISR 当前级别最高的置 1 位清 0
0	1	0	OCW2 没有意义
0	1	1	特殊 EOI 结束方式。一旦中断处理结束，CPU 向 8259A 发出 EOI 结束命令，将中断服务寄存器 ISR 中，由 L2～L0 字段指定的中断级别的相应位清 0
1	0	0	设置自动 EOI 循环结束方式，在中断响应周期的第二个 $\overline{\text{INTA}}$ 信号结束时，将 ISR 寄存器中正在服务的相应位置 0，本级赋予最低优先级，最高优先赋给下一级
1	0	1	设置普通 EOI 循环。中断结束后，8259A 将 ISR 中当前级别最高的置 1 位清 0，此级赋予最低优先级，最高优先赋给它的下一级。其他依次循环赋给
1	1	0	置位优先级循环。按 L2～L0 确定一个最低优先级，最高优先赋给它的下一级。其他依次循环赋给，系统工作在优先级特殊循环方式
1	1	1	设置特殊 EOI 循环。中断结束后，将 ISR 中由 L2～L0 给定级别的相应位清 0，此级赋予最低优先级，最高优先赋给它的下一级。其他依次循环赋给

（3）OCW3——操作控制字，又称中断查询方式，占用偶地址端口。

其格式如图 7-25 所示。

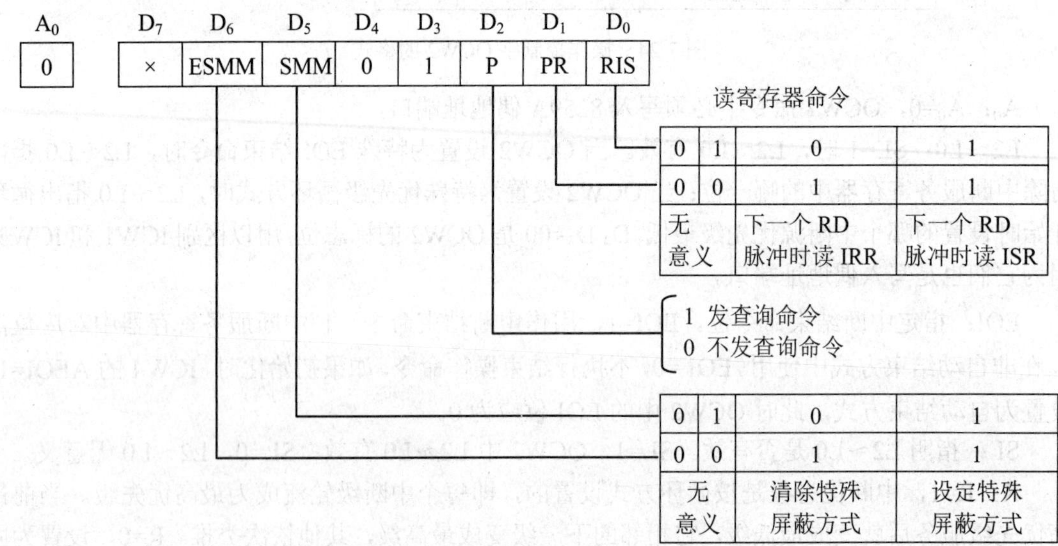

图 7-25 操作控制字 OCW3 的格式

OCW3 操作控制字主要用来控制 8259A 的运行方式，是进入特殊中断屏蔽方式，还是一般屏蔽方式，此操作控制字还有查询和读出 8259A 的有关寄存器状态的功能。

A_0：为 0，偶地址端口。

D_7：未用。

D_6：ESMM 位，允许或禁止 SMM 位起作用。当 ESMM 位=1 时，允许 SMM 位起作用；而当 ESMM 位=0 时，禁止 SMM 位起作用。

D_5：SMM 位，与 ESMM 位配合设置屏蔽方式。当 ESMM 位和 SMM 位都为 1 时，选择特殊屏蔽方式；而当 ESSMM 位=1 和 SMM 位=0 时。清除特殊屏蔽方式，恢复为一般屏蔽方式。

D_4，D_3：特征位，为 01 时，表示对偶地址端口写数据是写给操作控制字 OCW3 的。

D_2：P 位，查询命令位。当 P 位=1 时 CPU 向 8259A 发送查询命令；当 P 位=0 时 8259A 不处于查询方式。CPU 通过 OCW3 中的 P 位=1 向 8259A 发出查询命令。

D_1：RR 位。当 RR 位=1，CPU 向 8259A 发送读寄存器命令，并由（D_0）RIS 位确定是读中断请求寄存器 IRR，还是读中断服务寄存器 ISR；RR=0 则不向 8259A 发送读寄存器命令。

D_0：RIS 位，选择被读的寄存器。当 RIS=1 时，读中断服务寄存器 ISR；当 RIS=0 时，读中断请求寄存器 IRR。

7.4.8 8259A 在以 80x86 为 CPU 的计算机中的应用

在以 80x86 为 CPU 的微型计算机系统中，一般都是利用可编程中断控制器 8259A 来将 CPU 的一根可屏蔽中断线 INTR 扩展为 8 根以上的硬件中断线，并进行管理。

1. PC/AT 机的硬件中断控制逻辑

PC/AT 微型计算机系统的硬件中断控制逻辑由两片 8259A 级联而成，一个主片，一个从片，通过三个级联端 CAS1～CAS0 发生关联，主片的 INTR 端接至 CPU 的 INTR 端，而从片的 INT 端连到主片的 IR2 端，从而形成一个具有 15 级向量中断的硬件中断系统。

在 PC/AT 系统中，将 I/O 地址空间的 20H～3FH 端口地址分配给主 8259A，而将 AOH～BFH 端口地址分配给从 8259A。实际上，主片仅使用了 20H 和 2lH 两个端口地址，从片只使用了 AOH 和 AlH 两个端口地址。

2. 80386/80486/Pentium 微机的中断控制逻辑

80386/80486/Pemium 微型计算机的中断控制逻辑，随着机型和厂家的不同而有所不同。但一般也都是由几个 8259A 电路组成的，但这些 8259A 电路不是一个个独立的芯片，而是和其他功能电路（例如 DMAC、DRAM 刷新控制器、总线控制器、定时器/计数器等）一起，集成在一个超大规模的外围接口芯片中。

例如，82380 就是这样一种典型的多功能接口芯片。

3. Pentium III 微机的中断控制逻辑 82801BA 芯片

（1）82801BA 芯片的中断控制逻辑。

在使用 815EP 芯片组、Pentium III 微处理器的微机系统中，82801BA 芯片集成了与上述基本一致的两个级联 8259A 可编程中断控制器，来兼容 ISA 中断提供系统中断服务。每当处理器产生一个中断响应周期，该周期便被北桥（815EP MCH）芯片转变成 PCI 中断响应周期，并传送到 82801BA 芯片。82801BA 中集成的中断控制器再将这个命令转换成 8259A 核心需要的两个内部 $\overline{\text{INTA}}$ 脉冲。8259A 用第 1 个内部 $\overline{\text{INTA}}$ 脉冲来锁定中断的优先级状态，对第 2 个 $\overline{\text{INTA}}$ 脉冲，主 8259A 或从 8259A 送中断响应代码所对应的中断向量到处理器。这个代码由相应的 ICW2 寄存器的位 D_7～D_3 和控制器中与中断请求对应的三位编号共同组成。

由于有了 PCI 中断响应周期到 8259A 中断响应周期的转换，因此 82801BA 的中断控制逻辑进行中断处理的时候，就和以前微机上 8259A 级联的情况有所不同，处理步骤如下：

1）一个或多个中断请求线 IRQ，在边沿触发模式下上升为高电平或在电平触发模式下为高电平时，就将中断请求寄存器 IRR 的相应位置“1”。

2）若申请的中断没有被屏蔽，则可编程中断控制器送有效的中断请求信号到处理器。

3）处理器响应 INTR 信号，并回应一个中断响应周期。这个中断响应周期被北桥转换为 PCI 中断响应命令，这个命令被 82801BA 广播在 PCI 总线上。

4）检测在 PCI 总线上的中断响应命令，82801BA 将它转换为内部 8259A 能响应的两个中断响应周期。每个周期以级联的中断控制器的内部 $\overline{\text{INTA}}$ 引脚上的中断响应脉冲出现。

5）收到第 1 个内部产生的 $\overline{\text{INTA}}$ 后，最高优先级的中断服务寄存器 ISR 的相应位被置 1，而中断请求寄存器 IRR 的相应位被复位。在第 1 个脉冲的下降沿，主中断控制器利用内部三根专用线向从中断控制器发送从识别码，从中断控制器用这些位来确定是否必须在第 2 个 $\overline{\text{INTA}}$ 脉冲期间发出相应的中断向量。

6）接收到第 2 个内部产生的 INTA 脉冲后，可编程中断控制器返回中断向量。如果因中断请求信号持续时间短而终止了中断请求，则它将通过主中断控制器返回中断向量。

7）结束中断响应周期。如果在自动中断结束（AEOI）模式下，则中断服务寄存器（ISR）的相应位在第 2 个 $\overline{\text{INTA}}$ 脉冲的末尾被复位，否则 ISR 相应位保持置位直到中断处理程序末尾发出 EOI 命令。

（2）82801BA 中 8259A 各中断请求线的连接。

表 7-3 是 82801BA 中集成的两个 8259A 各中断请求线的连接。

表 7-3　中断请求浅的连接

8259A 芯片	引脚	典型的中断源	功能
主片	IR_0	内部	内部时钟/计数器 0 的输出
	IR_1	键盘	通过 SERIRQ 来的 IRQ_1
	IR_2	内部	从控制器的级联引脚
	IR_3	串行端口 2	通过 SERIRQ 来的 IRQ_3
	IR_4	串行端口 1	通过 SERIRQ 来的 IRQ_4
	IR_5	并行端口/普通	通过 SERIRQ 来的 IRQ_5
	IR_6	软磁盘	通过 SERIRQ 来的 IRQ_6
	IR_7	并行端口/普通	通过 SERIRQ 来的 IRQ_7

续表

8259A 芯片	引脚	典型的中断源	功能
从片	IR_0	内部实时时钟	内部 RTC
	IR_1	普通	通过 SERIRQ 来的 IRQ_9
	IR_2	普通	通过 SERIRQ 来的 IRQ_{10}
	IR_3	普通	通过 SERIRQ 来的 IRQ_{11}
	IR_4	PS/2 鼠标	通过 SERIRQ 来的 IRQ_{12}
	IR_5	内部	基于处理器 $\overline{FERR}$ 的状态机输出
	IR_6	基本 IDE 电缆	从输入信号或通过 SERIRQ 来的 IRQ_{14}
	IR_7	第二 IDE 电缆	从输入信号或通过 SERIRQ 来的 IRQ_{15}

在表中有很多的 IRQx 都写着通过 SERIRQ 来的 IRQ，这是因为 82801BA 芯片支持串行中断技术，能在一条 SERIRQ 信号线上提出多个中断请求，在 82801BA 内部再将 SERIRQ 中的串行信号分派到各个 IRQx 中。

4. 利用 82801BA 芯片的 PCI 中断实现中断共享

我们知道，ISA 总线板卡的中断是独占的，因而存在中断竞争的问题。

PCI 总线的中断共享的实现由硬件与软件两部分协作完成。

硬件上，采用电平触发的办法：中断信号在系统一侧用电阻接高电平，实行中断的板卡上利用三极管的集电极将信号拉到低电平。这样不管有几块板卡产生中断，中断信号都是低电平。只有当所有板卡的中断处理都完成后，中断信号才会回复高电平。

软件上，采用中断链的方法：通常，如果多个设备使用同一个中断请求线 IRQi，则后登记的中断入口会覆盖先登记的服务程序的入口，先登记中断的入口被存储在后登记中断的服务程序中，依次形成一条链。当某条 IRQ 线有设备申请中断时，CPU 首先转入最后登记入口的中断服务中，可查询该设备的中断请求位，若该位被置 1，则执行该程序，否则找到下一个共享中断的入口，转入下一个中断服务程序执行，在该程序中再查询该设备的中断请求位，判断是否是该设备提出的中断，依次类推。

PCI 总线同 ISA 总线相比，有许多优异的性能，表现在中断方面：

①ISA 中断不能为多个设备共享，而 PCI 中断可以共享，因此从根本上解决了中断资源紧张的问题。

②PCI 中断可为设备自动配置，不像 ISA 总线必须为设备手动设置跳线选择中断。

另外，在实现数据传输时 PCI 总线大大提高了目标设备的主动性，这表现在目标设备可以终止传输，在终止的同时还以信号的电平组合告知主设备其不同的状态。在一次传输地址阶段，目标设备要报告地址译码是否被选中，目标设备在读传输中要送出数据的偶校验位，在写传输中要作寄偶校验等。

本章小结

本章主要讲解中断系统的基本概念、中断的处理过程、IBM-PC 机中断系统结构和 8259A 可编程中断控制器。共分 6 节。

第一节概述。主要讲解中断的定义，中断系统的作用，中断源的基本概念。

第二节中断的处理过程。主要讲解处理一个中断的过程，节为本章内容的重点。

第三节讲解中断向量及其操作，包括中断类型号和中断向量表的概念，中断向量的设置、中断向量的修改、中断类型号的获取，还介绍了中断服务子程序的编写方法。

第四节讲解 Intel 8259A 可编程中断控制器。主要讲解 8259A 可编程中断控制器芯片的功能、工作特点、结构框图、寄存器及 I/O 端口的识别；8259A 的中断触发方式和中断响应过程；8259A 的工作方式；8259A 屏蔽中断源的方式；8259A 结束中断处理的方式；8259A 中断级联方式；介绍现代计算机中的 PCI 中断。

习题七

一、选择题

1．为 PC 机管理可屏蔽中断源的接口芯片是（　）。

A．8251　　B．8253　　C．8255　　D．8259

2．响应 NMI 请求的必要条件是（　）。

A．IF=1　　B．IF=0

C．一条指令结束　　D．无 INTR 请求

3．响应 INTR 请求要满足的条件是（　）。

A．IF=0　　B．IF=1　　C．TF=0　　D．TF=1

4．8086/8088 采用类型中断，8259A 可提供的类型号是（　）。

A．0 号　　B．1 号　　C．2 号　　D．08H～0FH

5．用三片 8259A 级，最多可管理的中断数是（　）。

A．24 级　　B．22 级　　C．23 级　　D．21 级

6．位于 CPU 内部的 IF 触发器是（　）。

A．中断请求触发器　　B．中断允许触发器

C．中断屏蔽触发器　　D．中断响应触发器

7．程序控制的数据传送可分为（　）。

A．无条件传送　　B．查询传送

C．中断传送　　D．以上都是

8．8259A 特殊完全嵌套方式要解决的主要问题是（　）。

A．屏蔽所有中断　　B．设置最低优先级
C．开放低级中断　　D．响应同级中断

9．在 8086 CPU 的下列 4 种中断中，需要由硬件提供中断类型码的是（　）。

A．INTR　　B．INTO　　C．INT n　　D．NMI

10．在 8259A 内部，用于反映当前中断源请求 CPU 中断服务的是（　）。

A．中断请求寄存器　　B．中断服务寄存器
C．中断屏蔽寄存器　　D．中断优先级比较器

二、填空题

1．8088 中的指令 INT n 用________指定中断类型码。

2．8086 系统最多能识别________种不同类型的中断，此种中断在中断向量表中分配有________个字节单元，用以指示中断服务程序的入口地址。

3．中断返回指令 IRET 总是安排在________，执行该指令时，将从堆栈弹出________。

4．从 CPU 的 NMI 引脚产生的中断叫做________，它的响应不受________的影响。

5．采用级联方式，用 9 片 8259A 可管理________级中断。

6．中断控制器 8259A 有两种引入中断请求的方式，一种是________，另一种是________。

7．当 8259A 设定为全嵌套方式时，IR_7 的优先权________，IR_0 的优先权________。

8．8259 内含有________个可编程寄存器，共占有________个端口地址。8259 的中断请求寄存器 IRR 用于存放________，中断服务寄存器 ISR 用于存放________。

9．CPU 响应可屏蔽中断的条件是________、________和________。

10．8259A 的初始化命令字包括________，其中________和________是必须设置的。

三、判断改错题（判断正误，将正确的划上“√”，错误的划上“×”，并改正错误）

1．（　）8086/8088 中，内中断源的级别均比外中断源级别高。

2．（　）一片 8259A 中断控制器最多能接收 8 个中断源。

3．（　）采用中断传送方式时，CPU 从启动外设到外设就绪这段时间，一直处于等待状态。

4．（　）多个外设可以通过一条中断请求线，向 CPU 发中断请求。

5．（　）8086 系统中，中断向量表存放在 ROM 地址最高端。

6．（　）PC 系统中的主机总是通过中断方式获得从键盘输入的信息。

7．（　）80486 系统和 8086 系统一样，将中断分为可屏蔽中断和不可屏蔽中断两种。

8．（　）IBM PC/XT 中，RAM 奇偶校验错误会引起类型码为 2 的 NMI 中断。

9．（　）82380 是专门为 80386/80486 系统设计的高性能多功能超大规模集成 I/O 接口芯片。

10．（　）Intel 8086/80286/386/486/Pentium 系列 CPU 都拥有 256 个中断类型号。

四、简答题

1．写出中断源的 4 种类型。

2．什么是硬件中断和软件中断？在 PC 机中两者的处理过程有什么不同？

3．设置中断优先级的主要目的何在？

4．试叙述基于 8086/8088 的微机系统处理硬件中断的过程。

5．8259A 中断控制器的功能是什么？

6．8259A 初始化编程过程要完成哪些功能？这些功能由哪些 ICW 设定？

7．8259A 的中断屏蔽寄存器 IMR 与 8086 中断允许标志 IF 有什么区别？

8．比较中断与 DMA 两种传输方式的特点。

9．有 30 个外设要进行中断，共需要几块 8259A 芯片级联？

10．8259A 有哪些中断结束方式，分别适用于哪些场合？

11．8259A 对优先级的管理方式有哪几种，各是什么含义？

12．中断方式比查询方式有何优点？中断方式和 DMA 相比又有什么不足之处？

13．中断方式和 DMA 方式传送数据，哪个的 CPU 效率高？

14．要自己编一个中断程序，如何指定它的中断号？

15．82801BA 芯片由哪些部分组成？

16．PCI 的中断共享是如何实现的？它比 ISA 总线优越的地方在哪里？

17．在一个时钟内，每个 IRQ 数据帧都被分为哪三个阶段？

五、应用题

有 4 个中断源 D1、D2、D3 和 D4，它们的中断优先级从高到低分别是 1 级、2 级、3 级和 4 级。即中断响应先后次序为 1→2→3→4，现要求其实际的中断处理次序为 4→3→2→1。

（1）写出这些中断源的正常中断屏蔽码和改变后的中断屏蔽码（令“0”对应于开放，“1”对应于屏蔽）。

（2）若在运行用户程序时，同时出现第 1、2、3、4 级中断请求，请画出此程序运行过程示意图。

8

微型计算机接口技术

本章学习目标

本章主要讲解接口技术的基本概念、接口电路的工作原理、接口芯片的应用以及与微机系统（CPU）的连接。通过本章的学习，读者应该掌握以下内容：

- 掌握输入/输出接口电路、输入/输出端口的基本概念、分类。
- 掌握 CPU 与外设数据传送的方式方法。
- 掌握常用微机外部实用接口。
- 掌握并行数据接口的基本概念、参数及其应用。
- 掌握串行数据接口的基本概念、参数，RS232C 串行接口标准。
- 掌握 DMA 的基本概念、可编程 DMA 控制器芯片 8237A 的结构、应用及编程方法。
- 掌握微机内部总线接口。
- 掌握模/数、数/模转换的基本概念、应用方法，了解 DAC0832 芯片和 ADC0809、AD574 等芯片的应用。

8.1 微型计算机接口技术概述

微型计算机接口技术在微机系统设计和应用过程中，都占有极其重要的地位。无论是系统内部的信息交换还是与系统外部的信息交换，都是通过“接口”来实现的。

8.1.1 微机接口和接口类型

1. 微机接口

接口（Interface）就是微处理器与外部世界的连接部件（电路），它是 CPU 与外界进行信息交换的中转站。源程序或原始数据要通过接口从输入设备进来，运算结果要通过接口向输出设备送出；控制命令通过接口发出，现场状态通过接口取进，这些来往信息都要通过接口进行变换与中转。微机接口技术是采用硬件与软件相结合的方法，研究微处理器如何与外界进行最佳耦合与匹配，以在 CPU 与外部世界之间实现高效、可靠的信息交换的一门技术。外界是指除 CPU 以外的所有设备或电路，包括存储器、I/O 设备、控制设备、测量设备、通信设备、多媒体设备、A/D 和 D/A 转换器等。因此，广义上说“接口”是指连接计算机各功能部件，构成一个完整实用的计算机系统的电路。如总线驱动器、时钟电路、存储器接口、外设接口等。接口电路结构可以很简单，例如：一个 TTL 的三态缓冲器，就可以构成一个一位长的输入/输出接口电路；也可以是结构很复杂，功能很强，通过用户编程使接口电路工作在理想状态下的大规模集成芯片。如：Intel 8255A 并行输入/输出接口、Intel 8259A 中断控制器等。

近年来，各生产厂家不断开发出各自的外围接口芯片，包括通用的系统控制器如内存分配器、DMA 控制器等；专用设备控制器，如软盘控制器、CRT 显示控制器等。外围接口电路正在向专用化、复杂化、智能化、组合化方向发展。

2. 接口类型

微机接口的分类方法有多种，按功能分，有三种基本类型：运行辅助接口、用户交互接口和传感控制接口。

（1）运行辅助接口。

运行辅助接口是和主机配套的，使微机实现最基本功能所需的接口。它包括微处理器周围的控制总线、地址总线和数据总线的锁存器、驱动器、接收器、收发器和时钟电路。执行总线判决、存储管理、中断控制和 DMA 控制等功能的接口。

在第 6 章中，已经讨论过 CPU 和存储器的连接，即 CPU 和存储器的接口问题。

（2）用户交互接口。

用户交互接口，是把用户指定的数据发送给主机系统或从主机系统接收数据的接口电路。它主要指通用的输入/输出（I/O）控制接口，例如：硬盘软盘接口、计算机终端接口、键盘接口、鼠标接口、显示接口、打印接口、操纵杆接口、光笔接口、录入笔接口、语音识别和合成接口等。按与外设数据的传送方式，输入/输出（I/O）控制接口又可分为：并行 I/O 和串行 I/O 接口等；按通用性分，有专用接口和通用接口。

本章主要讨论输入/输出（I/O）控制接口。

CPU 与外部设备（简称外设）之间的接口（I/O）一般有如下功能：①数据缓冲功能；②接收和执行 CPU 命令的功能；③信号转换功能；④设备选择功能；⑤中断管理功能；⑥数据宽度变换的功能；⑦可编程功能。

（3）传感和控制接口。

微机控制系统通过传感接口接收检测对象、控制对象的状态和数据，在进行处理后通过控制接口执行。传感接口具有模拟量到数字量的转换器（A/D 转换器）和数字量到微机系统总线的接口。控制接口将微机运算处理后得到的数字信号转换成适当的电压或电流（D/A 转换器），直接或通过机电接口驱动执行机构动作，以实现对外部世界的控制；或将微机内部的数据信号转换成合适大小的电压或电流控制外部世界的部件或装置。

8.1.2 输入/输出接口的编址方式

输入/输出设备是计算机系统的重要组成部分。计算机与外界交换信息必须通过输入/输出设备。输入/输出设备一般都是通过接口电路与系统总线相连的。

接口电路一般包含一组能被 CPU 直接访问的寄存器或硬件电路，称为输入/输出（I/O）端口。一个接口可以有一个或几个端口，有的接口如 8237 芯片中含有 16 个端口；有的接口如 8259A 芯片只有两个端口，同一个微机系统中有多个接口。因此，为了能让 CPU 能够对众多的端口进行正确的访问，就要求每个 I/O 端口都必须有确切的地址号，就是所谓的 I/O 接口的编址（寻址）问题。

1. 输入/输出接口的编址方式

计算机系统中 I/O 端口有两种编址方式：I/O 端口地址与内存统一编址方式，称为存储器映射方式；另一种是 I/O 与内存分开各自独立编址，称为 I/O 映射方式。

（1）I/O 端口与内存储器统一编址。

在这种方式下，把一个 I/O 端口看作存储器的一个单元，即 I/O 端口占用存储区中的一个或几个地址号。

这种方式的优点在于：由于把一个 I/O 端口看作存储器的一个单元，因此，所有用于访问存储器的指令都可用来访问 I/O 端口。而访问存储器的指令功能比较强，不但有一般的传送指令，而且有算术、逻辑运算指令，以及各种移位、比较指令。用户可以直接对端口内的数据进行处理，而不必进行先读入 CPU 的寄存器的操作。另外，这种方式不需要专门的输入/输出指令，控制信号线也少一组，即不需要区分是对存储器还是对 I/O 操作的信号线（如 8086 CPU 最小组态时的 $IO/\overline{M}$）。

这种方式的缺点在于：由于 I/O 端口占用存储区中的地址号，减少了存储器的容量；存储器访问指令一般比 I/O 访问指令长，因此指令的执行时间会加长。

（2）I/O 端口单独编址。

I/O 端口地址区域和存储器地址区域分开单独编址，访问 I/O 端口有专门的 I/O 指令（IN 或 OUT 指令），访问存储器也有其专门的指令。

这种方式的优点在于：I/O 端口不占用存储器的地址空间，不会减少存储器的容量；其次，专门用于 I/O 的指令少，指令译码简单，缩短了指令的执行时间。

这种方式下，必须有专门的信号线来指明在微机系统地址总线上的地址，是访问存储器的还是访问 I/O 端口的。在 8086/8088 CPU 系统中，在最小组态时，由 $IO/\overline{M}$ 信号的极性来区别。当 $IO/\overline{M}$ 为低电平时，则地址总线上的地址是访问存储器的地址；若 $IO/\overline{M}$ 为高电平，则地址总线上的地址是访问 I/O 端口的地址。此外，专门用于访问 I/O 端口的指令少，指令的功能单一，一般只有传送指令。

I/O 映射方式和存储器映射方式的示意图如图 8-1 所示。

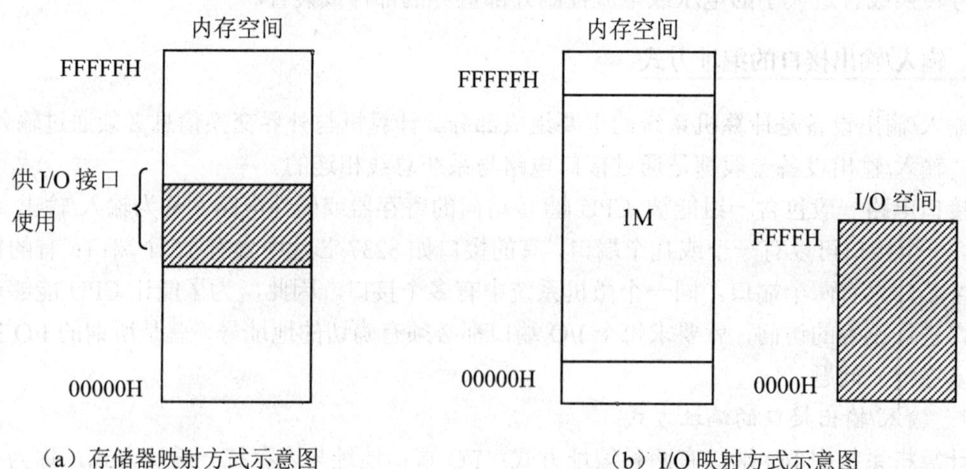

（a）存储器映射方式示意图　　（b）I/O 映射方式示意图

图 8-1　I/O 映射方式和存储器映射方式的示意图

2. Intel ×86CPU 中的端口访问

在 PC 系列机中，I/O 端口与存储器分开单独编址。采用专门的输入/输出指令寻址 I/O 端口。

（1）8086/8088 采用 IN 和 OUT 指令访问端口。

（2）80286 和 80386/80486 还支持 INSB/INSW 和 OUTSB/OUTSW 指令访问端口。

80286、80386/80486 引入了 I/O 端口直接与内存之间的数据传送指令：INSB/INSW 和 OUTSB/OUTSW 指令。

若在 INSB/INSW 和 OUTSB/OUTSW 指令前加上重复前缀 REP 时，则在 I/O 端口与 RAM 存储器之间可进行成批的数据传送。

3. I/O 端口地址译码

设计接口电路的关键是根据接口所配置的地址范围，将地址信息和一部分控制信息通过 I/O 地址译码电路产生相应的 $\overline{CS}$（片选择）信号。

在设计接口卡之前必须了解机器的 I/O 端口地址配置情况，下面对 PC 机的端口配置情况作一简单介绍：

PC 机用 A_9～A_0 这十根地址线寻址 I/O 端口，即可寻址端口为 2^{10}=1024 个。低端 512 个（0000H～01FFH）供系统板电路使用；高端的 512 个（0200H～03FFH）供扩展插槽使用。即 A_9=0 时，表示供系统板使用；当 A_9=1 时，表示供扩展插槽使用。因此，用户在设计接口卡时，必须使地址译码电路中的 A_9=1。

在以上的 1024 个地址中，有些已被系统占用，有些被已配置的端口卡使用，还有一些被保留作今后的开发使用，最后才是留给用户使用的 I/O 地址。一般用户可以使用 300H～31FH 地址，它是留作实验卡用的。PC 机地址使用情况如表 8-1 和表 8-2 所示。

表 8-1 PC/XT 机系统板配置的端口地址

地址范围	I/O 接口名称
000H～01FH	DMA 控制器
020H～03FH	中断控制器
040H～05FH	定时器 8253/8254
060H～07FH	并行接口芯片 8255
0A0H～0BFH	NMI 屏蔽寄存器
080H～09FH	DMA 页面寄存器

表 8-2 PC/XT 机适配器控制卡的端口地址

地址空间	I/O 控制卡名称	地址空间	I/O 控制卡名称
200H～20FH	游戏卡	3A0H～3AFH	同步通信卡 1
210H～21FH	扩展器/接收器	380H～38FH	同步通信卡 2
370H～37FH	并行口控制卡 1	3B0H～3BFH	单显 DMA/打印机卡
270H～27FH	并行口控制卡 2	3D0H～3DFH	彩显 CGA
3F8H～3FFH	串行口控制卡 1	3C0H～3CFH	彩显 EGA/VGA
2F0H～3FFH	串行口控制卡 2	3F0H～3F7H	软驱控制卡
300H～31FH	试验板	320h～32FH	硬驱控制卡

I/O 端口译码时，根据不同的场合采用不同的译码方式。

（1）当接口电路的 I/O 端口固定不变时，采用固定式译码电路。

若 I/O 接口电路只有一组 I/O 端口地址，即只需一个片选信号，此时可以采用门电路构成译码器；相反，若 I/O 接口电路配有多组 I/O 端口地址，也就是说，I/O 接口电路需要多个片选信号，则可以采用专用的译码电路实现。

1）门电路译码。门电路译码，即由门电路组成的端口译码电路。如图 8-2 所示的电路，可译出端口 0～2E0H 或 0～2E1H，图中对高位地址 A_9～A_1 进行译码，AEN 参加译码，当 AEN=0 时，即非 DMA 周期时，译码器才能译码输出有效的 CS 信号；避免在 DMA 周期时由 DMA 控制器对这些 I/O 端口进行读写。

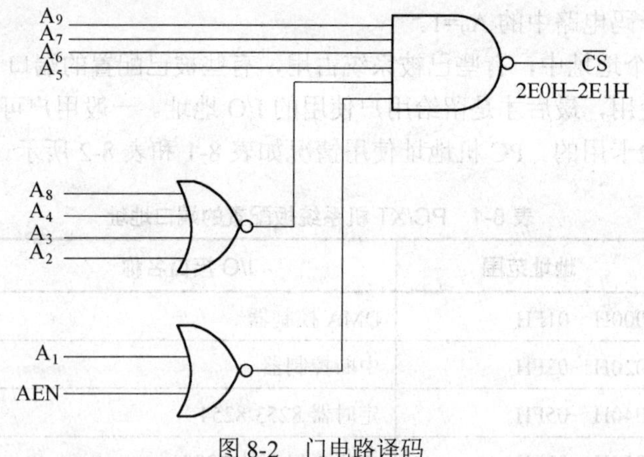

图 8-2　门电路译码

2）专用译码器译码电路。专用译码器有多种型号，如：3-8 译码器 74LS138、双 2-4 译码器 74LS139、4-16 译码器 74LS154 等。图 8-3 所示为 PC/XT 机系统板中 I/O 接口电路的选通信号产生电路，它采用 3-8 译码器 74LS138。74LS138 有三个控制端 G1，$\overline{G2A}$，$\overline{G2B}$，只有当 G_1=1，$\overline{G2A}=\overline{G2B}$=0 时，才允许对输入 A、B、C 进行译码。图示电路根据 A_5、A_6、A_7 三根输入信号的状态译码，使 $\overline{Y_0}$ ～ $\overline{Y_7}$ 八个输出中的一个为低电平，从而选中某个端口。图中 AEN 参与译码，只有当 AEN=0 时，即在非 DMA 周期时才允许译码输出。

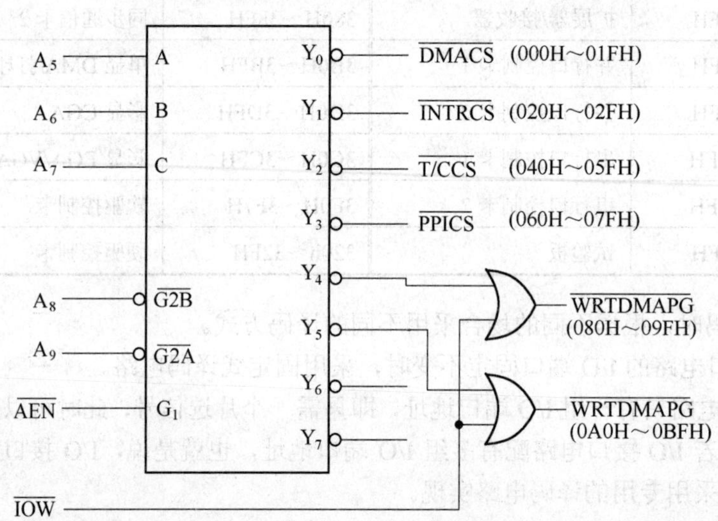

图 8-3　PC/XT 机系统板 I/O 接口电路的片选信号的产生电路

（2）当端口地址需根据不同的场合而改变时，采用可选式译码电路。

可选式译码电路，可以采用跳线或多路开关使译码电路在不同的场合输出不同的片选信号。如图 8-4 所示为 PC 机的通信口适配卡上的译码电路。当跳线 J_{10} 接通时，地址范围在 2F8H～

2FFH，是通信口 2 的译码器连接；当跳线 J_{12} 接通时，地址范围在 3F8H～3FFH，是通信口 1 的译码器连接。通信口卡的电路结构完全一致。不同编号的通信口只要改变跳线即可。

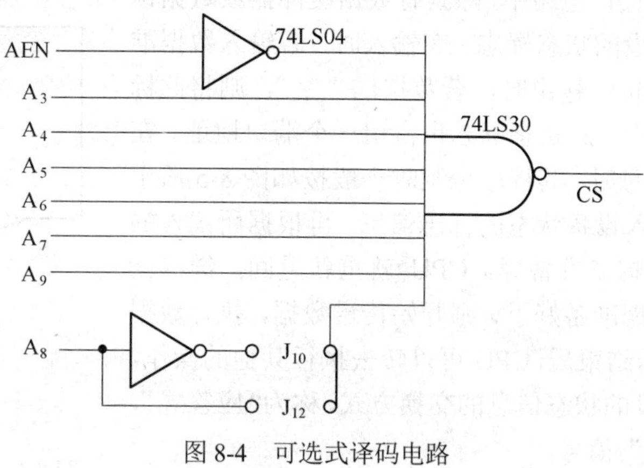

图 8-4 可选式译码电路

8.1.3 CPU 和外部设备的数据传输的同步控制方式

外部设备与微机之间的信息传送，实际上是 CPU 与接口之间的信息传送。它们之间的信息传送的同步控制方式有程序控制方式、中断传送方式、直接存储器访问（DMA）方式和 I/O 处理机方式。

1. 程序控制方式

程序控制方式又可分为无条件传送方式和查询方式两类。

（1）无条件传送方式。

无条件传送方式是一种最简单的输入/输出控制方式。该方式认为外设始终是准备好的，能随时提供数据，一般适用于经过较长时间间隔数据才有显著变化的情况。这时无须检查端口的状态，就可以立即采集数据。这时的端口不需加锁存器而直接用三态缓冲器与系统总线相连。

实现无条件输入/输出的方法是：在程序的适当位置直接安排 IN/OUT 指令，当程序执行到这些输入/输出指令时，外部设备的数据早已准备好，可以在执行当前指令时完成接受/发送数据的全过程。当外部设备是输出设备时，一般要求接口有锁存能力，即要求将 CPU 输出的数据在输出设备接口电路中保持一段时间。

无条件传送方式的接口电路和控制程序都比较简单。但应当注意：输入时，必须确保当 CPU 读取数据时（执行 IN 指令时），外设已将数据准备好；输出时，当 CPU 执行 OUT 指令时，必须确保外部设备的数据锁存器为空，即外设已将上次送来的数据取走。否则会导致数据传送出错。

（2）查询传送方式。

由于 CPU 与 I/O 设备的工作往往是异步的，这就很难保证当 CPU 输入时，外设已准备好数据；当输出时，外设的数据锁存器是空的。因此，在 CPU 传送数据前，应去查一下外设的状态，若外设准备好，就进行数据传送，否则，CPU 就等待。

这种传送方式的接口电路中，除具有数据缓冲器或数据锁存器外，还应具有外设的状态标志。在输入时，若输入数据准备好，则将此标志置位；输出时，若数据已“空”，则将此标志置位。在接口电路中，此状态标志也占用一个端口地址。在使用查询方式传送信息时，其程序编制时一般按如图 8-5 所示的流程进行。即先读入设备状态的标志信息，再根据所读入的信息进行判断，若数据未准备好，CPU 就重新返回，继续读入状态字等待；若数据准备好了，则开始传送数据，执行数据传送的 I/O 指令。传送结束后，CPU 可以转去执行其他的操作。

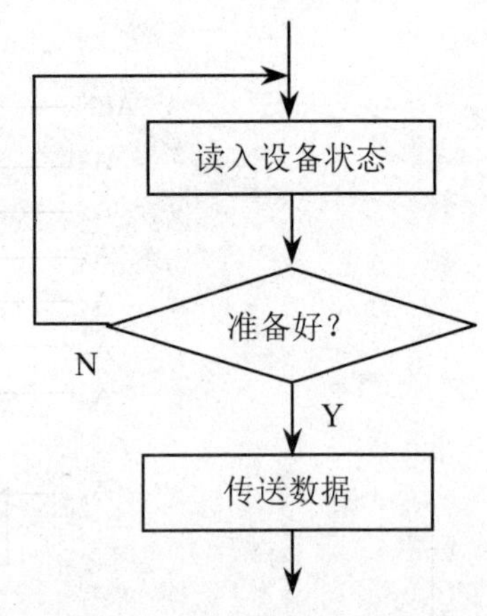

图 8-5　查询传送方式控制流程

这种 CPU 与外设的状态信息的交换方式，称为“应答式”，状态信息称为“联络”信号。

查询方式的优点在于：能较好地协调高速 CPU 与慢速外设的时间匹配问题；缺点是，当 CPU 与中慢速外部设备交换数据时，CPU 需不断去查询外设的状态，这将占用 CPU 较多的时间，使 CPU 真正用于传送数据的时间很少。

因为读入的状态信息一般是一位的，不同的外设的状态信息可以使用相同的端口地址，只要使用不同的位就行。假设读入的状态信息如图 8-6 所示，接口电路中的状态端口地址为：STATUS_PORT，数据端口为：DATA_PORT，则查询部分的程序如下。

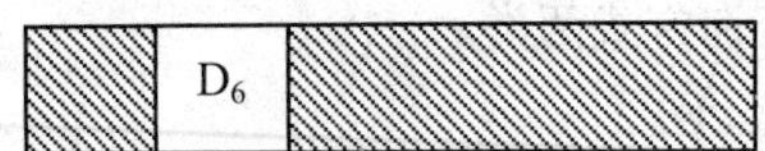

（a）输入时的状态信息　　（b）输出时的状态信息

图 8-6　查询式传送时读入的状态信息

输入时：

```
POLL: IN    AL，STATUS_PORT    ；从状态端口读入状态信息
      TEST  AL，40H            ；判断数据是否准备好，即 READY；是否为 1
      JZ    POLL               ；未准备好，则循环等待
      IN    AL ，DATA_PORT     ；准备好，则输入数据
```

输出时：

```
POLL: IN    AL，STATUS_PORT    ；从状态端口读入状态信息
      TEST  AL，80H            ；判断外设数据锁存器是否为空 BUSY 是否为 1
      JNZ   POLL               ；忙，则循环等待
      MOV   AL，DATA           ；要输出的数据送 AL 寄存器
      OUT   DATA_PORT，AL      ；空，则输出数据
```

2. 中断传送方式

查询方式除具有如上所述占用CPU时间多的缺点外，它的另一个缺点是难于满足实时控制的需要。因为在查询方式下，CPU处于主动地位，而外设处于消极被查询的被动地位。而在一般实时系统中，外设要求CPU为它的服务是随机的。这就要求外设有主动申请CPU服务的权力。此时，可以采用中断传送方式。

3. 直接存储器访问（DMA）方式

（1）DMA（Direct Memory Access）的基本概念。

DMA，即直接存储器存取，是一种快速传送数据的机制。主要用于需要大批量高速度数据传输的场合。

中断传送方式在一定程度上增加了慢速外设和高速CPU的并行性，提高了CPU的利用率。但是采用中断方式，每进行一次I/O操作都需CPU暂停执行当前的程序，保存断点，把控制权转移到优先权最高的I/O中断服务程序。在中断服务程序中，要有保护现场和恢复现场的操作，浪费了CPU的时间。另外，中断方式下，数据的输入/输出都必须经过CPU中的AX寄存器中转，因此，当高速外设和CPU传送数据时，采用中断传送方式速度就显得太慢了。基于以上原因，提出了数据在I/O接口与存储器之间的传送，不经过CPU的干预，而是在专用硬件DMAC（DMA控制器）的控制下实现内存与外设，或外设与外设之间的直接快速数据传送，减轻了CPU的负担。通过计算机对DMA控制器编程，并用一个适配器上的ROM（如软盘驱动控制器上的ROM）来存储程序，这些程序控制DMA传送数据。一旦控制器初始化完成，数据开始传送，DMA就可以脱离CPU，独立完成数据传送。DMA133芯片如图8-7所示。

图8-7 DMA133芯片

DMA方式传送路径和程序控制下数据传送的路径比较如图8-8所示。

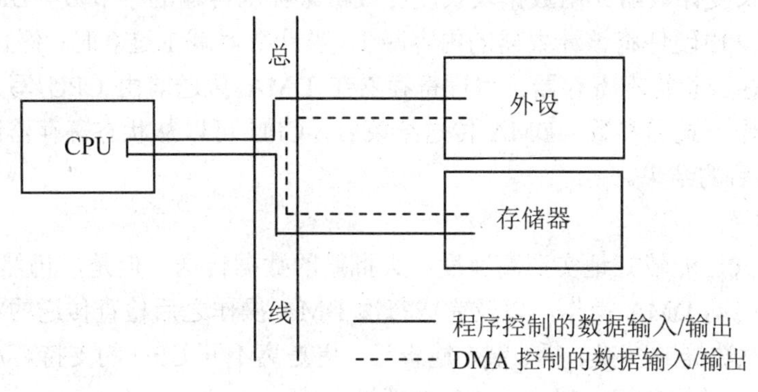

图8-8 DMA方式传送路径

（2）DMA 数据传送的基本过程。

采用 DMA 方式传送数据，是在完全脱离 CPU 控制的情况下进行的。这时，DMAC 作为存储器和 I/O 设备之间实现高速传送控制的专用处理器，而且 DMAC 要使用地址总线发送地址信息，利用数据总线传送数据，利用控制总线发布读或写命令。在 DMA 方式传送数据时，外设处于主动地位。传输的过程是从外设准备好数据并向 DMAC 发出传送请求信号开始的。传输的基本过程如下：

1）外设准备好数据后向 DMAC 发出 DMA 传送请求信号（DREQ）。

2）DMAC 经过内部的判优和屏蔽处理后，向总线仲裁机构发出总线请求信号（HRQ），请求占用总线。经总线仲裁机构裁决后，使 CPU 出让总线的控制权（地址、数据、读写控制信号等呈高阻状态），并向 DMAC 发出总线响应信号（HLDA）通知 DMAC。

3）DMAC 接到 HLDA 信号后，接管总线的控制权，成为总线的主控者。

4）DMAC 向外设发出 DMA 应答信号（DACK）并将被访问存储单元地址送地址总线，向存储器和进行 DMA 传送的外设发出读写命令，开始 DMA 传送。

5）DMA 传送结束，DMAC 向外设发出 $\overline{EOP}$ 信号，并撤消对 CPU 的总线请求，交回系统总线的管理和控制权。

在 DMA 传送期间，HRQ 信号一直有效，HLDA 信号一直有效，直至 DMA 传送结束。

（3）DMA 控制器的功能结构。

由于 DMA 传送数据是在没有 CPU 的干预下进行的，DMAC 应该具有独立的对存储器和 I/O 端口的存取数据的能力。因此，DMAC 应具备以下功能：

1）总线控制功能。当系统将总线的控制权交给 DMAC 时它应能对总线进行控制；当 DMA 传送结束时，DMAC 应能将总线的控制和使用权交还给 CPU。

2）具有用于提供交换数据地址的地址寄存器。交换数据需要源地址和目的地址。因此，DMAC 内部应有源地址和目的地址寄存器，并且这些寄存器的内容可以由硬件实现自动加 1 或减 1 的功能。

3）具有数据块长度计数器。用数据块长度计数器来控制传输的字节数。DMA 传送过程中，每传送一次数据，由硬件将该计数器的内容减 1，当计数器减 1 过 0 时，停止 DMA 传送。

4）具有编程寄存器和状态寄存器。编程寄存器在 DMA 传送前由 CPU 写入，用于选择 DMA 传送所需的工作方式和参数。DMA 传送结束后，CPU 可以从状态寄存器读取状态字，以便了解 DMA 传送后的结果。

4. I/O 处理机方式

虽然，DMA 方式已能较好地实现高速度、大批量的数据传送，但是，仍然需要 CPU 对 DMA 进行初始化，启动 DMA 操作，以及完成每次 DMA 操作之后检查传送的状态等。对于 I/O 数据的处理，如对数据的变换、拆、装、检查等，更是离不开 CPU 的支持。为了能让 CPU 进一步摆脱 I/O 数据传送的负担，提出了 I/O 处理机方式。

这种方式下，采用专门的 I/O 协处理器，它不仅能控制数据的传送，而且，还可以执行算术逻辑运算、转移、搜索和转换。当 CPU 需要进行 I/O 操作时，它只要在存储器中建立一个信息块，将所需要的操作和有关的参数按照规定列入，然后通知 I/O 协处理器来读取。协处理器读得控制信息后，能自动完成全部的 I/O 操作。在这种系统中，所有的 I/O 操作都是以块为单位来进行的。

8.2 常用微机外部实用接口

计算机中的外设都是通过主板进行连接的，所以在一块主板中会存在各种各样的外设接口，如键盘、鼠标接口、打印机接口、USB 接口和 IEEE 1394 火线接口、网线接口，以及音视频输出/输入接口等。如图 8-9 所示。

图 8-9　主板外部接口

下面简单介绍几种主板上常用的外部实用接口。

8.2.1 USB 接口

USB（Universal Serial Bus），如果按中文直接翻译就是“通用串行总线”接口，如图 8-10 所示。它是一种串行总线系统，带有 5V 电压，可以独立供电，支持即插即用功能，支持热插拔功能，最多能同时连入 127 个 USB 设备，由各个设备均分带宽。USB 接口是现在最为流行的接口，USB 接口研发于 1994 年，由 康柏、IBM、Intel 和 Microsoft 共同推出，旨在统一外设如打印机、外置 Modem、扫描仪、鼠标等的接口，以便于安装使用，取代以往的串口、并口和 PS/2 接口。目前的 USB 接口有 USB 2.0 和 USB 1.1 两种速度传输标准。其中 USB 1.1 的传输速度为 12Mbps/s，而 USB 2.0 的传输速度已经达到了 480MBps/s。

图 8-10　USB 接口

8.2.2 PS/2 串行接口

PS/2 接口是目前最常见的鼠标接口，最初是 IBM 公司的专利，俗称“小口”，如图 8-11 所示。PS/2 通信协议是一种双向同步串行通信协议。这是一种鼠标和键盘的专用接口，是一种 6 针的圆型接口。但鼠标只使用其中的 4 针传输数据和供电，其余两个为空脚。PS/2 接口的传输速率比 COM 接口稍快一些，是 ATX 主板的标准接口，是目前应用最为广泛的鼠标接口之一，但仍然不能使高档鼠标完全发挥其性能，而且不支持热插拔。在 BTX 主板规范中，这也是即将被淘汰的接口。

图 8-11 PS/2 接口

需要注意的是，在连接 PS/2 接口鼠标时不能错误地插入键盘 PS/2 接口（当然，也不能把 PS/2 键盘插入鼠标 PS/2 接口）。一般情况下，符合 PC99 规范的主板，其鼠标的接口为绿色、键盘的接口为紫色，另外也可以从 PS/2 接口的相对位置来判断：靠近主板 PCB 的是键盘接口，其上方的是鼠标接口。

8.2.3 COM 串行接口

目前大多数主板都提供了两个 COM 接口（如图 8-12 所示），分别为 COM1 和 COM2，作用是连接串行鼠标和外置调制解调器等设备。COM1 口的 I/O 地址是 03F8h-03FFh，中断号是 IRQ4；COM2 口的 I/O 地址是 02F8h-02FFh，中断号是 IRQ3，可见 COM2 口比 COM1 口的响应具有优先权。在早期的 PC 中基本都采用 COM 口的鼠标，但随着 PS/2 和 USB 接口的盛行，COM 口技术即将被更新或者淘汰。

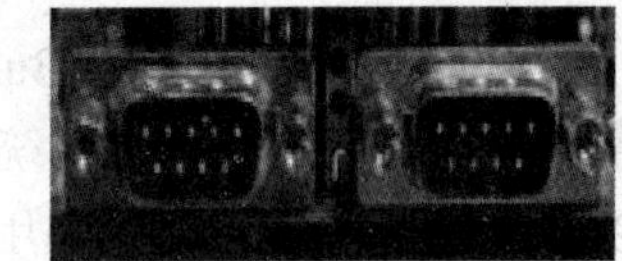

图 8-12 COM 口

8.2.4 LPT 并行接口

LPT 并行接口一般用来连接打印机或扫描仪（如图 8-13 所示）。其默认的中断号是 IRQ7，采用 25 脚的 DB-25 接头。并口的工作模式主要有三种：

1）SPP 标准工作模式。SPP 数据是半双工单向传输，传输速率较慢，仅为 15KB/s，但应用较为广泛，一般设为默认的工作模式。

图 8-13 LPT 接口

2）EPP 增强型工作模式。EPP 采用半双工双向数据传输，其传输速度比 SPP 高很多，可达 2MB/s，目前已有不少外设使用此工作模式。

3）ECP 扩充型工作模式。ECP 采用双向全双工数据传输，传输速率比 EPP 还要高一些，但支持的设备不是很多。

8.2.5　IEEE 1394 串行接口

1987 年，Apple 公司在 SCSI 口的基础之上推出了一种高速串行总线——Fire Wire，希望能取代并行的 SCSI 总线。后来 IEEE 联盟在此基础上制定了 IEEE 1394 标准（SONY 称为 i.Link），常称为“火线接口”。如图 8-14 所示。

图 8-14　IEEE 1394 接口

IEEE 1394 采用菊花链式配置，也允许采用树形结构配置。IEEE 1394 总线也需要一个主适配器和系统总线相连。通常我们将主适配器及其端口称为主端口。主端口是 IEEE 1394 总线树形配置结构的根节点。一个主端口最多可连接 63 台设备，这些设备称为节点，它们可构成亲子关系，两个相邻节点之间的线缆最长为 4.5m，但两个节点之间进行通信时中间最多可经 15 个节点的转接再驱动，因此通信的最大距离是 72m，线缆不需要终端器。

与 USB 不同的是，IEEE 1394 标准接口结构的所有资源都是以统一存储编址形式，并用存储变换方式识别，实现资源配置和管理。因此从这种意义上来说，IEEE 1394 可以看做等同于 PCI 总线的总线体系结构。此外与 USB 相比，IEEE 1394 具有支持同步和异步传输的特点。异步传输是传统的传输方式，它在主机与外设传输数据的时候，不是实时地将数据传给主机，而是强调分批地把数据传出来，数据的准确性却非常高，这是它的主要特点。而同步传输则强调其数据的实时性，利用这个功能设备可以将数据直接通过 IEEE 1394 的高带宽和同步传输直接传到计算机上，从而少了以往的昂贵缓冲设备。这也是数码摄像机一直采用 IEEE 1394 作为标准接口的原因之一。

目前 IEEE 1394 只有两种规格。一种是 IEEE 1394a，是目前的主流规格，主要支持两种模式——机箱后板 Backplane 模式和电缆 Cable 模式，其中 Backplane 模式只支持 12.5Mbps、25Mbps 或 50Mbps 的传输速率，而 Cable 模式则提供 100Mbps、200Mbps 和 400Mbps 的传输速率。不过，IEEE 1394 的传输速度是遵守从低原则：由于其在同一网络里数据可以使用不同的速率进行交换，但如果两个传输速率为 400Mbps 的设备中间加入了一个 200Mbps 的设备，数据的传输速度则会以 200Mbps 为准。另一种是 IEEE 1394b，这是为下一代 PC 所制订的标准，它将由 IEEE 1394a 的 400Mbps 直接扩大到 800Mbps 和 1600Mbps，如果使用光纤的话，最高传输速率提高到了 3.2Gbps。此外，与 IEEE 1394a 相比，IEEE 1394b 使用连接距离达到 100m（注意：这要以降低传输速率为代价，此时传输速率将减低到 100MB/s）及提供内部设备供电解决方案。除此之外，IEEE 联盟在 IEEE 1394b 规格中又引入了一种称为最优模式 Betamode 的新物理层配置，用来提高 IEEE 1394b 系统的管理能力。

IEEE1394 接口目前传输速率最高可达 720Mbps。适合连接高速的设备，如数码相机等。当设备间采用树形或菊花链连接时，可同时支持 63 个外设工作，一般的 1394 接口通过一条 6 芯的电缆与外设连接，也有的用 4 芯电缆。6 芯电缆和 4 芯电缆的区别在于：6 芯电缆随机提供电源，而 4 芯电缆不提供电源。该接口也是未来的一个发展方向，目前已有部分设备加入了对它的支持。

8.2.6 MIDI 专用接口

声卡的 MIDI 接口和游戏杆接口是共用的（如图 8-15 所示）。接口中的两个针脚用来传送 MIDI 信号，可连接各种 MIDI 设备，如电子键盘等。对于绝大多数声卡，在连接 MIDI 设备时需要向声卡的制造商另外购买一条 MIDI 转接线，包括两个圆形的 5 针 MIDI 接口和一个游戏杆接口，由于它们的信号是分离的，所以游戏杆和 MIDI 设备可以同时使用。

图 8-15　MIDI 接口

8.2.7 SCSI 接口

SCSI 控制器相当于一块小型 CPU，有自己的命令集和缓存，能够处理大部分工作，从而减轻中央处理器的负担（降低 CPU 占用率）。SCSI 接口的速度、性能和稳定性都非常出色，但价格也要贵一些，主要面向服务器和工作站市场。SCSI 是一种连接主机和外围设备的接口，支持包括硬盘、光驱、扫描仪等在内的多种设备。SCSI 有串行和并行两类，如图 8-16 所示。

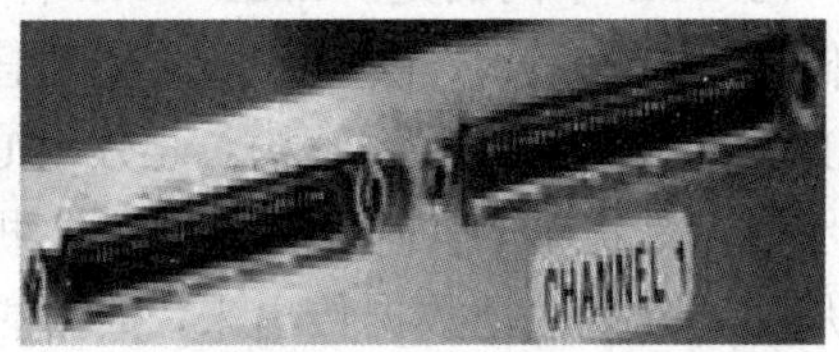

图 8-16　SCSI 接口

8.2.8 VGA 专用接口

VGA（Video Graphics Array）接口，也叫 D-Sub 接口，如图 8-17 所示。VGA 接口是显卡输出模拟信号的接口，虽然液晶显示器可以直接接收数字信号，但很多低端产品为了与 VGA 接口显卡相匹配，因而采用 VGA 接口。VGA 接口是一种 D 型接口，上面共有 15 针孔，分成三排，每排 5 个。VGA 接口是显卡上应用最为广泛的接口类型，绝大多数的显卡都带有此种接口，如图 8-18 所示。

图 8-17　VGA 接口

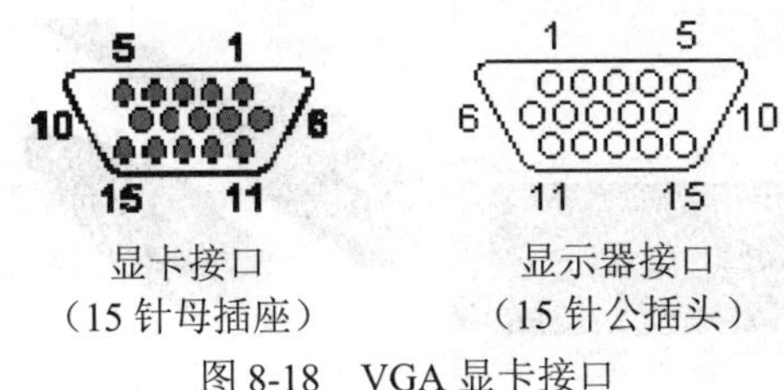

图 8-18　VGA 显卡接口

目前大多数计算机与外部显示设备之间都是通过模拟 VGA 接口连接，计算机内部以数字方式生成的显示图像信息，被显卡中的数字/模拟转换器转变为 R、G、B 三原色信号和行、场同步信号，信号通过电缆传输到显示设备中。对于模拟显示设备，如模拟 CRT 显示器，信号被直接送到相应的处理电路，驱动控制显像管生成图像。而对于 LCD、DLP 等数字显示设备，显示设备中需配置相应的 A/D（模拟/数字）转换器，将模拟信号转变为数字信号。在经过 D/A 和 A/D 两次转换后，不可避免地造成了一些图像细节的损失。这是 VGA 接口应用于连接液晶显示设备的弱点。

8.2.9　DVI 专用接口

DVI（Digital Visual Interface）接口与 VGA 都是计算机中主要用于显示器信号传输的最常用的接口（如图 8-19 所示）。与 VGA 不同的是，DVI 可以传输数字信号，不用再经过数模转换，免除显卡到显示器之间传统的两次数/模转换，避免信号损失，所以画面质量非常高。目前，很多高清电视上也提供了 DVI 接口。需要注意的是，DVI 接口有多种规范，常见的是 DVI-D（Digital）和 DVI-I（Integrated）。DVI-D 只能传输数字信号，可以用它来连接显卡和 LCD 液晶显示器。DVI-I 可在 DVI-D 和 VGA 之间相互转换。

图 8-20 所示是具有两个 DVI 接口的显卡。

图 8-19　DVI 接口

图 8-20　具有两个 DVI 接口的显卡

显卡从模拟信号转换为数字信号传输，显卡开发商允许两个视频接口同时使用；这就使显卡可以达到双头显示，连接两台显示器。

8.2.10　RJ-45 异步串行接口

RJ-45 接口通常用于数据传输，是异步串行接口，共有 8 芯做成，最常见的应用为网卡接口（如图 8-21 所示）。RJ-45 水晶根据线的排序不同分为两种，一种是白橙、橙、白绿、蓝、白蓝、绿、白棕、棕；另一种是白绿、绿、白橙、蓝、白蓝、橙、白棕、棕。

图 8-21　RJ-45 接口

8.2.11　S 视频端口

S 端口即 S-Video（Separate Video，二分量视频接口），如图 8-22 所示。它出现并发展于 20 世纪 90 年代后期，通常采用标准的 4 芯（不含音效）或者扩展的 7 芯（含音效）。S 端口连接采用 Y/C（亮度/色度）分离式输出，使用 4 芯线传送信号，接口为 4 针接口。接口中，两针接地因为分别传送亮度和色度信号，S 端子效果要好于复合视频。不过 S 端子的抗干扰能力较弱，所以 S 端子线的长度最好不要超过 7m。

图 8-22　S 端口

带 S-Video 接口的视频设备（譬如模拟视频采集/编辑卡电视机和准专业级监视器电视卡/电视盒及视频投影设备等）当前已经比较普遍，同 AV 接口相比由于它不再进行 Y/C 混合传输，因此也就无须再进行亮色分离和解码工作，而且由于使用各自独立的传输通道在很大程度上避免了视频设备内信号串扰而产生的图像失真，极大地提高了图像的清晰度，但 S-Video 仍要将两路色差信号（Cr、Cb）混合为一路色度信号 C 进行传输，然后再在显示设备内解码为 Cb 和 Cr 进行处理，这样多少仍会带来一定的信号损失而产生失真（这种失真很小但在严格的广播级视频设备下进行测试时仍能发现），而且由于 Cr、Cb 的混合导致色度信号的带宽也有一定的限制，所以 S-Video 虽然已经比较优秀但离完美还相去甚远，S-Video 虽不是最好的，但考虑到目前的市场状况和综合成本等其他因素，它还是应用最普遍的视频接口。

8.3　实用并行数据接口

按与外设数据的传送方式，输入/输出（I/O）控制接口又可分为并行 I/O 和串行 I/O 接口等；按通用性分，有专用接口和通用接口。这里，先讨论并行数据接口。

8.3.1 并行通信的概念

并行通信就是把一个字符的各数位用几条线同时进行传输，即将组成数据的各位同时传输。实现并行通信的接口就是并行接口。

CPU 和接口之间的信息传送总是并行的，即可同时传送 8 位、16 位、32 位甚至 64 位的数据。因此，“并行”口的并行含义不是指 CPU 与 I/O 接口之间的并行，而是指接口与 I/O 设备或被控对象一侧的并行。并行传输比串行传输快，但需要更多的传输线。

并行口可分为硬线连接的简单并行口和可编程接口。IDE 接口就是典型的并行数据接口。

8.3.2 简单并行口

当外设在与 CPU 交换数据之前就处于准备好了的情况下，CPU 与外设之间的并行数据传送并不需要信号线来进行同步。CPU 可以通过 I/O 接口随时读取外设的信息或向它们发出控制信号。这时的接口称为简单并行口，或称无条件传送方式接口。

1. 行输入

（1）稳定量的输入。

在输入量稳定的情况下（如 DIP 开关的状态输入），可以采用三态门直接读取。地址线经过 I/O 译码，产生片选信号，执行 IN 指令产生 RD 读信号，即可将输入设备的信息通过三态门送到数据总线。

（2）变化量的输入。

如果输入的量是不断变化的，可以在输入的三态门前加一级锁存器（常用 74LS374）将输入的数据锁存，再由 CPU 用 IN 指令读取数据即可。

对于变化量的输入，还可以用扫描的办法来读取。这种办法对于阵列式的多个开关量的输入尤为适合。例如：键盘键值的输入。

2. 行输出

由于微处理器的信息出现在总线上的时间很短，因此输出接口中要有数据锁存能力，将输出的数据保持足够长的时间，以便输出设备能够得到正确的数据。另外，当微机用于设备控制时，一般控制量需要保持一段时间直至下次给出新的控制量为止，在这种情况下，输出量也需要锁存。实际中常用带有三态缓冲器的 74LS373 作为并行输出接口。

3. 双向输入/输出接口

当 I/O 设备与 CPU 之间需要利用数据总线进行双向传送信息时，应该考虑 I/O 设备是信息的发送点，同时又是外设接收信息的接收点。实际中，常用双向缓冲器，使电路更简单。

以上所述为硬线连接的电路做为并行输入/输出接口，除此之外，还有专门的简单并行口芯片 8212，这里不做介绍。

8.3.3 8255A 可编程输入/输出接口

8255A 是一种适用于多种微处理器可编程的 8 位通用并行输入/输出接口芯片，可编程接口芯片的特点是无须改变硬件，仅通过编程，就可以改变电路的功能，使用灵活、通用性强。

1. 8255A 的结构框图

8255A 的结构框图如图 8-23 所示，从功能上来分，8255A 的结构可分为：总线接口电路、内部控制逻辑和输入/输出接口电路。

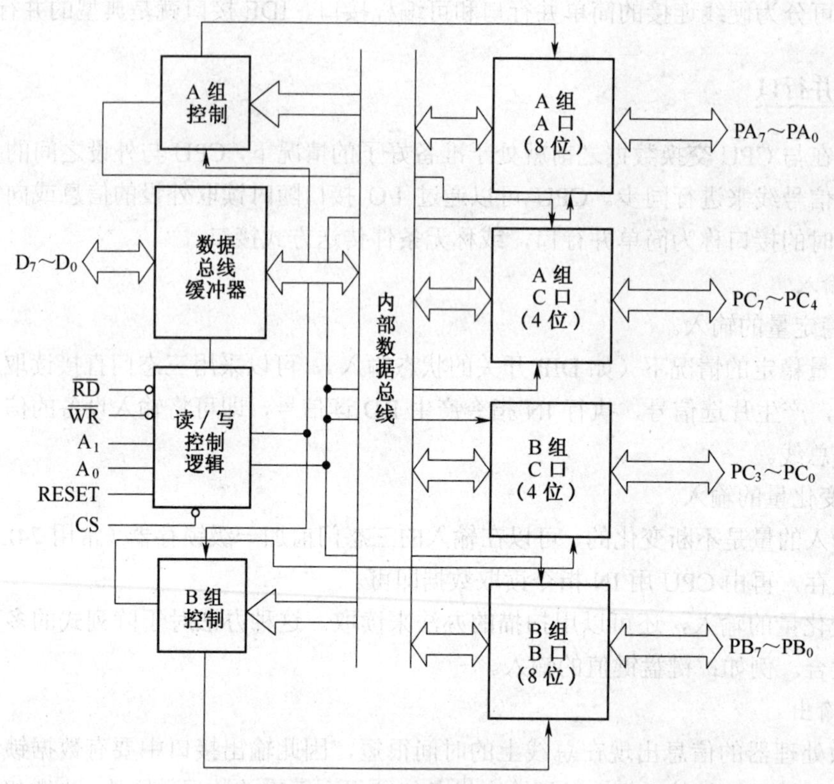

图 8-23 8255A 的结构框图

（1）总线接口电路。

这部分电路包括：数据总线缓冲器和读/写控制逻辑。

1）数据总线缓冲器。它是一个 8 位、双向、三态的数据总线缓冲器。它与 8 位数据总线（$D_7 \sim D_0$）连接。这个接口缓冲器是 8255A 与 CPU 之间的数据接口，所有 CPU 向 8255A 写入的控制字和数据，以及从 8255A 读取的状态信息、数据都是通过它传送的。

2）读写控制逻辑。它有 6 根线，接收由 CPU 送来的控制信号。这 6 根线为：

$\overline{CS}$：片选信号，决定是否选中 8255A。

$\overline{WR}$：写选通，控制 CPU 输出的数据或命令信号写到 8255A。

$\overline{RD}$：读选通，控制 8255A 送出数据或状态信息至 CPU。

A_0，A_1：端口选择信号，与 $\overline{RD}$ 和 $\overline{WR}$ 信号一起控制对三个端口和一个控制寄存器的选择。

Reset：复位线，使 8255A 复位，清除控制寄存器，并将所有端口置为输入方式。

（2）内部控制逻辑。

包括 A 组和 B 组控制，在它的内部有一个控制字寄存器，用来接收从 CPU 送来的控制字。控制字共 8 位，D_7～D_3 位在 A 组控制内，控制端口 A 和端口 C 的高 4 位的工作方式；D_2～D_0 位在 B 组控制中，控制端口 B 和端口 C 低 4 位的工作方式。它还可以接收来自 CPU 的命令字对 C 口的某位实现按位置位/复位。

（3）输入/输出接口电路。

系统通常利用它与外部设备相连。它包括 24 根外部接口线、输入缓冲器和输出锁存器及相应的控制逻辑。

8255A 共有三个 8 位的数据端口（A 口、B 口、C 口），其中 A 口、B 口各有一个 8 位输出锁存/缓冲器和一个 8 位数据输入锁存器，C 口有一个 8 位数据输出锁存/缓冲器、一个输入缓冲器（无锁存）。实际应用中，一般用 A 口、B 口做数据口，用 C 口做控制口。另外，C 口也可分成两个 4 位口用。即 C 口高 4 位和低 4 位。每个端口都有一个数据输入和一个输出寄存器。8255A 还有三种工作方式，可通过编程设定。

2. 8255A 的引脚说明

8255A 是 40 根引脚，双列直插式芯片。这些引脚可分成与外部设备连接的引脚和与 CPU 连接的引脚。引脚功能可查有关手册。

3. 8255A 的工作方式及应用

（1）方式 0 及其应用。

方式 0 是一种基本的输入/输出方式，这种方式可实现 CPU 与 I/O 接口间无条件传送和查询传送方式的数据传送。当 CPU 与外设查询方式传送数据时，一般将 A 口、B 口做为数据的输入/输出口，而 C 口上、下部分分别作为控制和状态信号。但是这时的控制、状态信号的作用是由用户编程设定的，而不是 8255A 定义好的。

当 8255A 工作在方式 0 时，4 个并行口（A、B、C 高、C 低）都能被指定为输入或者作为输出用，但同一个端口不能既做输入又做输出。

（2）方式 1 及其应用。

方式 1 是一种选通输入/输出方式，可以用来实现 CPU 与外设间的查询传送或中断传送。当 8255A 工作在方式 1 时，A 口、B 口传送数据，C 口的大部分引脚被指定为固定的专用应答线，有固定的时序关系。这时 8255A 有两个数据通道：

A 通道：包括端口 A（8 位数据端口）和一个 5 位的控制端口（PC_7～PC_3）。

B 通道：包括端口 B（8 位数据端口）和一个 3 位的控制端口（PC_2～PC_0）。

（3）方式 2 及其应用。

方式 2 是一种双向选通输入/输出方式。这种方式把 A 口做为双向输入/输出数据端口，用 C 口的 PC_7～PC_3 五根线作为专用应答线。方式 2 只有 A 口才有。

8.3.4 IDE 接口

1. IDE 接口

IDE 是 Integrated Device Electronics 的简称，是一种硬盘的传输接口，由 Compaq 和 Western Digital 公司开发，如图 8-24 所示。通常分为 IDE1 和 IDE2，IDE1 接硬盘，IDE2 接光驱。由于数据是并行传输的，也被称为并行 ATA（PATA）接口。

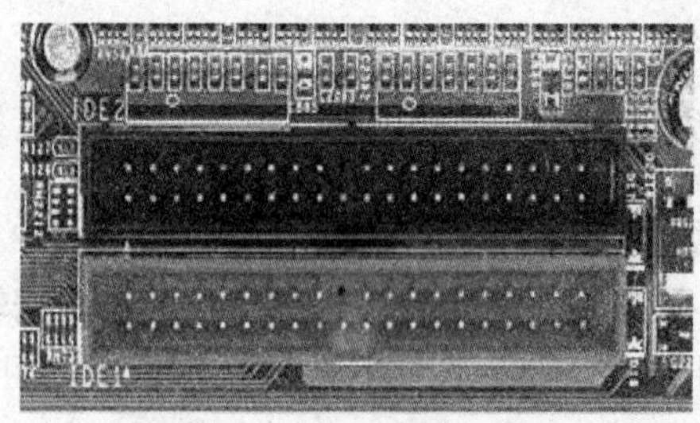

图 8-24　主板 IDE 接口

IDE 接口有两大优点：易于使用与价格低廉，问世后成为最为普及的磁盘接口。但是随着 CPU 速度的增快以及应用软件与环境的日趋复杂，IDE 的缺点也开始慢慢显现出来。图 8-25 所示为 IDE 接口引脚。

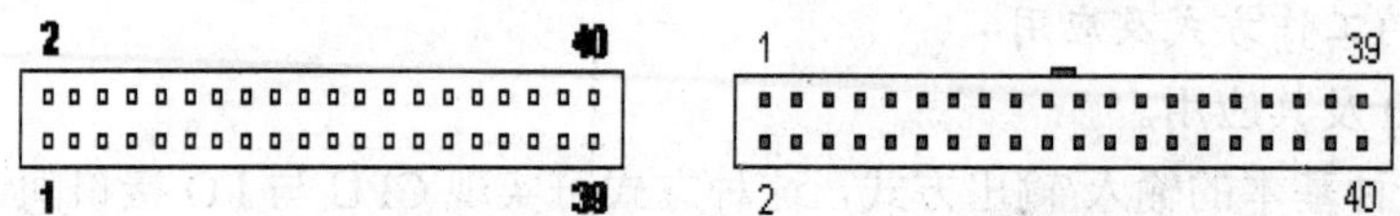

IDE 接口在设备和主板侧的外观为 40 脚插针

图 8-25　IDE 接口引脚

Enhanced IDE 就是 Western Digital 公司针对传统 IDE 接口的缺点，加以改进之后所推出的新接口的规格名称，而这个规格同时又被称为 Fast ATA，最高传输速度可高达 133MB/s（Ultra ATA/133）。Enhanced IDE 使用扩充柱面—磁头—扇区技术（Cylinder-Head-Sector，CHS）或逻辑库（Logical Block Addressing，LBA）寻址的方式，突破 528MB 的容量限制，可以顺利地使用容量达到数十 GB 等级的 IDE 硬盘。

所不同的是 Fast ATA 是专指硬盘接口，而 EIDE 还制定了连接光盘等非硬盘产品的标准。而这个连接非硬盘类的 IDE 标准，又称为 ATAPI 接口。

新版的 IDE 命名为 ATA 即（AT bus Attachment/Advanced Technology Attachment）接口，它的本意是指把控制器与盘体集成在一起的硬盘驱动器。通常我们所说的 IDE 指的是硬盘/光驱等存储设备的一种接口技术。而之后再推出更快的接口，名称都只剩下 ATA 的字样，像是 Ultra ATA、ATA/66、ATA/100 等。

2. IDE 接口数据传输模式

IDE 硬盘的传输模式有以下三种：PIO（Programmed I/O）模式、DMA（Direct Memory Access）模式、Ultra DMA（简称 UDMA）模式。

PIO（Programmed I/O）模式的最大弊端是耗用极大量的 CPU 资源。以 PIO 模式运行的 IDE 接口，数据传输率达 3.3MB/s（PIO mode 0）、16.6MB/s（PIO mode 4）不等。

DMA（Direct Memory Access）模式分为 Single-Word DMA 及 Multi-Word DMA 两种。Single-Word DMA 模式的最高传输率达 8.33MB/s，Multi-Word DMA（Double Word）则可达 16.66MB/s。

DMA 模式同 PIO 模式的最大区别是：DMA 模式并不过分依赖 CPU 的指令而运行，可达到节省处理器运行资源的效果。但由于 Ultra DMA 模式的出现和快速普及，这两个模式立即被 UDMA 所取代。

Ultra DMA 模式（简称 UDMA）是 Ultra ATA 制式下所引用的一个标准，以 16-bit Multi-Word DMA 模式作为基准。UDMA 其中一个优点是它除了拥有 DMA 模式的优点外，更应用了 CRC（Cyclic Redundancy Check）技术，加强了在数据传送过程中侦错及除错方面的效能。

自 Ultra ATA 标准推行以来，其接口便应用了 DDR（Double Data Rate）技术，传输的速度提升了一倍，目前已发展到 Ultra ATA/133 了，其传输速度高达 133MB/s

各种 IDE 标准都能很好地向下兼容，例如 ATA 133 兼容 ATA 66/100 和 Ultra DMA33，而 ATA 100 也兼容 Ultra DMA 33/66。

以上这些都是传统的并行 ATA 传输方式，现在又出现了串行 ATA（Serial ATA，SATA），其最大数据传输率更进一步提高到了 150MB/s，将来还会提高到 300MB/s，而且其接口非常小巧，排线也很细，有利于机箱内部空气流动从而加强散热效果，也使机箱内部显得不太凌乱。与并行 ATA 相比，SATA 还有一大优点就是支持热插拔。

8.4 串行数据接口

CPU 所处理的是并行数据（8 位、16 位、32 位、64 位），而有的外设只能处理串行数据，在这种情况下，接口就应具有数据“并—串”和“串—并”的变换功能。为此，在接口中设置了移位寄存器。

8.4.1 概述

1. 串行通信的概念

串行通信就是数据在一根传输线上一位一位地按顺序传送的通信方式。串行通信时，所有的数据、状态、控制信息都是在这一根传输线上传送的。这样，在通信时所连接的物理线路最少，也最经济，因而特别适合远距离的信息传输。

因为在串行通信中，数据线和控制线共用一条，所以，为了能识别串行传输的信息流中，哪一部分是数据信息，哪一部分是控制信息，收发双方必须有通信协议，或称规程（Protocol）。

根据以往的观点，并行接口因为能同时传送的数据较多（8 位、16 位、32 位），所以速度远比一位一位传输的串行通信要快。这在早期的数据传输速率低、相关设备也很简陋的情况下，显然是正确的。但是随着计算机外设接口速度的提高，人们发现，并行传送有它致命的缺陷。因为每一次并行传送的数据很难保证同时到达外设或接口，就像参加百米赛的运动员很难保证同时到达终点。在速度慢时，可以给并行的数据预留出较多的空闲时间，但在高速通信时，这一空闲时间必须要缩短，这就必然需要精确的时钟和更复杂的电路，结果就会造成成本的增加。因此，目前正在发展的诸多高速外设接口都采用串行方式传送数据。

2. 数据传输速率的单位

1）波特率。串行通信中，数据传输的速率是用波特率来表示的。所谓波特率是指每秒传送的离散状态的数量（每秒传送的信息位数）。

2）比特率。是指每秒传送的二进制位数。

通常情况下，波特率和比特率是相等的，但有些通信链路允许在给定时刻出现 n 种状态中的一种，这时，比特率是波特率的 $\log_2 n$ 倍。

计算机通信中常用的波特率是 110、300、1000、1200、2400、4800、9600 和 19200 波特。CRT 终端的传输速率为 9600 波特，而针式打印机的速率较低，一般为每秒数十到数百个字符。

3. 串行通信的连接方式

串行通信的连接方式有三种，分别是：单工、双工、半双工，如图 8-26 所示。

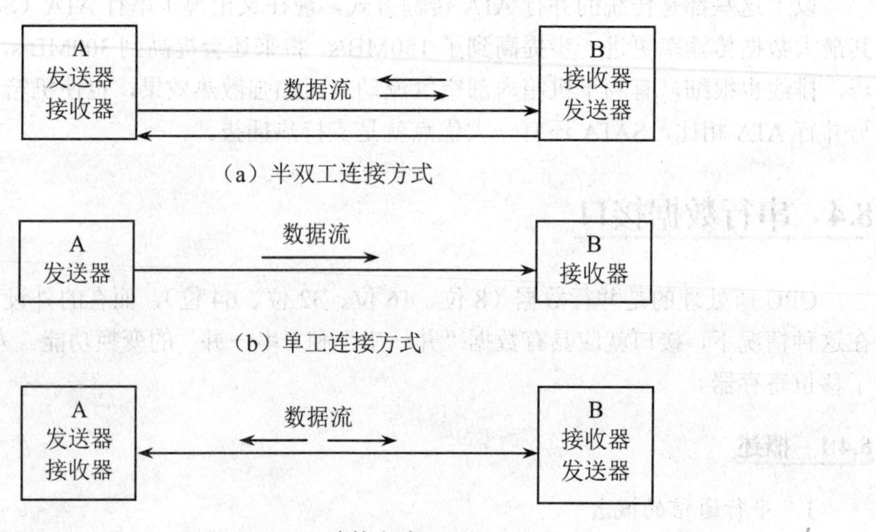

图 8-26 单工、双工、半双工连接示意图

（1）单工。

采用这种连接方式，数据只能单向传送。即若有 A、B 双方通信，则 A 只能发送数据，B 只能接收数据。数据只能从 A 传到 B，不能反向。这种连接方式就像是日常生活中电视节目的传送。

（2）半双工。

这种连接方式能交替地进行双向的数据传送。此时，由于采用一根传输线同时做输入和输出，因此，通信双方不能同时收发数据。即若 A、B 双方通信，某一时刻 A 做发送器，B 必须做接收器；另一时刻，B 做发送器，A 就必须做接收器。这种通信方式类似于“对讲机”之间的通信。

（3）双工。

采用这种连接方式，A、B 两站可以同时进行数据的发送和接收。即：数据的双向传输可以在同一时刻实现。这种方式类似于日常生活中的电话通话。打电话的双方可以同时说或听，也就是传送和接收声音信号。

8.4.2 串行接口标准 RS-232C

RS-232C 标准是美国 EIA（电子工业联合会）与 Bell 等公司一起开发，并于 1969 年公布的通信协议。它适合于数据传输速率在 0～20000 位/s 范围内的通信。作为一种标准，它现在已被广泛应用于计算机串行通信接口。

RS-232C 标准对串行通信接口的诸如：信号线的功能、机械特性、电气特性等都做了明确的规定。

1. 电气特性

RS-232C 在电气特性方面对电源、终端和逻辑电平都作了规定。

逻辑电平定义是：对数据，逻辑“1”（传号）的电平低于–3V，逻辑“0”（空号）的电平高于+3V；对控制信号，接通状态（ON 信号有效）的电平高于+3V，断开状态（OFF）的电平低于–3V。介于–3V 和+3V 之间的电压无意义，低于–15V 或高于+15V 的电压也认为无意义。

2. 机械特性

RS-232C 采用 DB-25 型 25 针连接器。DB-25 型连接器如图 8-27 所示。RS-232C 所能直接连接的最大物理距离为 30m，通信速率低于 20×1024 位/s。

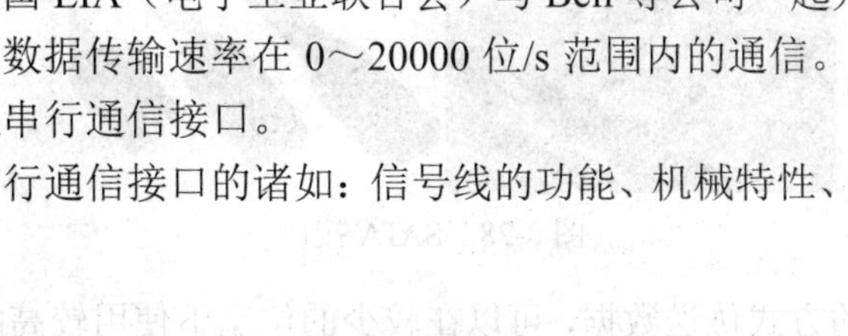

o o o o o o o o o o o o o
13 12 11 10 9 8 7 6 5 4 3 2 1
o o o o o o o o o o o o
25 24 23 22 21 20 19 18 17 16 15 14

图 8-27 DB-25 型连接器

3. RS-232C 的接口信号

RS-232C 标准规定了在串行通信时，数据终端设备 DTE（如微机）和数据通信设备 DCE（如 Modem）之间的接口信号。所谓“发送”和“接收”是从数据终端设备的角度来定义的。

8.4.3 SATA 接口

SATA 是 Serial ATA 的缩写，即串行 ATA，是英特尔公司在 2000 年 IDF（Intel Developer Forum，英特尔开发者论坛）上发布的将于下一代外设产品中采用的接口类型，如图 8-28 所示。它一改以往 ATA 标准的并行数据传输方式，而是以连续串行的方式传送资料。这样在同一时间点内只会有 1 位数据传输，此做法能减小接口的针脚数目，用 4 个针就完成了所有的工作（第 1 针发出、第 2 针接收、第 3 针供电、第 4 针地线），分别用于连接电缆、连接地线、发送数据和接收数据，同时这样的架构还能降低系统能耗和减小系统复杂性，相比 ATA 接口标准的 80 芯数据线来说，其数据线显得更加趋于标准化。为了防止插错，接口横截面是 L 型，所以反插是插不进的。

图 8-28　SATA 接口

SATA 以连续串行的方式传送数据，可以在较少的位宽下使用较高的工作频率来提高数据传输的带宽。

SATA 总线使用嵌入式时钟信号，具备了更强的纠错能力，与以往相比其最大的区别在于能对传输指令（不仅仅是数据）进行检查，纠错，大大提高了数据传输的可靠性。串行接口还具有结构简单、支持热插拔的优点。

与并行 PATA 相比，SATA 具有比较大的优势：

- 速度快。SATA 1.0 定义的数据传输率可达 150MB/s，这比目前最块的并行 ATA（即 ATA/133）所能达到 133MB/s 的最高数据传输率还高，而目前 SATA II 的数据传输率则已经高达 300MB/s。而且今后可能还会有进一步提高到 600MB/s 的数据传输率。
- 兼容性。SATA 规范保留了多种向后兼容方式，留下了足够的发展空间。在硬件方面，SATA 标准中允许使用转换器，转换器能把来自主板的并行 ATA 信号转换成 SATA 硬盘能够使用的串行信号；在软件方面，SATA 和并行 ATA 保持了软件兼容性，不必为使用 SATA 而重写任何驱动程序和操作系统代码。
- 接线简单。SATA 接线较传统的并行 ATA（Parallel ATA）接线要简单得多，而且容易收放，对机箱内的气流及散热有明显改善。而且，SATA 硬盘与始终被困在机箱之内的并行 ATA 不同，扩充性很强，即可以外置，外置式的机柜（JBOD）不但可提供更好的散热及插拔功能，而且更可以多重连接来防止单点故障；由于 SATA 和光纤通道的设计如出一辙，所以传输速度可用不同的通道来做保证，这在服务器和网络存储上具有重要意义。

表 8-3 给出了 SATA 接口传输规范。SATA 相较并行 ATA 可谓优点多多，将成为并行 ATA 的廉价替代方案。并且从并行 ATA 完全过渡到 SATA 也是大势所趋。相关厂商也在大力推广 SATA 接口，例如 Intel 的 ICH6 系列南桥芯片相较于 ICH5 系列南桥芯片，所支持的 SATA 接口从 2 个增加到了 4 个，而并行 ATA 接口则从 2 个减少到了 1 个；而 ICH7 系列南桥芯片则进一步支持了 4 个 SATA II 接口；下一代的 ICH8 系列南桥芯片则将支持 6 个 SATA II 接口并将完全抛弃并行 ATA 接口；其他主板芯片组厂商也已经开始支持 SATA II 接口；目前 SATA II 接口的硬盘也逐渐成为了主流；其他采用 SATA 接口的设备例如 SATA 光驱也已经出现。

表 8-3　SATA 接口传输规范

硬盘	西部数据 Raptor SATA		希捷 Cheetah 捷豹 SCSI	
rpm	10000		15000	
介质传输率 MTR	89		135	
寻道时间（ms）	4.6		3.5	
延迟（ms）	3		2	
	100 个 4KB 数据块	1 个 4KB 数据块	100 个 4KB 数据块	1 个 4KB 数据块
解码时间 decode（ms）	30	0.3	40	0.4
寻道时间 seektime（ms）	460	4.6	350	3.5
延迟 latency（ms）	300	3	200	2
传输时间 transfer（ms）	4.6	46.02	3.03	30.34
总时间（ms）	794.6	53.92	593.03	36.24
STR（MB/s）	0.5	74.18	0.67	110.37

8.4.4 SATA II 串口

1. 概述

SATA II 是在 SATA 的基础上发展起来的，如图 8-29 所示。其主要特征是外部传输率从 SATA 的 1.5Gbps（150MB/sec）进一步提高到了 3Gbps（300MB/sec），此外还包括 NCQ（Native Command Queuing，原生命令队列）、端口多路器（Port Multiplier）、交错启动（Staggered Spin-up）等一系列的技术特征。单纯的外部传输率达到 3Gbps 并不是真正的 SATA II。

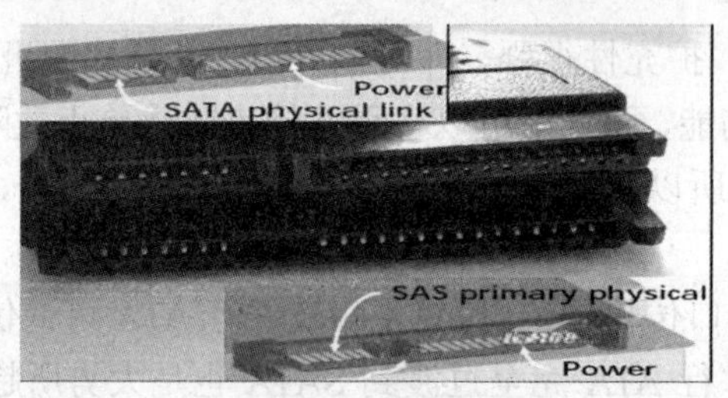

图 8-29　SATA-II 串口

2. SATA II 串口新技术

SATA II 的关键技术就是 3Gbps 的外部传输率和 NCQ 技术。

NCQ 技术可以对硬盘的指令执行顺序进行优化，避免像传统硬盘那样机械地按照接收指令的先后顺序移动磁头读写硬盘的不同位置，与此相反，它会在接收命令后对其进行排序，排序后的磁头将以高效率的顺序进行寻址，从而避免磁头反复移动带来的损耗，延长硬盘寿命。另外，并非所有的 SATA 硬盘都可以使用 NCQ 技术，除了硬盘本身要支持 NCQ 之外，也要求主板芯片组的 SATA 控制器支持 NCQ。此外，NCQ 技术不支持 FAT 文件系统，只支持 NTFS 文件系统。

注意，无论是 SATA 还是 SATA II，其实对硬盘性能的影响都不大。因为目前硬盘性能的瓶颈集中在由硬盘内部机械机构和硬盘存储技术、磁盘转速所决定的硬盘内部数据传输率上面，就算是目前最顶级的 15000 转 SCSI 硬盘其内部数据传输率也不过才 80MB/s 左右，更何况普通的 7200 转桌面级硬盘了。除非硬盘的数据记录技术产生革命性的变化，例如垂直记录技术等，目前硬盘的内部数据传输率难以得到飞跃性的提高。目前的硬盘采用 ATA 100 都已经完全够用了，之所以采用更先进的接口技术，是因为可以获得更高的突发传输率、支持更多的特性、更加方便易用以及更具有发展潜力。

8.5　微机内部总线接口

内部总线接口类型是指外设板卡（声卡/网卡/显卡）与主板连接所采用的接口种类。外设板卡的接口决定着外设与系统之间数据传输的最大带宽，也就是瞬间所能传输的最大数据量。不同的接口决定着主板是否能够使用此外设板卡，只有在主板上有相应接口的情况下，外设板卡才能使用，并且不同的接口能为外设板卡带来不同的性能。

目前各种 3D 技术和软件对外设板卡的要求越来越高，主板和外设板卡之间需要交换的数据量也越来越大，过去的外设板卡接口早已不能满足这样大量的数据交换，因此通常主板上都带有专门插外设板卡的插槽。假如外设板卡接口的传输速度不能满足显卡的需求，外设板卡的性能就会受到巨大的限制，再好的外设板卡也无法发挥其优势。外设板卡发展至今主要出现过 ISA、PCI、AGP、PCI Express 等几种接口，所能提供的数据带宽依次增加。其中 2004 年推出的 PCI Express 接口已经成为主流，以解决外设板卡与系统数据传输的瓶颈问题，而 ISA、PCI 接口的显卡已经基本被淘汰。

这些已在本书 5.3.2 节和 5.3.3 节中讨论过，在此不再赘述。

8.6 数/模、模/数转换器及其与 CPU 的接口

微型计算机多为数字型的，只能处理数字化的信息，而在实际应用中，以计算机为核心的微机控制系统、数据传感和测量、数字通信、混合计算等系统中，不可避免地会遇到数字量和模拟量的相互转换问题，即 A/D（模/数），D/A（数/模）转换问题。

8.6.1 数/模转换器及其与 CPU 的接口

数/模转换器用于把数字量转换成模拟量。由于实现这种转换的原理各不相同，而且实现的工艺技术也不尽相同，因而有多种 D/A 芯片。作为微机系统的设计者，应特别关心的是微机与数/模转换控制器（DAC）的接口、模/转数换控制器的（ADC）模拟输出特性，以及为使它们正常工作而外加的电路。为此，设计者必须了解 DAC 的性能。了解的第一步应是 DAC 的专业术语和参数。

1. D/A 芯片的性能参数和术语

1）分辨率。该参数表明 DAC 对模拟值的分辨能力，它是最低有效位所对应的模拟值，即 D/A 所能分辨的最小的电压增量。通常 DAC 能转换的二进制的位数越多，分辨率越高。若分辨率为 8 位，则它可给出满量程电压的 $1/2^8$ 的分辨能力。

2）转换时间。指数字量输入到完成转换，输出达到最终值并稳定为止所需的时间。

3）精度。DAC 的精度表明 DAC 的精确程度。它可分为绝对精度和相对精度。绝对精度是指在数字输入端加给定的代码时，在输出端实际测得的模拟输出值和应有的理想输出值之差。它是由 DAC 的增益误差、零点误差、线性误差和噪声等综合引起的。

4）线性误差和微分线性误差。线性误差有时称为非线性度。指 A/D 的实际转换特性（各数字输入值所对应的各模拟输出值之间的连线）与理想的转换特性之间的偏差。

微分线性误差：一个理想的 D/A，任意两个相邻的数字码所对应的模拟输出值之差应恰好是一个 LSB 所对应的模拟值。如果大于或小于 1LSB 就出现了微分线性误差。其差值就是微分线性误差值。

5）温度系数。用来说明 DAC 受温度变化影响的特性。通常是每变化 1℃所引起的模拟值变化的百万分数表示。

2. DAC 和微处理器接口中需要考虑的问题

理想的 D/A 芯片对于微处理器来说应该表现为一个简单的输出口或表现为一个只写存储单元。当它不需任何外加器件就可以直接与系统的地址、数据和控制总线相连时，我们才认为它是与 CPU 真正兼容。但实际上大多数转换器件必须外加缓冲器、地址译码器等才能与 CPU 系统相连。这时必须注意转换器件与 CPU 的接口问题。

DAC 的微处理器的接口实际就是 DAC 与系统的数据、地址、控制总线的连接问题。DAC

在与 CPU 接口之前，必须首先了解 DAC 芯片的输入/输出特性。包括：

- 输入缓冲能力。DAC 是否有输入寄存器或锁存器来保存输入来的数字量。
- 输入码制。DAC 能接受的数字输入码制，二进制、BCD 码或补码、偏移二进制。
- 输入数据的宽度。DAC 的输入数据有 8 位、10 位、12 位、14 位、16 位之分。
- DAC 是电流型还是电压型。即 DAC 的输出是电流还是电压。
- DAC 是单极性输出还是双极性输出。对一些需正负电压控制的设备，就要使用双极性 DAC。

在 DAC 与 CPU 接口时，应首先考虑的是数据锁存能力。DAC 与 CPU 连接时有三种形式：直接与 CPU 相连、通过外加三态门和数据锁存器与 CPU 相连以及通过并行口与 CPU 相连。这三种方式采用哪种应根据 DAC 芯片本身拥有锁存器的情况和 DAC 的分辨率和系统总线的位数来决定。当 DAC 内部有缓冲器，且 DAC 的分辨率小于等于系统数据总线的宽度时，可以将 DAC 与 CPU 直接相连；当 DAC 内部没有锁存器或 DAC 内部有一级锁存器且 DAC 的分辨率大于系统数据总线宽度时，必须外加锁存器或并行口才能与 CPU 相连。

当 DAC 的分辨率大于系统数据总线宽度时，输入给 DAC 芯片的数字量必须分几次送到 DAC，这就需多级锁存器将几次送来的数据锁存下来，一次送给 DAC，以消除由于多次传送而产生的尖峰。例如：当分辨率为 12 位的 D/A 与 8 位的微机系统相连时，数据必须分两次送到，这时就需有两级锁存器将两次送来的数据进行锁存，然后一次送给 DAC。这样可以防止在低 8 位数据输入后，高 4 位数据未输出前，DAC 产生错误的输出。

3. D/A 芯片简介

为了适应 D/A 芯片在微机控制和信息处理中的不同应用，各个厂家纷纷推出了各自的 D/A 芯片。常见的芯片的性能对比如表 8-4。

表 8-4　DAC 芯片介绍

芯片	参数						参数
	缓冲能力	分辨率	输入码制		电流型/电压型	输出极性	
			单极性	双极性			
DAC1408	无数据锁存	8 位	二进制	偏移二进制	电流型	单/双极性均可	价格便宜，性能低需外加电路
DAC0832	有二级锁存	8 位	二进制	偏移二进制	电流型	单/双极性均可	适用于多模拟量同时输出的场合
AD561	无锁存功能	10 位	二进制	偏移二进制	电流型	单/双极性均可	与 8 位 CPU 相连时必须外加两级锁存
AD7522	双重缓冲	10 位	二进制		电流型	单/双极性均可	具有双缓存易于与 8/16 位微处理器相连。有串行输入可与远距离微机相连使用

8.6.2 模/数转换器及其与 CPU 的接口

1. 采样、量化和编码

模拟量转换为数字量，一般要经过三个步骤：采样、量化和编码。

（1）采样。

被转换的模拟量在时间上是连续的，它有无限多个瞬时值。而模/数转换总是需要时间的，因此，不可能把任一瞬时的值都转换为数字信号。另一方面模拟信号的值的变化也是连续的、无限的，若要把它变为离散的、不连续的、有限的数字信号，必须在连续变化的模拟量上按一定的规律（周期的）取出其中的某一瞬时值来代表连续的模拟量，这个过程就是采样。

采样是通过采样器来实现的。采样器在控制脉冲的控制下，周期地把随时间连续变化的模拟信号转化为时间上离散的模拟信号。只有在采样瞬间，采样得到的值才和原来输入的信号的值相等。这样，样值点保留了，非样值点被舍去了。我们不禁要问，这样不会丢失信息吗？

为了保证采样不丢失信息，即采样后的离散信号能代替或能恢复原来的连续信号，采样必须遵循采样定理。采样定理：当采样器的采样频率 f_0 高于或至少等于输入信号最高频率 f_m 的两倍时，采样输出信号 f_s（t）能代表或能恢复成输入模拟信号 f（t）。

这里最高频率指包括干扰信号在内的输入信号经频谱分析后得到的最高频率分量。在实际应用中，一般取采样频率为最高频率的 4～8 倍。

（2）量化。

量化的过程是模/数转换的核心。那什么叫量化呢？举个例子，在日常生活中，我们用天平加一套砝码来衡量物体的重量，经过称量可以给出物体重量的数值。这就是把物体的重量量化了。因此，量化是以一定的量化单位（如例中的克、千克等），将数值上连续的模拟量通过量化装置（天平）转变为数值上离散的阶跃量的过程。用 q 表示量化单位的话，量化时，小于 q 的模拟量就会被舍去。通常为了减少误差。我们采用“四舍五入”的方法。这也就在量化过程中不可避免地出现了舍入带来的误差，这个误差是由于量化引起的，称为量化误差。

2. A/D 的性能参数和术语

ADC 的性能参数和术语与 D/A 的大同小异，下面只对其不同之处给予介绍。

1）分辨率。表明 A/D 对模拟输入的分辨能力。由它确定能被 A/D 辨别的最小的模拟变化。通常用二进制位数表示。

2）量化误差。指在 A/D 转换过程中量化产生的固有误差。若采用舍入（四舍五入）量化法，量化误差在±1/2LSB（最低有效位）之间。

3）转换时间。完成一次 A/D 转换所需的时间。

4）绝对精度。指在输出端产生给定的数字代码，实际需要的模拟输入值与理论要求的输入值之差。

5）相对精度。指满量程校准后，任一数字输出所对应的实际模拟输入值与理论值之差。

3. A/D 芯片简介

A/D 芯片的种类很多，性能各异，表 8-5 几种 A/D 芯片的特性做了简单比较。

表 8-5 ADC 芯片介绍

芯片	特性					特点
	缓冲能力	分辨率	精度	转换时间	主要的引脚	
ADC 0804	有数据锁存能力	8 位	±1LSB	100μs	$\overline{CS}$ 片选信号 $\overline{WR}$ 写信号输入端，当 CS 有效时，启动 AD 转换 INTR 转换完成后，该引脚变为低电平，向 CPU 提出中断申请	可直接与微处理器的数据总线相连
ADC 08080809	有数据锁存能力	8 位	8 位	100μs	ADD A，B，C 选择模拟通道的地址输入 START 启动转换信号 EOC 转换结束信号 OUTPUT ENABLE 允许数据输出	除有 A/D 外，还有一个 8 通道的模拟多路开关和联合寻址逻辑
AD 574A	有多路方式的三态缓冲器	12 位	±1 或 ±1/2LSB	25μs	CE 片允许信号 $\overline{CS}$ 片选信号 R/$\overline{C}$ 启动转换信号。当 CE=1，CS=0，R/C=0 启动转换；R/C=1 读出数据 A_0 和 12/$\overline{8}$ 控制转换长度和输出格式	价格低，应用广

本章小结

本章主要讲解接口技术的基本概念、接口电路的工作原理、CPU 和外部接口的数据传输方式以及与微机系统（CPU）的连接，以及外部实用接口。常用微机以及并行接口和串行接口；微机内部总线接口；模/数、数/模转换的基本概念、应用方法，DMA 接口等知识点。本章共分六节。

第一节概述。简短阐述了接口电路的意义、作用和发展；接口类型；输入/输出接口的编址方式；以及 CPU 和外部设备之间数据传输的同步控制方式。

第二节简短阐述了常用微机外部实用接口。主要讨论目前最新计算机外部各种接口，内容涵盖图片、数据传输方式、数据传输率，以及接口适用对象。

第三节主要讲解并行接口技术的基本概念、工作原理。PATA（IDE）并行数据传输方式的各种参数，适用对象等。

第四节的内容是串行数据接口。主要讲解串行通信的基本概念、基本术语；RS-232C 串行接口标准。SATA 串口传输方式的工作原理，基本概念，传输参数，适用对象和发展趋势等。

第五节的内容是微机内部总线接口。主要讨论目前流行的 PCI /AGP/PCI-E 等总线接口的数据传输率，适用对象，发展趋势等。

第六节的内容是数/模、模/数转换器及其与 CPU 的接口。主要讲解数模转换的基本概念和原理、数模转换器及其与CPU的接口、模/数转换器及其与CPU的接口。包括A/D与D/A芯片的性能参数和术语、A/D与D/A芯片简介、A/D与D/A芯片同CPU接口中应注意的问题及A/D与D/A接口实例。

习题八

1. 什么是微机接口？微机接口有哪些功能？
2. 微机接口按功能可以分成哪几类？实用中有哪些具体的接口方式？
3. CPU与外设之间的数据传输方式有哪些？各个传输方式有什么特点？
4. 微机常用的外部实用接口有哪些？
5. 什么叫USB接口？USB接口传输方式有什么特点？数据传输标准有哪些？
6. 什么叫IEEE 1394接口？简单阐述其工作原理及优点。
7. VGA接口与DVI接口在工作原理上有什么不同？在外观和引脚上有什么差别？在实际使用上有什么不同（注意，仅就显示器而言）？
8. 什么叫并行通信传输方式？简述其基本原理。
9. 什么叫IDE接口？IDE接口经历了哪些发展阶段？
10. IDE接口引脚有什么特点？传输模式有哪几种？各自的数据传输率有何特点？
11. 什么叫串行数据传输方式？串行数据传输方式中有哪些重要的技术参数？
12. 串行通信有哪些连接方式？各有什么特点？
13. 串行接口与并行接口有什么不同？试从外观、针脚数目、功能等方面进行阐述。
14. 微机内部总线有哪些接口？
15. 简述PCI总线的工作原理。
16. 简述AGP总线的发展历程及其传输速度。
17. 简述PCI-E总线的工作原理。
18. 简述DMA接口数据传送的工作原理。
19. 简述数/模、模/数转换器的工作原理。
20. 简述数/模、模/数转换器中的相关技术参数含义及作用。

附录一

ASCII 码表

<table>
<tr><th></th><th>000</th><th>001</th><th>010</th><th>011</th><th>100</th><th>101</th><th>110</th><th>111</th></tr>
<tr><td>0000</td><td>NUL</td><td>DLF</td><td>空格</td><td>0</td><td>@</td><td>P</td><td></td><td>p</td></tr>
<tr><td>0001</td><td>SOH</td><td>DC1</td><td>!</td><td>1</td><td>A</td><td>Q</td><td>a</td><td>q</td></tr>
<tr><td>0010</td><td>STX</td><td>DC2</td><td>”</td><td>2</td><td>B</td><td>R</td><td>b</td><td>r</td></tr>
<tr><td>0011</td><td>ETX</td><td>DC3</td><td>#</td><td>3</td><td>C</td><td>S</td><td>c</td><td>s</td></tr>
<tr><td>0100</td><td>EOT</td><td>DC4</td><td>$</td><td>4</td><td>D</td><td>T</td><td>d</td><td>t</td></tr>
<tr><td>0101</td><td>ENQ</td><td>NAK</td><td>%</td><td>5</td><td>E</td><td>U</td><td>e</td><td>u</td></tr>
<tr><td>0110</td><td>ACK</td><td>SYN</td><td>&</td><td>6</td><td>F</td><td>V</td><td>f</td><td>v</td></tr>
<tr><td>0111</td><td>BEL</td><td>ETB</td><td>‘</td><td>7</td><td>G</td><td>W</td><td>g</td><td>w</td></tr>
<tr><td>1000</td><td>BS</td><td>CAN</td><td>(</td><td>8</td><td>H</td><td>X</td><td>h</td><td>x</td></tr>
<tr><td>1001</td><td>HT</td><td>EM</td><td>)</td><td>9</td><td>I</td><td>Y</td><td>i</td><td>y</td></tr>
<tr><td>1010</td><td>LF</td><td>SUB</td><td>*</td><td>:</td><td>J</td><td>Z</td><td>j</td><td>z</td></tr>
<tr><td>1011</td><td>VT</td><td>ESC</td><td>+</td><td>;</td><td>K</td><td>[</td><td>k</td><td>{</td></tr>
<tr><td>1100</td><td>FF</td><td>FS</td><td>,</td><td><</td><td>L</td><td>\</td><td>l</td><td>|</td></tr>
<tr><td>1101</td><td>CR</td><td>GS</td><td>-</td><td>=</td><td>M</td><td>]</td><td>m</td><td>}</td></tr>
<tr><td>1110</td><td>SO</td><td>RS</td><td>.</td><td>></td><td>N</td><td>^</td><td>n</td><td>~</td></tr>
<tr><td>1111</td><td>SI</td><td>US</td><td>/</td><td>?</td><td>O</td><td>-</td><td>o</td><td>DEL</td></tr>
</table>

附录二

Pentium 指令系统一览表

2.1 指令集所用符号说明

符号	说明
acc	AL/AX/EAX 累加器
reg	通用寄存器
r8/r16/r32	8 位/16 位/32 位通用寄存器
seg	段寄存器
mm	整数 MMX 寄存器：MMX_0～MMX_7
xmm	128 位的浮点 SIMD 寄存器：XMM_0～XMM_7
m8/m16/m32/m64/m128	8 位/16 位/32 位/64 位/128 位存储器操作数
mem	8 位或 16 位或 32 位存储器操作数
i8/i16/i32	8 位/16 位/32 位立即操作数
imm	8 位或 16 位或 32 位立即操作数
dst	目的操作数
src	源操作数
lable	标号
m16&32	16 位段限和 32 位段基地址
d8/d16/d32	8 位/16 位/32 位偏移地址
ea	有效地址

2.2 整数操作指令

格式	功能	备注
AAA	加法运算后用 ASCII 码调整 AL	
AAD	除法运算后用 ASCII 码调整 AX	
AAM	乘法运算后用 ASCII 码调整 AX	
AAS	减法运算后用 ASCII 码调整 AL	
ADC reg,mem/imm/reg mem,reg/imm	带进位加法 （det）←（src）+（dst）+CF	
ADD reg,mem/imm/reg mem,reg/imm acc,imm	加法 （dst）←（src）+（dst）	
AND reg,mem/imm/reg mem,reg/imm acc,imm	逻辑乘 （dst）←（src）^（dst）	
ARPAL dst,src	调整选择符的 RPL 字段	286 起有，系统指令
BOUND reg,mem	检查数组下标是否越界，越界刚产生 INT5	286 起有
BSF r16,r16/m16 r32,r32/m32	自右向左位扫描（src），遇第一个为 1 的位，则 ZF ←0，该位位置装入 reg；若（src）=0，则 ZF←1	386 起有
BSR r16,r16;m16 r32,r32/m32	自左向右位扫描（src），遇第一个为 1 的位，则 ZF ←0，该位位置装入 reg；若（src）=0，则 ZF←1	386 起有
BSWAP r32	（r32）字节次次序变反	486 起有
BT reg,reg/i8 mem,reg/i8	位测试	386 起有
BTC reg,reg/i8 mem,reg/i8	位测试并求反	386 起有
BTR reg.reg/i8 mem,reg/i8	位测试并清零	386 起有
BTS reg,reg/i8 mem,reg/i8	位测试并置位	386 起有
CALL reg/mem	调用过程（子程序） 段内直接：push（IP 或 EIP），（IP）←（IP）+d16 或（EIP）←（EIP）+d32 段内间接：push（IP 或 EIP），（IP 或 EIP）←（EA）/reg 段间直接：push CS，push（IP 或 EIP），（CS）←dst 指定的段地址 （IP 或 EIP）←dst 指定的偏移地址 段间间接：push CS，push（IP 或 EIP），（IP 或 EIP）←（EA），（CS）←（EA+2）或（EA+4）	

续表

格式	功能	备注
CBW	字节转换成字，（AL）符号扩展到（AH）	
CDQ	双字转换成四字，（EAX）符号扩展到（EDX）	386 起有
CLC	进位标志清零（CF←0）	
CLD	方向标志清零（DF←0）	
CLI	中断标志清零（IF←0）	
CLTS	CR_0 中的任务切换标志清零	386 起有，系统指令
CMC	进位标志求反	
CMP reg,reg/mem/imm mem,reg/imm	比较两个操作数，（dst）←（src），结果影响标志位	
CMPS/CMPSB/CMPSW/ CMPSD	数据串比较	
CMPXCHG reg/mem,reg	比较并交换（acc-dst），相等：ZF←1，（dst）←（src） 不相等：ZF←0，（acc）←（src）	486 起有
CMPXCHG8B dst	比较并交换 8 字节（EDX，EAX）-（dst），相等： ZF←1，（dst）←（ECX,EBX），不相等：ZF←0， （EDX，EAX）←（dst）	586 起有
CWD	字转换成双字（AX）符号扩展到（DX）	
CWDE	字转换成双字（AX）符号扩展到（EAX）	386 起有
DAA	加法后对 AL 作十进制调整	
DAS	减法后对 AL 作十进制调整	
DEC reg/mem	减 1 （dst）←（dst）-1	
DIV r8/m8 r16/m16 r32/m32	无符号数除法	386 起有
ENTER i16,i8	建立堆栈帧	386 起有
HLT	暂停	
IDIV r8/m8 r16/m16 r32/m32	带符号整数除法	386 起有
IMUL r8/m8 r16/m16 r32/m32	带符号整数乘法	386 起有
IN acc,i8/DX	自端口输入数据 （acc）←（i8）或（DX）	
INC reg/mem	加 1 （dst）←（dst）+1	

续表

格式	功能	备注
INS/INSB/INSW/INSD	串输入	286 起有
INT　i8	中断	
INTO	溢出中断	
INVD	清高速缓存	486 起有，系统指令
IRET/IRETD IRET IRETD	中断返回 （IP）←POP()，（FLAGS）←POP() （EIP）←POP()，（CS）←POP()<（EFLAGS）←POP()	 386 起有
JZ/JE　d8/d16/132	零标志 ZF=1，则转移（等于或为零转移）	d16/d32 从 386 起有
JNZ/JNE　d8/d16/132	零标志 ZF=0，则转移（不等于或不为零转移）	同上
JS　d8/d16/132	符号标志 SF=1，则转移（结果为负转移）	同上
JNS　d8/d16/132	符号标志 SF=0，则转移（结果为正转移）	同上
JO　d8/d16/132	溢出标志 OF=1，则转移（溢出转移）	同上
JNO　d8/d16/132	溢出标志 OF=0，则转移（无溢出转移）	同上
JP/JPE　d8/d16/132	奇偶标志 PF=1，则转移（结果为偶数个 1 转移）	同上
JNP/JPO　d8/d16/132	奇偶标志 PF=0，则转移（结果为奇数个 1 转移）	同上
JC　d8/d16/132	进位标志 CF=1，则转移（有进位）	同上
JNC　d8/d16/132	进位标志 CF=0，则转移（无进位）	同上
JB/JNAE　d8/d16/132	低于或不高于等于转移	同上
JNB/JAE　d8/d16/132	不低于或高于等于转移	同上
JBE/JNA　d8/d16/132	低于等于或不高于转移	同上
JNBE/JA　d8/d16/132	不低于等于或高于转移	同上
JL/JNGE　d8/d16/132	小于或不大于等于转移	同上
JNL/JGE　d8/d16/132	不小于或大于等于转移	同上
JLE/JNG　d8/d16/132	小于等于或不大于转移	同上
JNLE/JG　d8/d16/132	不小于等于或大于转移	同上
JCXZ/JECXZ　d8/d16/132	当 CX 或 ECX 等于零时转移	386 起有
JMP　label/mem/reg	无条件转移（段内/段间直接或间接转移）	
LAHF	把标志寄存器（FLAGS）的低字节装入 AH 中	
LAR　reg,mem/reg	装入访问权限字节	286 起有，系统指令
LDS　reg,mem	把指针装入 DS	
LEA　reg,mem	装入有效地址	
LEAVE	高级过程退出	286 起有

续表

格式	功能	备注
LES reg,mem	把指针装入 ES	
LFS reg,emm	把指针装入 FS	386 起有
LGDT mem	装入全局描述符表寄存器（GDTR）←（mem）	286 起有，系统指令
LGS reg,mem	把指针装入 GS	386 起有
LIDT mem	装入中断描述符表寄存器（IDTR）←（mem）	286 起有，系统指令
LLDT reg/mem	装入局部描述符表寄存器（LDTR）←（reg/mem）	286 起有，系统指令
LMSW reg/mem	装入机器状态字（在 CR_0 寄存器中）	286 起有，系统指令
LODK	插入 LOCK#信号前缀	
LODS/LODSB/LODSW/ LODSD	装入字符串操作数（AL/AX/EAX）←（SI 或 ESI） （SI 或 ESI）←（SI 或 ESI）+（1 或 2 或 4）	ESI 自 386 起有
LOOP label	（CX/ECX）≠0 时循环	ECX 自 386 起有
LOOPE/LOOPZ label	（CX/ECX）≠0 且 ZF=1 则循环（相等/为 0 时）	同上
LOOPNE/LOOPNZ label	（CX/ECX）≠0 且 ZF=0 则循环（不相等/不为 0 时）	同上
LSL reg,reg/mem	装入段界	286 起有，系统指令
LSS reg,mem	把指针装入 SS	386 起有
LTR reg,mem	装入任务寄存器	286 起有，系统指令
MOV reg,reg/mem/imn mem,reg/imm Reg,CR_0-CR_3 CR_0-CR_3，reg reg,DR DR,reg reg,SR SR,reg	传送数据 （reg）←（reg/mem/imm） （mem）←（reg/imm） （reg）←（CR_0-CR_3） （CR_0-CR_3）←（reg） （reg）←（调试寄存器 DR） （DR）←（reg） （reg）←（段寄存器 SR） （SR）←（reg）	 386 起有，系统指令 386 起有，系统指令 386 起有，系统指令 386 起有，系统指令
MOVS/MOVSB/MOVSW/ MOVSD	字符串之间的数据传送	（MOVSD）386 起有
MOVSX reg,reg/mem	带符号扩展的数据传送	386 起有
MOVZX reg,reg/mem	带零扩展的数据传送	386 起有
MUL reg/mem	无符号数乘法 （AX）←（AL）*（r8/m8） （DX，AX）←（AX）*（r16/m16） （EDX，EAX）←（EAX）*（r32/m32）	 386 起有
NEG reg/mem	求补	
NOP	空操作	

续表

格式	功能	备注
NOT reg/mem	求反	
OR reg,reg/mem/imm mem,reg/imm	逻辑或 （reg）←（reg）∨（reg/mem/imm） （mem）←（mem）∨（reg/imm）	
OUT i8,acc DX,acc	输出数据到端口	
OUTS/OUTSB/OUTW/ OUTD	输出数据串到端口	386 起有
POP reg/mem/SR POPA/POPAD POPF/POPFD	从堆栈弹出数据（reg/mem/SR）←（(SP 或 ESP)） （SP 或 ESP）←（Sp 或 ESP）+2 或+4 出栈送 16 位/32 位通用寄存器 出栈送标志寄存器（FLAGS/EFALGS）	 286/386 起有 386 起有
PUSH reg/mem/SR/imm	数据压入堆栈（SP 或 ESP）←（SP 或 ESP）-2 或-4，（（SP 或 ESP））←（reg/mem/imm）	
PUSHA/PUSHAD PUSHF/PUSHFD	16 位/32 位通用寄存器压入堆栈 标志寄存器 FLAGS/EFLAGS 压入堆栈	286/386 起有 386 起有
RCL/RCR reg/mem,1/CL/i8	通过进位循环左移/右移	i8 自 386 起有
RDMSR	从模式指定寄存器读	586 起有
REP	重复前缀（CX 或 ECX）←（CX 或 ECX）=1，当（CX 或 ECX）≠0，重复操作，REP 可加在 MOVS、STOS、LODS、INS、OUTS 指令前	
REPE/REPZ	相等/为零时重复，即当（CX 或 ECX）≠0 且 ZF=1 时重复，可加在 CMPS、SCAS 指令前）	
REPNE/REPNZ	不相等/不为零时重复，即当（CX 或 ECX）≠0 且 ZF=0 时重复，可加在 CMPS、SCAS 指令前）	
RET	从过程（子程序）返回	
ROL/ROR reg/mem,1/CL/i8	不通过进位循环左移/右移	i8 自 386 起有
RSM	从系统管理方式恢复	586 起有，系统指令
SAHF	把 AH 存到标志寄存器低字节中	
SAL/SAR reg/mem,1/CL/i8	算术左移/算术右移	i8 自 386 起有
SBB reg,reg/mem/imm mem,reg/imm	带借位的整数减法	
SCAS/SCASB/SCASW/ SCASD	比较字符串数据	386 起有
SETcc r8/m8	按条件设置字节	386 起有

续表

格式	功能	备注
SGDT mem	保存全局描述符表寄存器	386 起有，系统指令
SHL/SHR reg/mem,1/CL/i8	逻辑左移/逻辑右移	
SHLD/SHRD reg/mem,reg,i8/CL	双精度左移/双精度右移	386 起有
SIDT	存储中断描述符表寄存器	286 起有，系统指令
SLDT	存储局部描述符表寄存器	286 起有，系统指令
SMSW	存储机器状态字	286 起有，系统指令
STC	进位位置 1	
STD	方向标志置 1	
STI	中断标志置 1	
STOS/STOSB/STOSW/ STOSD	存储字符串数据	 386 起有
STR reg/mem	存储任务寄存器（reg/mem）←（IR）	286 起有，系统指令
SUB reg,mem/imm/reg mem,reg/imm acc,imm	整数减法（dst）←（dst）←（src）	
TEST ref,mem/imm/reg mem,reg/imm acc,imm	测试（逻辑比较）（dst）∧（src），结果影响标志位	
VERR/VERW reg/mem	读/写段检验	286 起有，系统指令
WAIT	等待	
WBINVD	写回并使高速缓存无效	486 起有，系统指令
WRMSR	写型号特定寄存器 MSR（ECX）←（EDX，ECX）	586 起有，系统指令
XADD reg/mem,reg	交换并相加 TEMP←（src）+（dst） （scr）←（dst），（dst）←TEMP	486 起有
XCHG reg/acc/mem,reg	寄存器/存储器数据交换 （dst）←→（src）	
XLAT/XLATB	表查找翻译	
XOR reg,mem/imm/reg mem,reg/imm acc,imm	逻辑异或（dst）⊕（src）	

参考文献

[1] 赵雪岩．微机原理与接口技术．北京：清华大学出版社，北京交通大学出版社，2005.

[2] 马义德．微型计算机原理与接口技术．北京：机械工业出版社，2005.

[3] 吴产乐．微机系统与接口技术．武汉：华中科技大学出版社，2004.

[4] 电脑爱好者．电脑爱好者合订本 2006 下半年．电脑爱好者杂志编辑部出版，2007.

[5] 电脑报．电脑报 2006 年合订本．重庆：西南师范大学出版社，2007.